Introduction to Fourier Analysis

フーリエ解析
入門 第2版

谷川明夫　著

共立出版

第2版にあたって

　本書の内容を改めて吟味し直し，各章を前半の最小限学ぶべき項目から成る節と後半の補足的な内容から成る節に分け，教材として使いやすくなるように工夫しました．そして，高校の微積分に不慣れな人のために，第1章は高校数学の復習から始めました．さらに，自習書としても読みやすくなるように，部分積分などの計算の記述を丁寧でわかりやすい形に変更し，各節の問題と章末の練習問題の入れ替えも行いました．

　また，フーリエ解析の偏微分方程式への応用については，初版では省略しましたが，第2章と第3章に1節ずつを設けて記述し，フーリエ解析に関する標準的な内容の参考書となるよう努めました．その代わり，三角多項式による補間への応用や，フーリエ変換，ラプラス変換の留数による計算法は頁数の都合により割愛しました．最後に，本書の作成にあたり大変お世話になりました共立出版（株）の寿日出男氏，瀬水勝良氏に厚くお礼申し上げます．また，執筆中協力を惜しまなかった妻の久枝に感謝します．

　　2019年11月

著　者

まえがき

　本書はフーリエ解析の基礎を学び，それを応用することを主たる目的と考える初学者のための入門書です．そのため，基本的な公式や定理の厳密な証明を詳しく述べることよりも，それらを用いて比較的容易に解ける例題や練習問題を数多く集め，読者がフーリエ解析の基礎を修得し，応用力を養う手助けとなる教科書あるいは自習書になるように心掛けました．また，各章の前半に主として基本的な公式を用いた計算演習を，後半に理論的考察や補足的事項を集めたので，短期間に基礎の修得を目的とするには主に各章の前半のみの学習で十分と思われます．そして，興味に応じて各章の後半を適宜参照していただければよいでしょう．また，章末には穴埋め式（空所補充）問題も配して，読者の復習の便宜を図りました．

　本書の1章から3章までが本来のフーリエ解析の内容と考えられますが，工学系や情報系学部のカリキュラムの現状を考慮し，ラプラス変換の入門的内容を4章に入れました．また5章には，1章から4章までの内容の補足として，少し難しい証明やその他参考になる事項を集めました．そして，フーリエ解析の偏微分方程式への応用に関する章も予定していましたが，紙数の関係で割愛せざるをえませんでした．なお，フーリエ解析に関して数多くある類書の中での本書の最大の特徴は，2章の「サンプリング定理」に関する節と3章「離散フーリエ解析」においてそれらを数学の立場から比較的詳しく（またできるだけ初等的に）述べたことです．これらの話題の重要性を工学者の立場からご教示いただきました木村磐根先生に感謝の意を表したいと思います．そして，筆者の試みの結果については，読者諸賢のご叱正をいただけたら幸いです．

　最後に，名古屋大学において筆者に数学および応用数学の学び方，研究のしかたについて一からご指導してくださいました恩師飛田武幸先生，久保泉先生，岡部靖憲先生，竹中茂夫先生，そして金沢大学在職中にご指導いただきました土谷正明先生にこの場を借りて深く感謝申し上げます．また，図の

作成で助言をいただきました大阪工業大学の一森哲男氏，斉藤隆氏，真貝寿明氏，そして本書の作成にあたり大変お世話になりました共立出版(株)の寿日出男氏，瀬水勝良氏に厚くお礼申し上げます．

2007 年 2 月

著　者

目 次

第1章 準 備

1.1 三角関数の復習 ……………………………………………… 2

1.2 微積分の復習 …………………………………………………… 4

1.3 三角関数の積分公式 ………………………………………… 9

第2章 フーリエ級数

2.1 フーリエ級数 …………………………………………………… 16

2.2 いろいろなフーリエ級数 …………………………………… 27

2.3 一般の周期の場合の具体例 ………………………………… 31

2.4 複素フーリエ級数 …………………………………………… 35

2.5 フーリエ級数の性質 ………………………………………… 39

2.6 偏微分方程式への応用 ……………………………………… 46

　　練習問題 ………………………………………………………… 54

第3章 フーリエ変換

3.1 フーリエ積分とフーリエ変換 ……………………………… 62

3.2 フーリエ余弦変換，正弦変換 ……………………………… 68

3.3 フーリエ変換の基本的性質 ………………………………… 73

3.4 サンプリング定理 (1) ………………………………………… 79

3.5 デルタ関数とそのフーリエ変換への応用 ……………… 84

3.6 パーセバルの等式とその応用 ……………………………… 90

3.7 サンプリング定理 (2) ………………………………………… 94

3.8 偏微分方程式への応用 ……………………………………… 97

　　練習問題 …………………………………………………………101

第4章 離散フーリエ解析

4.1 離散フーリエ変換 ……………………………………………110

viii　　　　　　　　　　　　目　　　次

　4.2　1 の N 乗根による表現 ・・・・・・・・・・・・・・・・・・・・・・・・・・・・・・・・・・・・114

　4.3　高速フーリエ変換 ・・・120

　4.4　離散コサイン変換 ・・・127

　　　　練習問題 ・・・131

第 5 章　ラプラス変換

　5.1　ラプラス変換の基本的性質 (1) ・・・・・・・・・・・・・・・・・・・・・・・・・・・・・・136

　5.2　ラプラス逆変換 ・・142

　5.3　ラプラス変換の線形常微分方程式への応用 ・・・・・・・・・・・・・・・146

　5.4　ラプラス変換の基本的性質 (2) ・・・・・・・・・・・・・・・・・・・・・・・・・・・・・・149

　　　　練習問題 ・・・157

第 6 章　補　　　章

　6.1　周期，周波数，角周波数 ・・・・・・・・・・・・・・・・・・・・・・・・・・・・・・・・・・・・164

　6.2　オイラーの公式の証明 ・・・・・・・・・・・・・・・・・・・・・・・・・・・・・・・・・・・・・・164

　6.3　フーリエ級数の収束証明（定理 2.1.1 の証明） ・・・・・・・・・・・・・165

　6.4　各点収束と一様収束 ・・169

　6.5　第 n 部分和 $S_n(x)$ が最良近似であること（定理 2.5.1 の証明） 171

　6.6　項別微分の証明（定理 2.5.4 の証明） ・・・・・・・・・・・・・・・・・・・・・・172

　6.7　項別積分の証明（定理 2.5.5 の証明） ・・・・・・・・・・・・・・・・・・・・・・173

　6.8　1 階および 2 階の線形常微分方程式の解 ・・・・・・・・・・・・・・・・・・175

問題・練習問題解答・・177

あとがき ・・239

索　引 ・・・241

1

準　　備

　　フーリエ解析を学ぶために必要となる三角関数の基本的な性質および
微積分の基礎的事項について復習をしよう．これらの内容の多くは，高
等学校における微積分学の内容であるが，フーリエ解析の真の理解のた
めには必須のものであるので，まずこの章の内容を復習した上で読み進
まれることをお勧めする．

1.1 三角関数の復習

■ 三角関数

図 1.1 の座標平面上で，x 軸の正の向きを始線とし，原点 O を中心として回転する動径 OP が表す一般角を θ とする．原点 O を中心とし，半径 r の円とこの動径 OP の交点を P(x, y) とする．このとき，3 つの比の値

$$\frac{x}{r}, \quad \frac{y}{r}, \quad \frac{y}{x}$$

は，半径 r の選び方に関係なく，角 θ だけによって決まるので

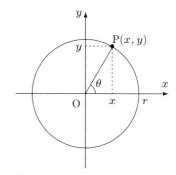

図 1.1　$\sin\theta, \cos\theta, \tan\theta$ の定義

$$\cos\theta = \frac{x}{r}, \quad \sin\theta = \frac{y}{r}, \quad \tan\theta = \frac{y}{x}$$

と定義する．ただし，$\tan\theta$ は $x = 0$ となるような角 θ (つまり点 P が y 軸上にある) については定義されない．上の θ の関数 3 つをまとめて**三角関数**という．また，上の定義より，点 P(x, y) と角 θ の間には

$$x = r\cos\theta, \qquad y = r\sin\theta$$

という関係が成り立つ．なお，一般角 θ は任意の実数として扱われるので，以後は x, y などで表そう．

三角関数に関する重要な公式をいくつかあげよう．まず，以下の基本公式がよく使われる．

$$\sin^2 x + \cos^2 x = 1$$
$$\sin\left(x + \frac{\pi}{2}\right) = \cos x, \qquad \cos\left(x + \frac{\pi}{2}\right) = -\sin x$$
$$\sin(-x) = -\sin x \text{ (奇関数)}, \qquad \cos(-x) = \cos x \text{ (偶関数)}$$

次の**加法定理**もよく使われる.

$$\sin(x + y) = \sin x \cos y + \cos x \sin y$$

$$\sin(x - y) = \sin x \cos y - \cos x \sin y$$

$$\cos(x + y) = \cos x \cos y - \sin x \sin y$$

$$\cos(x - y) = \cos x \cos y + \sin x \sin y$$

上の式（加法定理）の和や差を考えることにより，次の公式（**積を和・差に直す公式**）が得られる.

$$\sin x \cos y = \frac{1}{2}\{\sin(x + y) + \sin(x - y)\}$$

$$\cos x \cos y = \frac{1}{2}\{\cos(x + y) + \cos(x - y)\}$$

$$\sin x \sin y = -\frac{1}{2}\{\cos(x + y) - \cos(x - y)\}$$

特に，2 番目と 3 番目の式において $y = x$ とおくと，次の**半角の公式**が得られる.

$$\sin^2 x = \frac{1}{2}(1 - \cos 2x), \qquad \cos^2 x = \frac{1}{2}(1 + \cos 2x)$$

■ 周期関数

$T > 0$ とする．関数 $f(x)$ がすべての x について

$$f(x + T) = f(x)$$

を満たすとき，f を**周期関数**と呼ぶ．また，T をその関数の**周期**という．たとえば

$$\sin(x + 2\pi) = \sin x, \qquad \cos(x + 2\pi) = \cos x$$

が成り立つので，$\sin x$ および $\cos x$ は周期 2π の周期関数である．同様に，$\sin 2x, \cos 2x, \sin 3x, \cos 3x, \cdots$ も周期 2π の周期関数である．

1.2 微積分の復習

■基本的な関数の導関数と不定積分

基本的な関数 $f(x)$ に対する**導関数** $f'(x)$ と**不定積分** $\int f(x)\,dx$ は次の表のようになる．ただし，不定積分の**積分定数** C は省略する．

$f(x)$	$f'(x)$	$f(x)$	$\int f(x)\,dx$
x^n	$n\,x^{n-1}$	$x^n\ (n \neq -1)$	$\dfrac{x^{n+1}}{n+1}$
$\log|x|$	$\dfrac{1}{x}$	$\dfrac{1}{x}$	$\log|x|$
e^x	e^x	e^x	e^x
$\sin x$	$\cos x$	$\sin x$	$-\cos x$
$\cos x$	$-\sin x$	$\cos x$	$\sin x$

■微分の基本公式

一般の関数の導関数を計算するには上の表だけでは不十分で，以下の公式がよく用いられる．

関数 f, g が微分可能ならば，cf，$f \pm g$，fg，$\dfrac{f}{g}$ も微分可能で，次の関係式を満たす（c は定数，また $\dfrac{f}{g}$ に関しては，$g(x)=0$ となる点 x を除く）．

(1) $(c\,f)' = c\,f'$

(2) $(f \pm g)' = f' \pm g'$

(3) $(f\,g)' = f'\,g + f\,g'$

(4) $\left(\dfrac{f}{g}\right)' = \dfrac{f'g - fg'}{g^2}$

1.2 微積分の復習   **5**

$y = f(x)$, $z = g(y)$ がともに微分可能な関数のとき，その**合成関数**
$z = g(f(x))$ も微分可能で，次式が成り立つ.

$$\frac{dz}{dx} = \frac{dz}{dy}\frac{dy}{dx}$$

（例1）　$(x^n \sin x)' = (x^n)' \sin x + x^n (\sin x)' = n\,x^{n-1} \sin x + x^n \cos x$

（例2）　$\tan x$ は $x \neq \dfrac{\pi}{2} + n\pi$ で微分可能で

$$(\tan x)' = \frac{1}{\cos^2 x} = \sec^2 x$$

実際

$$(\tan x)' = \left(\frac{\sin x}{\cos x}\right)' = \frac{(\sin x)' \cos x - \sin x(\cos x)'}{\cos^2 x}$$

$$= \frac{\cos^2 x + \sin^2 x}{\cos^2 x} = \frac{1}{\cos^2 x} = \sec^2 x$$

（例3）　定数 a, b, c に対して，次式が成り立つ.

$$\left(\frac{ax+b}{cx+d}\right)' = \frac{(ax+b)'(cx+d) - (ax+b)(cx+d)'}{(cx+d)^2}$$

$$= \frac{a(cx+d) - (ax+b)c}{(cx+d)^2} = \frac{ad-bc}{(cx+d)^2}$$

（例4）　定数 a, b に対して，次式が合成関数の微分の公式より得られる.

$$\{\sin(ax+b)\}' = a\cos(ax+b)$$

$$\{\cos(ax+b)\}' = -a\sin(ax+b)$$

$$\left(e^{ax+b}\right)' = a\,e^{ax+b}$$

6　　　　　　　　第1章 準　　備

(**例5**)　$\left(e^{\sin x}\right)' = e^{\sin x}\cos x$ である．実際，$e^{\sin x} = e^y$, $y = \sin x$ とおくと

$$\frac{d\,e^{\sin x}}{dx} = \frac{de^y}{dy}\frac{d\sin x}{dx} = e^y\cos x = e^{\sin x}\cos x$$

■ 積分の基本公式

　不定積分の計算には，次の**置換積分法**，**部分積分法**が非常に有効である．

---

(1)　$\displaystyle\int f(x)\,dx = \int f\left(x(t)\right)x'(t)\,dt,\quad x = x(t)$　　　（**置換積分法**）

(2)　$G(x) = \displaystyle\int g(x)\,dx$ とおくと

　　$\displaystyle\int f(x)\,g(x)\,dx = f(x)\,G(x) - \int f'(x)\,G(x)\,dx$　　（**部分積分法**）

(**例6**)　$x = \dfrac{t}{a}$ とおくと $\dfrac{dx}{dt} = \dfrac{1}{a}$ なので，置換積分法により

$$\int \sin ax\,dx = \int \sin t\,\frac{dx}{dt}\,dt = \int\left(\sin t\cdot\frac{1}{a}\right)dt$$

$$= \frac{1}{a}\left(-\cos t\right) = -\frac{1}{a}\cos ax\,,$$

$$\int \cos ax\,dx = \int \cos t\,\frac{dx}{dt}\,dt = \int\left(\cos t\cdot\frac{1}{a}\right)dt$$

$$= \frac{1}{a}\sin t = \frac{1}{a}\sin ax$$

(**例7**)　$u = \sin x$ とおくと $\dfrac{du}{dx} = \cos x$ なので，置換積分法により

$$\int \sin^3 x\cos x\,dx = \int u^3\,\frac{du}{dx}\,dx = \int u^3\,du$$

$$= \frac{1}{4}u^4 = \frac{1}{4}\sin^4 x$$

(例 8) $f(x) = \log x, g(x) = 1$ とおくと,部分積分法により

$$\int \log x \, dx = \int \log x \cdot 1 \, dx = \log x \cdot x - \int \frac{1}{x} \cdot x \, dx$$
$$= x \log x - \int 1 \, dx = x \log x - x$$

■ 偶関数,奇関数

フーリエ級数展開の計算をする際に,関数のもつ対称性を利用すると計算が大幅に簡単になることがある.ここでは,偶関数,奇関数について復習しよう.関数 $g(x)$ がすべての x について,等式

$$g(-x) = g(x)$$

を満たすときに**偶関数**であるという.また, $g(x)$ がすべての x について,等式

$$g(-x) = -g(x)$$

を満たすときに**奇関数**であるという.偶関数のグラフは y 軸に関して対称(左右対称)である(図 1.2 の左側を参照).また,奇関数のグラフは原点に関して対称(点対称)である(図の右側を参照).たとえば, $\cos nx$ は偶関数であり, $\sin nx$ は奇関数である.また,べき関数 $g(x) = x^n$ は, n が偶数のとき偶関数であり, n が奇数のとき奇関数である.

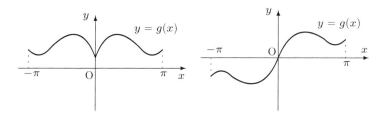

図 1.2

最後に,原点に関して対称な区間 $[-c, c]$ $(c > 0)$ における関数 $g(x)$ の積

分に関する次の性質はよく知られている. (問題 4(2) を参照せよ.)

$g(x)$ が偶関数ならば
$$\int_{-c}^{c} g(x)\,dx = 2 \int_{0}^{c} g(x)\,dx , \tag{1.1}$$
$g(x)$ が奇関数ならば
$$\int_{-c}^{c} g(x)\,dx = 0 . \tag{1.2}$$

[問　題]

1. 次の関数の導関数を求めよ. ただし, a, b, c は定数で, A は正の定数である.

(1) $\left(x^2 + x + 1\right)^3$　(2) $\dfrac{1}{\sqrt{x^2 + 2}}$　　　(3) $x^2 \sin \dfrac{1}{x}$

(4) $\left(e^x - e^{-x}\right)^4$　(5) $e^{ax}\left(\sin bx + \cos bx\right)$　(6) $\dfrac{ax + b}{x^2 + c^2}$

(7) $\dfrac{\sin x - \cos x}{\sin x + \cos x}$　(8) $\log\left(\log x\right)$　　(9) $\log\left|x + \sqrt{x^2 + A}\right|$

2. 自然数 n に対して, 次の漸化式を導け.

(1) $\displaystyle\int x^n\, e^x\, dx = x^n\, e^x - n \int x^{n-1}\, e^x\, dx$

(2) $\displaystyle\int (\log x)^n\, dx = x\, (\log x)^n - n \int (\log x)^{n-1}\, dx$

3. 不定積分に関する次の等式を示せ. ただし, a, b は定数である.

(1) $\displaystyle\int e^{ax}\, \sin bx\, dx = \dfrac{a \sin bx - b \cos bx}{a^2 + b^2}\, e^{ax}$

(2) $\displaystyle\int e^{ax}\, \cos bx\, dx = \dfrac{a \cos bx + b \sin bx}{a^2 + b^2}\, e^{ax}$

4. 偶関数, 奇関数に関して, 以下のことを証明せよ.

(1) 偶関数と偶関数の積, および奇関数と奇関数の積は偶関数となり, 偶関数と奇関数の積は奇関数となる.

(2) $f(x)$ が偶関数であれば等式 (1.1) を満たし，奇関数であれば等式 (1.2) を満たす.

(3) 関数 $f(x)$ を任意の関数とする. そのとき

$$f_e(x) = \frac{f(x) + f(-x)}{2}, \quad f_o(x) = \frac{f(x) - f(-x)}{2}$$

はそれぞれ偶関数および奇関数となる. また，$f(x) = f_e(x) + f_o(x)$ が成り立つので，$f_e(x)$ および $f_o(x)$ をそれぞれ $f(x)$ の偶関数部分および奇関数部分という.

1.3 三角関数の積分公式

■三角関数の基本積分公式

三角関数 $\sin nx$, $\cos nx$ が周期 2π の周期関数であることから，以下の積分公式を示すことができる. ただし，m, n を正の整数とする.

$$
\begin{align}
&(1) \quad \int_{-\pi}^{\pi} \cos nx \, dx = 0, \qquad \int_{-\pi}^{\pi} \sin nx \, dx = 0 \tag{1.3}\\
&(2) \quad \int_{-\pi}^{\pi} \cos mx \cos nx \, dx = \begin{cases} \pi & (m = n) \\ 0 & (m \neq n) \end{cases} \tag{1.4}\\
&(3) \quad \int_{-\pi}^{\pi} \sin mx \sin nx \, dx = \begin{cases} \pi & (m = n) \\ 0 & (m \neq n) \end{cases} \tag{1.5}\\
&(4) \quad \int_{-\pi}^{\pi} \cos mx \sin nx \, dx = 0 \tag{1.6}
\end{align}
$$

例題 1 上記の (1) から (4) の積分公式を証明せよ.

（解） まず，式 (1.3) について

$$\int_{-\pi}^{\pi} \cos nx \, dx = \left[\frac{\sin nx}{n}\right]_{-\pi}^{\pi} = \frac{\sin n\pi - \sin(-n\pi)}{n} = 0,$$

$$\int_{-\pi}^{\pi} \sin nx \, dx = \left[-\frac{\cos nx}{n} \right]_{-\pi}^{\pi} = -\frac{\cos n\pi - \cos(-n\pi)}{n} = 0$$

となる. 次に, 式 (1.4), (1.5) に関して, $m = n$ ならば半角の公式より

$$\int_{-\pi}^{\pi} \cos^2 nx \, dx = \int_{-\pi}^{\pi} \frac{1 + \cos 2nx}{2} \, dx = \left[\frac{x}{2} + \frac{\sin 2nx}{4n} \right]_{-\pi}^{\pi} = \pi$$

$$\int_{-\pi}^{\pi} \sin^2 nx \, dx = \int_{-\pi}^{\pi} \frac{1 - \cos 2nx}{2} \, dx = \left[\frac{x}{2} - \frac{\sin 2nx}{4n} \right]_{-\pi}^{\pi} = \pi$$

が成り立つ. また, $m \neq n$ ならば積を和に直す公式より

$$\int_{-\pi}^{\pi} \cos mx \cos nx \, dx = \int_{-\pi}^{\pi} \frac{\cos(m+n)x + \cos(m-n)x}{2} \, dx$$

$$= \left[\frac{\sin(m+n)x}{2(m+n)} + \frac{\sin(m-n)x}{2(m-n)} \right]_{-\pi}^{\pi} = 0$$

$$\int_{-\pi}^{\pi} \sin mx \sin nx \, dx = \int_{-\pi}^{\pi} \frac{\cos(m-n)x - \cos(m+n)x}{2} \, dx$$

$$= \left[\frac{\sin(m-n)x}{2(m-n)} - \frac{\sin(m+n)x}{2(m+n)} \right]_{-\pi}^{\pi} = 0$$

最後に式 (1.6) に関しては, 積を和に直す公式より

$$\int_{-\pi}^{\pi} \cos mx \sin nx \, dx = \int_{-\pi}^{\pi} \frac{\sin(m+n)x - \sin(m-n)x}{2} \, dx$$

となり, やはり式 (1.3) よりこれらも 0 になる.

注 1 例題 1 において積分範囲を $[-\pi, \pi]$ としているが, これらは a を任意の実定数とした $[a, a+2\pi]$ の範囲 (たとえば $[0, 2\pi]$) でも同様に成立する.

■ 初等関数を含む三角関数の積分公式

フーリエ級数の計算には, べき関数などの初等関数と三角関数の積の積分がよく現れるので, その代表的な例を計算してみよう.

1.3 三角関数の積分公式　　11

例題2　m, n を正の整数とするとき，次の等式が成り立つことを示せ.

$$\int_{-\pi}^{\pi} x^m \sin nx \, dx = \frac{(-1)^{n+1}}{n} \{\pi^m - (-\pi)^m\} + \frac{m}{n} \int_{-\pi}^{\pi} x^{m-1} \cos nx \, dx$$

（解）

$$\int_{-\pi}^{\pi} x^m \sin nx \, dx = \int_{-\pi}^{\pi} x^m \left(-\frac{1}{n} \cos nx\right)' dx$$

$$= \left[x^m \left(-\frac{1}{n} \cos nx\right)\right]_{-\pi}^{\pi} - \int_{-\pi}^{\pi} m \, x^{m-1} \left(-\frac{1}{n} \cos nx\right) dx$$

$$= \left(-\frac{1}{n} \cos n\pi\right) \{\pi^m - (-\pi)^m\} + \frac{m}{n} \int_{-\pi}^{\pi} x^{m-1} \cos nx \, dx$$

$$= \frac{(-1)^{n+1}}{n} \{\pi^m - (-\pi)^m\} + \frac{m}{n} \int_{-\pi}^{\pi} x^{m-1} \cos nx \, dx$$

■ 複素指数関数を含む積分

　複素フーリエ級数やフーリエ変換の計算において用いられる特別な形の複素積分についてまとめておこう．まず，三角関数と指数関数の間の関係式（証明は 6.2 節を参照）

$$e^{ix} = \cos x + i \sin x \quad （オイラーの公式）$$

と，それから導出される関係式

$$\cos x = \frac{e^{ix} + e^{-ix}}{2}, \quad \sin x = \frac{e^{ix} - e^{-ix}}{2i}$$

が基礎となる．ここで，i は虚数単位 $\sqrt{-1}$ である．そして，いろいろな初等関数と指数関数 e^{inx} の積の積分を計算する必要があり，積分の実部と虚部を分離して計算してもよいが，分離せずに実積分の場合と同じ形の公式が成り立つとして計算してもよい.

12　　　　　　　　　　第1章　準　　備

(例9) $\displaystyle\int_{-\pi}^{\pi} e^{ix}\,dx$ を2通りに計算してみよう．まず，実積分の場合と同じ形の公式が成り立つとして

$$\int_{-\pi}^{\pi} e^{ix}\,dx = \left[\frac{e^{ix}}{i}\right]_{-\pi}^{\pi} = \frac{e^{\pi i} - e^{-\pi i}}{i}$$

$$= \frac{1}{i}\left[\{\cos\pi + i\sin\pi\} - \{\cos(-\pi) + i\sin(-\pi)\}\right] = 0$$

となる．次に，指数関数 e^{ix} を三角関数の和に直してから積分すると

$$\int_{-\pi}^{\pi} e^{ix}\,dx = \int_{-\pi}^{\pi} (\cos x + i\sin x)\,dx = \int_{-\pi}^{\pi} \cos x\,dx + i\int_{-\pi}^{\pi} \sin x\,dx$$

$$= \left[\sin x\right]_{-\pi}^{\pi} + i\left[-\cos x\right]_{-\pi}^{\pi} = 0 + i0 = 0$$

例題3 $\displaystyle\int_{-\pi}^{\pi} e^{inx}\sin ax\,dx$ を求めよ．ただし，n は整数，a は実定数で，$n \neq \pm a$ とする．

(解)

$$\int_{-\pi}^{\pi} e^{inx}\sin ax\,dx = \int_{-\pi}^{\pi} e^{inx}\frac{e^{iax} - e^{-iax}}{2i}\,dx$$

$$= \frac{1}{2i}\int_{-\pi}^{\pi}\left\{e^{i(n+a)x} - e^{i(n-a)x}\right\}dx$$

$$= \frac{1}{2i}\left\{\left[\frac{e^{i(n+a)x}}{i(n+a)}\right]_{-\pi}^{\pi} - \left[\frac{e^{i(n-a)x}}{i(n-a)}\right]_{-\pi}^{\pi}\right\}$$

$$= \frac{1}{2i}\left\{\frac{e^{i(n+a)\pi} - e^{-i(n+a)\pi}}{i(n+a)}\right\} - \frac{1}{2i}\left\{\frac{e^{i(n-a)\pi} - e^{-i(n-a)\pi}}{i(n-a)}\right\}$$

ここで，指数法則および $e^{\pm in\pi} = \cos n\pi \pm i\sin n\pi = (-1)^n$ を用いると

$$右辺 = \frac{(-1)^n\left(e^{ia\pi} - e^{-ia\pi}\right)\{(n-a) + (n+a)\}}{2i^2(n^2 - a^2)}$$

$$= \frac{2ni(-1)^{n+1} \sin a\pi}{n^2 - a^2}$$

注 2 $\displaystyle\int_{-\pi}^{\pi} e^{inx} \sin ax \, dx = \int_{-\pi}^{\pi} (\cos nx + i \sin nx) \sin ax \, dx$ となるので，三角関数の積を和に直すことにより，積分の値を求めることもできる．（問題6を参照せよ．）

■ 広義積分

フーリエ変換（第3章）やラプラス変換（第5章）は積分区間が無限区間になる定積分であり，次のように極限値として定義される．（このような積分は**広義積分**と呼ばれている．）すなわち

$$\int_a^{\infty} f(x) \, dx = \lim_{b \to \infty} \int_a^b f(x) \, dx \tag{1.7}$$

$$\int_{-\infty}^b f(x) \, dx = \lim_{a \to -\infty} \int_a^b f(x) \, dx \tag{1.8}$$

$$\int_{-\infty}^{\infty} f(x) \, dx = \lim_{a \to -\infty} \lim_{b \to \infty} \int_a^b f(x) \, dx \tag{1.9}$$

である．また，積分区間が有限区間であっても，区間の端の点において関数 $f(x)$ が定義できなかったり不連続なときも，定積分は上記のように極限値として定義されて広義積分になる．

注 3 定義式 (1.9) は，$\displaystyle\int_{-\infty}^{\infty} f(x) \, dx = \lim_{a \to \infty} \int_{-a}^a f(x) \, dx$ という意味ではなく，式 (1.9) の右辺における a と b は別々に（独立に）$a \to -\infty$，$b \to \infty$ としたときに，右辺が1つの極限値に収束することを意味する．

[問　題]

5. m, n を正の整数とするとき，次の等式が成り立つことを示せ．

$$\int_{-\pi}^{\pi} x^m \cos nx \, dx = -\frac{m}{n} \int_{-\pi}^{\pi} x^{m-1} \sin nx \, dx$$

6. 例題3の等式を，注2の方針に従って示せ．

7. $\displaystyle\int_{-\pi}^{\pi} e^{inx}\cos ax\,dx$ を求めよ．ただし，n は整数，a は実定数で，$n \neq \pm a$ とする．

8. 複素指数関数 e^{inx} に関する次の等式を示せ．ただし，m, n は整数とし，$\overline{e^{inx}}$ は e^{inx} の**複素共役**を表す．

$$\int_{-\pi}^{\pi} e^{imx}\,\overline{e^{inx}}\,dx = \begin{cases} 2\pi & (m = n \text{ のとき}) \\ 0 & (m \neq n \text{ のとき}) \end{cases}$$

2

フーリエ級数

　一般の周期関数を，基本的な周期関数である三角関数の和として表すのがフーリエ級数展開である．そうすれば，三角関数の性質はよくわかっているので，フーリエ級数の性質を詳しく調べることができる．まず，フーリエ級数の具体的な計算法について述べたあと，フーリエ級数の基本的な性質について述べる．そして最後の節において，偏微分方程式の解をフーリエ級数で表すという重要な応用について述べる．

2.1 フーリエ級数

■ フーリエ級数展開の考え方

　ここでは，周期関数を基本的な周期関数である三角関数の和で表すというフーリエ級数展開について考察する．まず話を簡単にするために，しばらくは周期を 2π としよう．先に述べたように

$\cos x, \sin x, \cos 2x, \sin 2x, \cos 3x, \cdots$ は周期 2π の周期関数である．

また，定数関数は（任意の実数を周期とする）周期関数である．したがって，それらの関数のおのおのに定数を掛けて，加えたもの（これを**重ね合わせ**または**1次結合**と呼ぶ）

$$\alpha_0 + \sum_{n=1}^{\infty} \alpha_n \cos nx + \sum_{n=1}^{\infty} \beta_n \sin nx \qquad (2.1)$$

が収束すれば，この関数は周期 2π の周期関数である．ここで，$\alpha_0, \alpha_n, \beta_n$ は定数である．

　上記の考察からさらに踏み込んで，フーリエは 1797 年に，「周期 2π の"どんな"周期関数でも，係数 $\alpha_0, \alpha_n, \beta_n$ を適切に選ぶことにより，式 (2.1) の形の級数で表すことができる」という考えを発表した．つまり，現在のいい方に直すと，彼は

「周期 2π の"大部分"の周期関数は，フーリエ級数に展開できる」

と主張したが，直感的な議論のみで，証明を与えることはできなかった．（そして実際には，フーリエよりも前にベルヌーイが，弦の振動を三角関数の重ね合わせで表すことを提案していた．）フーリエの議論はその後（1828 年に），ディリクレによりはじめて厳密に証明された．

■ 区分的に連続と区分的に滑らかであること

　本書で取り扱う関数の種類について述べる．関数 $f(x)$ が区間 $[a, b]$ で区

分的に連続であるとは，この区間の有限個の点 $c_1, c_2, \cdots, c_m$ を除いて連続で，その不連続点 c_k において，左極限と右極限

$$f(c_k - 0) = \lim_{\varepsilon \to +0} f(c_k - \varepsilon), \quad f(c_k + 0) = \lim_{\varepsilon \to +0} f(c_k + \varepsilon)$$

が存在することをいう．また，関数 $f(x)$ が区間 $[a, b]$ で区分的に連続であって，さらにその導関数 $f'(x)$ も $[a, b]$ で区分的に連続であるとき，$f(x)$ は区間 $[a, b]$ で**区分的に滑らか**であるという（図 2.1）．本書では特に断らない限り，区分的に滑らかな関数を考えることにする．

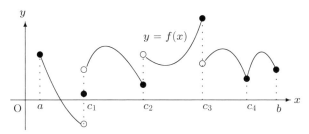

図 2.1　区分的に滑らかな関数

■ フーリエ級数

関数 $f(x)$ がすべての実数に対して定義され，周期 2π をもつとする．フーリエの考えに従い

$$\begin{aligned}
f(x) &= \frac{a_0}{2} + a_1 \cos x + b_1 \sin x + a_2 \cos 2x + b_2 \sin 2x \\
&\quad + a_3 \cos 3x + b_3 \sin 3x + \cdots \\
&= \frac{a_0}{2} + \sum_{n=1}^{\infty} (a_n \cos nx + b_n \sin nx)
\end{aligned} \qquad (2.2)$$

と表されたとしよう．右辺を $f(x)$ のフーリエ級数というが，その収束について述べるためには，その第 n 部分和 $S_n(x)$

$$S_n(x) = \frac{a_0}{2} + \sum_{k=1}^{n} (a_k \cos kx + b_k \sin kx) \qquad (2.3)$$

が後で必要となる. さて, 右辺の係数 a_0, a_n, b_n を求めてみよう. ここで, 第1項に現れる $1/2$ は後の計算式が簡単になるようにつけた技術的なものであり, 本質的な意味はない.

まず, 式 (2.2) の両辺を $-\pi$ から π まで積分すれば, 三角関数系の直交性に関する公式 (1.3) より

$$\int_{-\pi}^{\pi} f(x)\,dx = \frac{a_0}{2} \int_{-\pi}^{\pi} 1\,dx + \int_{-\pi}^{\pi} \left\{ \sum_{n=1}^{\infty} (a_n \cos nx + b_n \sin nx) \right\} dx$$

$$= \pi\,a_0 + \sum_{n=1}^{\infty} \left(a_n \int_{-\pi}^{\pi} \cos nx\,dx + b_n \int_{-\pi}^{\pi} \sin nx\,dx \right)$$

$$= \pi\,a_0$$

すなわち

$$a_0 = \frac{1}{\pi} \int_{-\pi}^{\pi} f(x)\,dx \tag{2.4}$$

が得られる. ここで, 無限和と積分の順序を交換した.（このことを**項別積分**するという.）

次に, 式 (2.2) の両辺に $\cos mx$ を掛けて, $-\pi$ から π まで積分すれば, 再び三角関数系の直交性に関する公式 (1.3)〜(1.6) より

$$\int_{-\pi}^{\pi} f(x) \cos mx\,dx$$

$$= \frac{a_0}{2} \int_{-\pi}^{\pi} \cos mx\,dx + \int_{-\pi}^{\pi} \left\{ \sum_{n=1}^{\infty} (a_n \cos nx + b_n \sin nx) \right\} \cos mx\,dx$$

$$= \frac{a_0}{2} \int_{-\pi}^{\pi} \cos mx\,dx$$

$$+ \sum_{n=1}^{\infty} \left(a_n \int_{-\pi}^{\pi} \cos nx \cos mx\,dx + b_n \int_{-\pi}^{\pi} \sin nx \cos mx\,dx \right)$$

$$= \pi\,a_m$$

すなわち

$$a_m = \frac{1}{\pi} \int_{-\pi}^{\pi} f(x) \cos mx\,dx \tag{2.5}$$

が得られる．ここでも，無限和と積分の順序を交換した．また，式 (2.5) において $m = 0$ とおけば式 (2.4) が得られる．つまり，式 (2.5) を $m = 0, 1, 2, \cdots$ について考えれば，a_0 に関する式 (2.4) も (2.5) に含めることができる．（実は，このために式 (2.2) の第 1 項に $1/2$ をつけたのである．）

また，式 (2.2) の両辺に $\sin mx$ を掛けて，$-\pi$ から π まで積分すれば，まったく同様にして

$$b_m = \frac{1}{\pi} \int_{-\pi}^{\pi} f(x) \sin mx \, dx \qquad (2.6)$$

が得られる．しかし，上記の計算は<u>形式的な</u>項別積分を含むので，フーリエの考えを正当化するには次の 2 つの問題点を克服する必要がある．

[問題点 1] 無限級数 (2.2) は収束するとは限らない．

[問題点 2] 収束しても，もとの関数 $f(x)$ に一致するとは限らない．

そして，これらの問題点を解決した次の基本定理が知られている．（証明は 6.3 節を参照のこと．）

定理 2.1.1 周期 2π の周期関数 $f(x)$ が区分的に滑らかならば，そのフーリエ級数 (2.2)（正確には $\{S_n(x)\}$）は

(1) $f(x)$ が連続な点 x では，$f(x)$ に収束する．

(2) $f(x)$ が不連続な点 x では，次の値に収束する．

$$\frac{1}{2} \left\{ f(x-0) + f(x+0) \right\} \qquad (2.7)$$

以上の事柄を

$$f(x) \sim \frac{a_0}{2} + \sum_{n=1}^{\infty} (a_n \cos nx + b_n \sin nx) \qquad (2.8)$$

と表す．ただし，a_n, b_n は次式で与えられる．

$$a_n = \frac{1}{\pi} \int_{-\pi}^{\pi} f(x) \cos nx \, dx \qquad (n = 0, 1, 2, \cdots) \qquad (2.9)$$

$$b_n = \frac{1}{\pi} \int_{-\pi}^{\pi} f(x) \sin nx \, dx \qquad (n = 1, 2, \cdots) \qquad (2.10)$$

ここで式 (2.8) の級数を関数 $f(x)$ の**フーリエ級数**，その係数 a_n, b_n を $f(x)$

のフーリエ係数という．また，式 (2.9), (2.10) における積分区間は $[-\pi, \pi]$ である必要はなく，$[0, 2\pi]$ のような 2π の幅の区間であればよい．

(例) 周期 2π をもつ次の図（図 2.2）のような一見複雑な周期関数 $f(x)$ を考えよう．

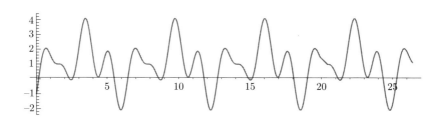

図 2.2 周期 2π の複雑な周期関数 $f(x)$

この関数は，実は次のような基本的な三角関数の和で定義されたものである．

$$f(x) = 1 - \cos x + \sin 2x - \cos 3x + \sin 4x$$

この右辺は $f(x)$ の（有限）フーリエ級数展開である．右辺の 2 項目以降は周期的な振動であるが，それらは順々に細かい振動になり，加え合わされていくということができる．その様子は図 2.3〜図 2.7 のグラフで見ることができる．

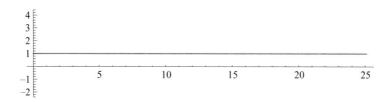

図 2.3 定数関数 1

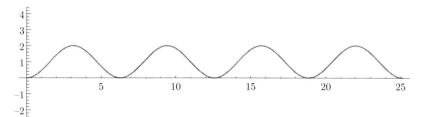

図 2.4　$1 - \cos x$

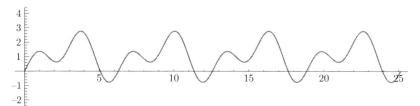

図 2.5　$1 - \cos x + \sin 2x$

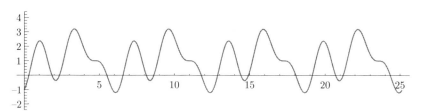

図 2.6　$1 - \cos x + \sin 2x - \cos 3x$

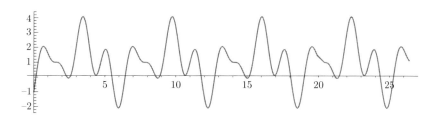

図 2.7　$1 - \cos x + \sin 2x - \cos 3x + \sin 4x$

■ 偶関数, 奇関数の場合

さて, $f(x)$ を偶関数としよう. このとき, $f(x) \cos nx$ も偶関数, $f(x) \sin nx$ は奇関数なので, 第 1 章の式 (1.1) および (1.2) よりフーリエ係数は次のよう

になる.

$$a_n = \frac{2}{\pi} \int_0^\pi f(x) \cos nx \, dx \qquad (n = 0, 1, 2, \cdots) \qquad (2.11)$$

$$b_n = \frac{1}{\pi} \int_{-\pi}^\pi f(x) \sin nx \, dx = 0 \qquad (n = 1, 2, \cdots) \qquad (2.12)$$

また，もし $f(x)$ が奇関数ならば，$f(x) \cos nx$ も奇関数，$f(x) \sin nx$ は偶関数なので，同様にしてフーリエ係数は次のようになる.

$$a_n = \frac{1}{\pi} \int_{-\pi}^\pi f(x) \cos nx \, dx = 0 \qquad (n = 0, 1, 2, \cdots) \quad (2.13)$$

$$b_n = \frac{2}{\pi} \int_0^\pi f(x) \sin nx \, dx \qquad (n = 1, 2, \cdots) \qquad (2.14)$$

したがって，次の結果が得られる.

周期 2π をもつ周期関数 $f(x)$ が

(1) 偶関数ならば，式 (2.11) で与えられる a_n を係数として
$$f(x) \sim \frac{a_0}{2} + \sum_{n=1}^\infty a_n \cos nx \qquad (2.15)$$

(2) 奇関数ならば，式 (2.14) で与えられる b_n を係数として
$$f(x) \sim \sum_{n=1}^\infty b_n \sin nx \qquad (2.16)$$

が成り立つ.

例題 1 周期 2π をもち，区間 $(-\pi, \pi]$ 上で次の式で与えられる周期関数 $f(x)$ のフーリエ級数を求めよ（図 2.8, 図 2.9）.

$$(1) \quad f(x) = \begin{cases} -1 & (-\pi < x < 0) \\ 0 & (x = 0, \pi) \\ 1 & (0 < x < \pi) \end{cases} \qquad (2) \quad f(x) = |x| \quad (-\pi < x \le \pi)$$

2.1 フーリエ級数

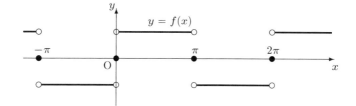

図 2.8　例題 1(1)

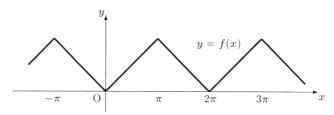

図 2.9　例題 1(2)

(**解**)　(1)　$f(x)$ は奇関数であるから，式 (2.13), (2.14) により

$$a_n = \frac{1}{\pi}\int_{-\pi}^{\pi} f(x)\cos nx\,dx = 0 \qquad (n = 0, 1, 2, \cdots)$$

$$b_n = \frac{1}{\pi}\int_{-\pi}^{\pi} f(x)\sin nx\,dx = \frac{2}{\pi}\int_0^{\pi} 1\cdot\sin nx\,dx$$

$$= \frac{2}{\pi}\left[-\frac{\cos nx}{n}\right]_0^{\pi} = \frac{2(\cos 0 - \cos n\pi)}{\pi n}$$

$$= \frac{2\{1 - (-1)^n\}}{\pi n} = \begin{cases} \dfrac{4}{\pi n} & (n = 2k-1) \\ 0 & (n = 2k) \end{cases}$$

ただし，$k = 0, 1, 2, \cdots$ である．したがって，次の結果が得られる．

$$f(x) \sim \frac{4}{\pi}\left(\sin x + \frac{\sin 3x}{3} + \frac{\sin 5x}{5} + \frac{\sin 7x}{7} + \cdots\right)$$

$$= \frac{4}{\pi}\sum_{k=1}^{\infty}\frac{\sin(2k-1)x}{2k-1}$$

(2) $f(x)$ は偶関数であるから，式 (2.11) により

$$a_0 = \frac{2}{\pi} \int_0^\pi x \, dx = \frac{2}{\pi} \left[\frac{x^2}{2} \right]_0^\pi = \pi$$

また，$n \neq 0$ のとき，部分積分により

$$a_n = \frac{1}{\pi} \int_{-\pi}^\pi |x| \cos nx \, dx = \frac{2}{\pi} \int_0^\pi x \cos nx \, dx$$

$$= \frac{2}{\pi} \int_0^\pi x \left(\frac{\sin nx}{n} \right)' dx$$

$$= \frac{2}{\pi} \left\{ \left[x \cdot \frac{\sin nx}{n} \right]_0^\pi - \int_0^\pi 1 \cdot \frac{\sin nx}{n} \, dx \right\}$$

$$= -\frac{2}{\pi} \left[-\frac{\cos nx}{n^2} \right]_0^\pi = \frac{2(\cos n\pi - \cos 0)}{\pi n^2}$$

$$= \frac{2\{(-1)^n - 1\}}{\pi n^2} = \begin{cases} -\dfrac{4}{\pi n^2} & (n = 2k-1) \\ 0 & (n = 2k) \end{cases}$$

となる．一方，式 (2.12) により

$$b_n = \frac{1}{\pi} \int_{-\pi}^\pi f(x) \sin nx \, dx = 0$$

である．したがって，次の結果が得られる．

$$f(x) \sim \frac{\pi}{2} - \frac{4}{\pi} \left(\cos x + \frac{\cos 3x}{3^2} + \frac{\cos 5x}{5^2} + \frac{\cos 7x}{7^2} + \cdots \right)$$

$$= \frac{\pi}{2} - \frac{4}{\pi} \sum_{k=1}^\infty \frac{\cos(2k-1)x}{(2k-1)^2}$$

注 1　定理 2.1.1 を利用することにより，フーリエ級数から数列の和に関する公式が得られることを注意したい．たとえば，例題 1(2) において $f(x)$ は連続関数であるから，定理 2.1.1 より等式

$$f(x) = \frac{\pi}{2} - \frac{4}{\pi} \sum_{n=1}^\infty \frac{\cos(2n-1)x}{(2n-1)^2}$$

が得られる．ここで，$x = 0$ とすれば

$$0 = \frac{\pi}{2} - \frac{4}{\pi} \sum_{n=1}^{\infty} \frac{1}{(2n-1)^2}$$

よって，次の等式が得られる．

$$\frac{\pi^2}{8} = \sum_{n=1}^{\infty} \frac{1}{(2n-1)^2}$$

注 2　例題 1(1) において，関数 $f(x)$ の不連続点 $x = 0, x = \pi$ では

$$f(x) = \frac{1}{2}\{f(x-0) + f(x+0)\}$$

が成り立つように定めた．こうすることにより，定理 2.1.1 からフーリエ級数の第 n 部分和 $S_n(x)$ が $f(x)$ に各点で収束することになる．その様子は図 2.10，図 2.11 のグラフからもわかる．ここで，有限個の点で関数の値をどのように定め直そうと，そのフーリエ係数は（その関数と三角関数の積の積分であるので）変わらない．したがって，そのフーリエ級数も変わりはないことに注意する．

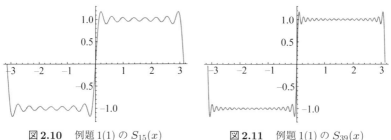

図 2.10　例題 1(1) の $S_{15}(x)$　　　**図 2.11**　例題 1(1) の $S_{39}(x)$

注 3　例題 1(1) の不連続関数 $f(x)$ については，その不連続点の近くで $S_n(x)$ がオーバーシュートする傾向がみられる（図 2.10，図 2.11）．たとえ

26   第2章　フーリエ級数

ば，不連続点 $x = 0$ の近くに注目すると，$x = 0$ の右側 $(x > 0)$ には上方に，そして左側 $(x < 0)$ には下方にトゲが出現しているのがわかる．そして，これらのトゲは，n を大きくすると，その幅はどんどん狭くなるが，高さはけっして 0 にはならない．実際にトゲの高さはある数に収束することが示されている．これは**ギブスの現象**と呼ばれている. ▮

[問　　題]

1. 周期 2π をもち，区間 $(-\pi, \pi]$ 上で次の式で与えられる関数 $f(x)$ のフーリエ級数を求めよ．

(1) $f(x) = x$
　　　　　　　　　　(2) $f(x) = \begin{cases} \pi + x & (-\pi < x < 0) \\ \pi - x & (0 \leq x \leq \pi) \end{cases}$

(3) $f(x) = \begin{cases} 0 & (-\pi < x < 0) \\ 1 & (0 \leq x \leq \pi) \end{cases}$
　(4) $f(x) = \begin{cases} 0 & (-\pi < x < 0) \\ x & (0 \leq x \leq \pi) \end{cases}$

2. 周期 2π をもち，区間 $(-\pi, \pi]$ 上で次の式で与えられる関数 $f(x)$ のフーリエ級数を求め，さらに以下の等式をそれぞれ証明せよ．

(1) $f(x) = x$ $(0 \leq x \leq \pi)$, $= \pi$ $(-\pi < x < 0)$

$$\frac{\pi^2}{8} = 1 + \frac{1}{3^2} + \frac{1}{5^2} + \frac{1}{7^2} + \cdots + \frac{1}{(2n-1)^2} + \cdots$$

(2) $f(x) = x^2$ $(0 \leq x \leq \pi)$, $= 0$ $(-\pi < x < 0)$

$$\frac{\pi^2}{6} = 1 + \frac{1}{2^2} + \frac{1}{3^2} + \frac{1}{4^2} + \cdots + \frac{1}{n^2} + \cdots$$

2.2 いろいろなフーリエ級数

■ フーリエ余弦級数,正弦級数

関数 $f(x)$ が $0 \leq x \leq \pi$ で定義されているとする.このとき,$-\pi < x < 0$ に対して,以下の2通りの方法で定義域を実数全体に拡張してみよう.まず

$$f(x) = f(-x)$$

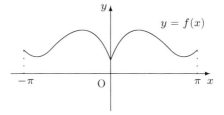

図 2.12　偶関数として拡張

とおいて,定義域を $-\pi < x \leq \pi$ に拡張すれば(図 2.12),$f(x)$ はその区間上の偶関数になる.

さらに,任意の整数 k に対して

$$f(x + 2k\pi) = f(x) \quad (-\pi < x \leq \pi)$$

と定義すれば,$f(x)$ はすべての実数について定義され,周期 2π をもつ偶関数になる.この関数のフーリエ級数は,式 (2.11) と (2.15) より

$$f(x) \sim \frac{a_0}{2} + \sum_{n=1}^{\infty} a_n \cos nx \tag{2.17}$$

$$a_n = \frac{2}{\pi} \int_0^{\pi} f(x) \cos nx \, dx \quad (n = 0, 1, 2, \cdots) \tag{2.18}$$

となる.これを,$0 \leq x \leq \pi$ 上の関数 $f(x)$ の**フーリエ余弦級数**または**フーリエ余弦展開**という.

次に,$0 \leq x \leq \pi$ 上の関数 $f(x)$ について,$-\pi < x < 0$ に対して,今度は

$$f(x) = -f(-x)$$

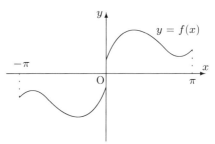

図 2.13　奇関数として拡張

とおいて，定義域を $-\pi < x \leq \pi$ に拡張すれば（図 2.13），$f(x)$ はその区間上の奇関数になる．

さらに，任意の整数 k に対して

$$f(x + 2k\pi) = f(x) \quad (-\pi < x \leq \pi)$$

と定義すれば，$f(x)$ はすべての実数について定義され，周期 2π をもつ奇関数になる．この関数のフーリエ級数は，式 (2.14) と (2.16) より

$$f(x) \sim \sum_{n=1}^{\infty} b_n \sin nx \tag{2.19}$$

$$b_n = \frac{2}{\pi} \int_0^{\pi} f(x) \sin nx \, dx \qquad (n = 1, 2, \cdots) \tag{2.20}$$

となる．これを，$0 \leq x \leq \pi$ 上の関数 $f(x)$ の**フーリエ正弦級数**または**フーリエ正弦展開**という．

例題 2 関数 $f(x) = x \quad (0 \leq x \leq \pi)$ について，次のフーリエ級数を求めよ．

(1) フーリエ余弦級数　　(2) フーリエ正弦級数

（解） (1) $f(x)$ は偶関数として拡張されるから，式 (2.18) により

$$a_0 = \frac{2}{\pi} \int_0^{\pi} x \, dx = \frac{2}{\pi} \left[\frac{x^2}{2} \right]_0^{\pi} = \pi$$

また，$n \neq 0$ のとき，部分積分により

$$
\begin{aligned}
a_n &= \frac{2}{\pi} \int_0^{\pi} x \cos nx \, dx = \frac{2}{\pi} \int_0^{\pi} x \left(\frac{\sin nx}{n} \right)' dx \\
&= \frac{2}{\pi} \left\{ \left[x \cdot \frac{\sin nx}{n} \right]_0^{\pi} - \int_0^{\pi} 1 \cdot \frac{\sin nx}{n} \, dx \right\} \\
&= -\frac{2}{\pi} \left[-\frac{\cos nx}{n^2} \right]_0^{\pi} = \frac{2(\cos n\pi - \cos 0)}{\pi n^2} \\
&= \frac{2\{(-1)^n - 1\}}{\pi n^2}
\end{aligned}
$$

$$= \begin{cases} -\dfrac{4}{\pi n^2} & (n = 2k - 1) \\[2mm] 0 & (n = 2k) \end{cases}$$

となる．したがって，次のようなフーリエ余弦級数が得られる．

$$f(x) \sim \frac{\pi}{2} - \frac{4}{\pi} \left(\cos x + \frac{\cos 3x}{3^2} + \frac{\cos 5x}{5^2} + \frac{\cos 7x}{7^2} + \cdots \right)$$

$$= \frac{\pi}{2} - \frac{4}{\pi} \sum_{k=1}^{\infty} \frac{\cos(2k-1)x}{(2k-1)^2}$$

(2)　$f(x)$ は奇関数として拡張されるから，式 (2.20) に部分積分を用いて

$$b_n = \frac{2}{\pi} \int_0^\pi x \sin nx \, dx = \frac{2}{\pi} \int_0^\pi x \left(-\frac{\cos nx}{n} \right)' dx$$

$$= \frac{2}{\pi} \left\{ \left[x \left(-\frac{\cos nx}{n} \right) \right]_0^\pi - \int_0^\pi 1 \cdot \left(-\frac{\cos nx}{n} \right) dx \right\}$$

$$= \frac{2}{\pi} \left\{ -\frac{\pi \cos n\pi}{n} + \left[\frac{\sin nx}{n^2} \right]_0^\pi \right\}$$

$$= -\frac{2}{\pi} \frac{\pi (-1)^n}{n} = \frac{2(-1)^{n+1}}{n}$$

となる．したがって，次のようなフーリエ正弦級数が得られる．

$$f(x) \sim 2 \left(\sin x - \frac{\sin 2x}{2} + \frac{\sin 3x}{3} - \frac{\sin 4x}{4} + \cdots \right)$$

$$= 2 \sum_{n=1}^{\infty} \frac{(-1)^{n+1} \sin nx}{n}$$

　注　(1) のフーリエ余弦級数は例題 1(2) で得た関数 $f(x) = |x|$　$(-\pi < x \le \pi)$ のフーリエ級数と同じである．一方，(2) のフーリエ正弦級数は問題 1(1) で得た関数 $f(x) = x$　$(-\pi < x \le \pi)$ のフーリエ級数と同じである．これらは，フーリエ余弦級数および正弦級数の定義から明らかであろう．

周期 $2L$ の関数のフーリエ級数

　関数 $f(x)$ を周期 $2L$ $(L > 0)$ の周期関数とし，この関数をフーリエ級数に展開することを考えよう．まず

$$x = \frac{L}{\pi} t$$

とおき，関数 $f(x)$ を t の関数 $f(Lt/\pi)$（$= h(t)$ とおく）と考えると，（t が 2π 変化する間に x が $2L$ 変化するので）関数 $h(t) = f(Lt/\pi)$ は周期 2π の周期関数である．したがって，そのフーリエ級数，フーリエ係数は次のようになる．

$$h(t) = f\left(\frac{Lt}{\pi}\right) \sim \frac{a_0}{2} + \sum_{n=1}^{\infty} (a_n \cos nt + b_n \sin nt)$$

$$a_n = \frac{1}{\pi} \int_{-\pi}^{\pi} f\left(\frac{Lt}{\pi}\right) \cos nt \, dt$$

$$b_n = \frac{1}{\pi} \int_{-\pi}^{\pi} f\left(\frac{Lt}{\pi}\right) \sin nt \, dt$$

これをを変数 x の式に戻すと次の結果が得られる．

$$f(x) \sim \frac{a_0}{2} + \sum_{n=1}^{\infty} \left(a_n \cos \frac{n\pi x}{L} + b_n \sin \frac{n\pi x}{L}\right) \tag{2.21}$$

$$a_n = \frac{1}{L} \int_{-L}^{L} f(x) \cos \frac{n\pi x}{L} \, dx \qquad (n = 0, 1, 2, \cdots) \tag{2.22}$$

$$b_n = \frac{1}{L} \int_{-L}^{L} f(x) \sin \frac{n\pi x}{L} \, dx \qquad (n = 1, 2, \cdots) \tag{2.23}$$

■ 周期 $2L$ の関数のフーリエ余弦級数，正弦級数

次に，関数 $f(x)$ が $0 \le x \le L$ で定義されているとき，周期が 2π のときと同様に，フーリエ余弦展開を次のように定義することができる．

$$f(x) \sim \frac{a_0}{2} + \sum_{n=1}^{\infty} a_n \cos \frac{n\pi x}{L} \tag{2.24}$$

$$a_n = \frac{2}{L} \int_{0}^{L} f(x) \cos \frac{n\pi x}{L} \, dx \qquad (n = 0, 1, 2, \cdots) \tag{2.25}$$

また，フーリエ正弦展開を次のように定義することができる．

$$f(x) \sim \sum_{n=1}^{\infty} b_n \sin \frac{n\pi x}{L} \tag{2.26}$$

$$b_n = \frac{2}{L} \int_0^L f(x) \sin \frac{n\pi x}{L} \, dx \qquad (n = 1, 2, \cdots) \tag{2.27}$$

[問　題]

3. 区間 $[0, \pi]$ 上で次の式で与えられる関数のフーリエ余弦級数および正弦級数を求めよ.

(1) $f(x) = \begin{cases} 1 & (0 \le x < \pi/2) \\ 0 & (\pi/2 \le x \le \pi) \end{cases}$ 　(2) $f(x) = \pi - x \ \ (0 \le x \le \pi)$

(3) $f(x) = \cos x \ \ (0 \le x \le \pi)$

2.3　一般の周期の場合の具体例

　一般の周期の場合のフーリエ級数, フーリエ余弦級数, 正弦級数の具体例について述べるが, 計算が複雑であるので, これらを省略しても構わない.

　例題3　図 2.14 のように区間 $[-1, 1]$ 上で定義された周期 2 をもつ次の関数 $f(x)$ のフーリエ級数を求めよ.

$$f(x) = \begin{cases} 1 & (-1 \le x < 0) \\ 1/2 & (x = 0) \\ x & (0 < x \le 1) \end{cases}$$

　(解)　$L = 1$ として, 式 $(2.21) \sim (2.23)$ を用いればよい.

$$a_0 = \int_{-1}^{1} f(x) \, dx = \int_{-1}^{0} 1 \, dx + \int_0^1 x \, dx = \left[x \right]_{-1}^0 + \left[\frac{x^2}{2} \right]_0^1 = \frac{3}{2}$$

また, $n \ne 0$ のとき, 部分積分により

$$a_n = \int_{-1}^{1} f(x) \cos n\pi x \, dx = \int_{-1}^{0} \cos n\pi x \, dx + \int_0^1 x \cos n\pi x \, dx$$

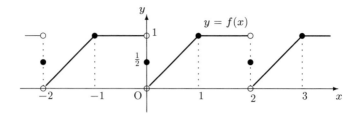

図 2.14 例題 3 の関数

$$= \int_{-1}^{0} \cos n\pi x \, dx + \int_{0}^{1} x \left(\frac{\sin n\pi x}{n\pi} \right)' dx$$

$$= \left[\frac{\sin n\pi x}{n\pi} \right]_{-1}^{0} + \left[x \cdot \frac{\sin n\pi x}{n\pi} \right]_{0}^{1} - \int_{0}^{1} 1 \cdot \frac{\sin n\pi x}{n\pi} dx$$

$$= -\left[-\frac{\cos n\pi x}{\pi^2 n^2} \right]_{0}^{1} = \frac{(-1)^n - 1}{\pi^2 n^2} = \begin{cases} -\dfrac{2}{\pi^2 n^2} & (n = 2k-1) \\ 0 & (n = 2k) \end{cases}$$

$$b_n = \int_{-1}^{1} f(x) \sin n\pi x \, dx = \int_{-1}^{0} \sin n\pi x \, dx + \int_{0}^{1} x \sin n\pi x \, dx$$

$$= \int_{-1}^{0} \sin n\pi x \, dx + \int_{0}^{1} x \left(-\frac{\cos n\pi x}{n\pi} \right)' dx$$

$$= \left[-\frac{\cos n\pi x}{n\pi} \right]_{-1}^{0} + \left[x \left(-\frac{\cos n\pi x}{n\pi} \right) \right]_{0}^{1} - \int_{0}^{1} 1 \cdot \left(-\frac{\cos n\pi x}{n\pi} \right) dx$$

$$= \frac{\cos(-n\pi) - 1}{n\pi} - \frac{\cos n\pi}{n\pi} - \left[-\frac{\sin n\pi x}{n^2 \pi^2} \right]_{0}^{1} = -\frac{1}{n\pi}$$

となる．したがって，次のようなフーリエ級数が得られる．

$$f(x) \sim \frac{3}{4} - \frac{2}{\pi^2} \left(\frac{\cos \pi x}{1^2} + \frac{\cos 3\pi x}{3^2} + \frac{\cos 5\pi x}{5^2} + \frac{\cos 7\pi x}{7^2} + \cdots \right)$$

$$- \frac{1}{\pi} \left(\frac{\sin \pi x}{1} + \frac{\sin 2\pi x}{2} + \frac{\sin 3\pi x}{3} + \frac{\sin 4\pi x}{4} + \cdots \right)$$

$$= \frac{3}{4} - \frac{2}{\pi^2} \sum_{k=1}^{\infty} \frac{\cos(2k-1)\pi x}{(2k-1)^2} - \frac{1}{\pi} \sum_{n=1}^{\infty} \frac{\sin n\pi x}{n}$$

最後に,関数 $f(x)$ は等式 $f(x) = \{f(x+0) + f(x-0)\}/2$ を満たすので,上記の〜は等号で置き換えられることを注意する. ■

例題 4 区間 $[0, L]$ 上で定義された次の関数 $f(x)$ のフーリエ余弦級数および正弦級数を求めよ.(図 2.15 を参照のこと.)

$$f(x) = \begin{cases} x & (0 \leq x \leq L/2) \\ L - x & (L/2 \leq x \leq L) \end{cases}$$

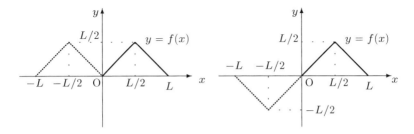

図 2.15 $f(x)$ の偶関数としての拡張(左)と奇関数としての拡張(右)

(**解**) まずフーリエ余弦級数については,式 (2.25) より

$$a_0 = \frac{2}{L} \int_0^L f(x)\, dx = \frac{2}{L} \left(\int_0^{L/2} x\, dx + \int_{L/2}^L (L-x)\, dx \right) = \frac{L}{2}$$

となり,$n \neq 0$ のときは部分積分により

$$\begin{aligned}
a_n &= \frac{2}{L} \int_0^L f(x) \cos \frac{n\pi x}{L}\, dx \\
&= \frac{2}{L} \left\{ \int_0^{L/2} x \cos \frac{n\pi x}{L}\, dx + \int_{L/2}^L (L-x) \cos \frac{n\pi x}{L}\, dx \right\} \\
&= \frac{2}{L} \left\{ \int_0^{L/2} x \left(\frac{L}{n\pi} \sin \frac{n\pi x}{L} \right)'\, dx + \int_{L/2}^L (L-x) \left(\frac{L}{n\pi} \sin \frac{n\pi x}{L} \right)'\, dx \right\} \\
&= \frac{2}{L} \left\{ \left[x \left(\frac{L}{n\pi} \sin \frac{n\pi x}{L} \right) \right]_0^{L/2} - \int_0^{L/2} \frac{L}{n\pi} \sin \frac{n\pi x}{L}\, dx \right.
\end{aligned}$$

$$+ \left[(L-x) \left(\frac{L}{n\pi} \sin \frac{n\pi x}{L} \right) \right]_{L/2}^{L} - \int_{L/2}^{L} (-1) \left(\frac{L}{n\pi} \sin \frac{n\pi x}{L} \right) dx \Bigg\}$$

$$= \frac{2}{L} \Bigg\{ \frac{L^2}{2n\pi} \sin \frac{n\pi}{2} - \left[-\frac{L^2}{n^2\pi^2} \cos \frac{n\pi x}{L} \right]_{0}^{L/2}$$

$$- \frac{L^2}{2n\pi} \sin \frac{n\pi}{2} + \left[-\frac{L^2}{n^2\pi^2} \cos \frac{n\pi x}{L} \right]_{L/2}^{L} \Bigg\}$$

$$= \frac{2L}{n^2\pi^2} \left(2 \cos \frac{n\pi}{2} - \cos n\pi - 1 \right) = \begin{cases} 0 & (n = 2k-1) \\ \left\{ (-1)^{n/2} - 1 \right\} \frac{4L}{\pi^2 n^2} & (n = 2k) \end{cases}$$

となる．したがって，フーリエ余弦級数は次のようになる．

$$f(x) = \frac{L}{4} - \frac{8L}{\pi^2} \left(\frac{1}{2^2} \cos \frac{2\pi x}{L} + \frac{1}{6^2} \cos \frac{6\pi x}{L} + \frac{1}{10^2} \cos \frac{10\pi x}{L} + \cdots \right)$$

次に，フーリエ正弦級数については，式 (2.27) に部分積分を用いて

$$b_n = \frac{2}{L} \int_0^L f(x) \sin \frac{n\pi x}{L} \, dx$$

$$= \frac{2}{L} \left\{ \int_0^{L/2} x \sin \frac{n\pi x}{L} \, dx + \int_{L/2}^{L} (L-x) \sin \frac{n\pi x}{L} \, dx \right\}$$

$$= \frac{2}{L} \left\{ \int_0^{L/2} x \left(-\frac{L}{n\pi} \cos \frac{n\pi x}{L} \right)' dx + \int_{L/2}^{L} (L-x) \left(-\frac{L}{n\pi} \cos \frac{n\pi x}{L} \right)' dx \right\}$$

$$= \frac{2}{L} \Bigg\{ \left[x \left(-\frac{L}{n\pi} \cos \frac{n\pi x}{L} \right) \right]_0^{L/2} - \int_0^{L/2} \left(-\frac{L}{n\pi} \cos \frac{n\pi x}{L} \right) dx$$

$$+ \left[(L-x) \left(-\frac{L}{n\pi} \cos \frac{n\pi x}{L} \right) \right]_{L/2}^{L} - \int_{L/2}^{L} (-1) \left(-\frac{L}{n\pi} \cos \frac{n\pi x}{L} \right) dx \Bigg\}$$

$$= \frac{2}{L} \Bigg\{ -\frac{L^2}{2n\pi} \cos \frac{n\pi}{2} + \left[\frac{L^2}{n^2\pi^2} \sin \frac{n\pi x}{L} \right]_0^{L/2}$$

$$+\frac{L^2}{2n\pi}\cos\frac{n\pi}{2}-\left[\frac{L^2}{n^2\pi^2}\sin\frac{n\pi x}{L}\right]_{L/2}^{L}\Biggr\}$$

$$=\frac{4L}{n^2\pi^2}\sin\frac{n\pi}{2}=\begin{cases}(-1)^{(n-1)/2}\dfrac{4L}{\pi^2 n^2}&(n=2k-1)\\[2mm]0&(n=2k)\end{cases}$$

となる. したがって, フーリエ正弦級数は次のようになる.

$$f(x)=\frac{4L}{\pi^2}\left(\sin\frac{\pi x}{L}-\frac{1}{3^2}\sin\frac{3\pi x}{L}+\frac{1}{5^2}\sin\frac{5\pi x}{L}-\cdots\right)$$

[問　題]

4. 区間 $(-L,L]$ 上で次の式で定義された周期 $2L$ の周期関数のフーリエ級数を求めよ. ただし, 定数 a は $0<a<L$ を満たすとする.

(1)　$f(x)=\begin{cases}-1&(-L<x<0)\\1&(0\leq x\leq L)\end{cases}$　(2)　$f(x)=\begin{cases}1&(|x|\leq a)\\0&(|x|>a)\end{cases}$

5. 次の関数のフーリエ余弦級数および正弦級数を求めよ.

(1)　$f(x)=x(L-x)$　$(0\leq x\leq L)$　　(2)　$f(x)=e^x$　$(0\leq x\leq 1)$

2.4　複素フーリエ級数

■複素フーリエ級数の導出

ここでは, 三角関数を（複素変数の）指数関数を用いて表して, フーリエ級数を変形しよう. まず, オイラーの公式

$$e^{ix}=\cos x+i\sin x \tag{2.28}$$

$$e^{-ix}=\cos x-i\sin x \tag{2.29}$$

の両辺の和および差をとることにより

$$\cos x=\frac{1}{2}\left(e^{ix}+e^{-ix}\right),\quad \sin x=\frac{1}{2i}\left(e^{ix}-e^{-ix}\right) \tag{2.30}$$

が得られる. 変数 x に nx を代入するとド・モアブルの公式(の変形)

$$\cos nx = \frac{1}{2}\left(e^{inx} + e^{-inx}\right), \quad \sin nx = \frac{1}{2i}\left(e^{inx} - e^{-inx}\right) \quad (2.31)$$

を得る. したがって

$$a_n \cos nx + b_n \sin nx = a_n \frac{e^{inx} + e^{-inx}}{2} - i\,b_n \frac{e^{inx} - e^{-inx}}{2}$$

$$= \frac{a_n - i\,b_n}{2} e^{inx} + \frac{a_n + i\,b_n}{2} e^{-inx}$$

となる. そこで

$$c_0 = \frac{a_0}{2}, \quad c_n = \frac{a_n - i\,b_n}{2}, \quad c_{-n} = \frac{a_n + i\,b_n}{2} \quad (n = 1, 2, \cdots) \quad (2.32)$$

とおけば, 式 (2.8) は

$$f(x) \sim \sum_{n=-\infty}^{\infty} c_n\, e^{inx}$$

と表され, 式 (2.32) の第 2 式より, 係数 c_n は $n = 1, 2, \cdots$ に対して

$$c_n = \frac{1}{2\pi} \int_{-\pi}^{\pi} f(x)\,(\cos nx - i \sin nx)\,dx = \frac{1}{2\pi} \int_{-\pi}^{\pi} f(x)\, e^{-inx}\,dx$$

となる. また, 式 (2.32) より c_n と c_{-n} は互いに複素共役であるので, この等式は n が負の整数のときにも成り立つ. そしてそれは, $n = 0$ のときも c_0 の定義より成り立つ. したがって, 次の結果が得られる.

関数 $f(x)$ が周期 2π の周期関数であれば

$$f(x) \sim \sum_{n=-\infty}^{\infty} c_n\, e^{inx}, \tag{2.33}$$

$$c_n = \frac{1}{2\pi} \int_{-\pi}^{\pi} f(x)\, e^{-inx}\,dx \qquad (n = 0, \pm 1, \pm 2, \cdots) \tag{2.34}$$

と展開できる.

2.4 複素フーリエ級数　　**37**

式 (2.33) の右辺を関数 $f(x)$ の**複素フーリエ級数**，その係数 (2.34) を**複素フーリエ係数**という．これに対し，前節までの通常のフーリエ級数を**実フーリエ級数**ともいう．このように複素フーリエ級数は，実フーリエ級数に比べてシンプルな形をしている．また，式 (2.33)〜(2.34) は周期 $2L$ の関数の場合に，次のように一般化される．

関数 $f(x)$ が周期 $2L$ の周期関数であれば

$$f(x) \sim \sum_{n=-\infty}^{\infty} c_n\, e^{in\pi x/L}, \tag{2.35}$$

$$c_n = \frac{1}{2L} \int_{-L}^{L} f(x)\, e^{-in\pi x/L}\, dx \qquad (n = 0, \pm 1, \pm 2, \cdots) \tag{2.36}$$

と展開できる．

例題 5　周期 2π をもつ次の関数 $f(x)$ の複素フーリエ級数を求め，さらに実フーリエ級数も求めよ．

(1)　$f(x) = e^{-x} \quad (-\pi < x \leq \pi)$　　　　(2)　$f(x) = \cos^3 x$

（**解**）　(1)

$$c_n = \frac{1}{2\pi} \int_{-\pi}^{\pi} f(x)\, e^{-inx}\, dx = \frac{1}{2\pi} \int_{-\pi}^{\pi} e^{-x}\, e^{-inx}\, dx$$

$$= \frac{1}{2\pi} \int_{-\pi}^{\pi} e^{-(1+in)x}\, dx = \frac{1}{2\pi} \left[\frac{e^{-(1+in)x}}{-(1+in)} \right]_{-\pi}^{\pi}$$

ここで，$e^{\pm in\pi} = \cos(\pm n\pi) + i \sin(\pm n\pi) = (-1)^n$ を用いると

$$c_n = \frac{1}{2\pi(1+in)} \left(e^{\pi} e^{in\pi} - e^{-\pi} e^{-in\pi} \right) = \frac{(-1)^n}{2\pi(1+in)} \left(e^{\pi} - e^{-\pi} \right)$$

$$= \frac{(1-in)(-1)^n}{2\pi(1+n^2)} \left(e^{\pi} - e^{-\pi} \right)$$

したがって，複素フーリエ級数は次のようになる．

$$e^{-x} \sim \frac{e^{\pi} - e^{-\pi}}{2\pi} \sum_{n=-\infty}^{\infty} (-1)^n \frac{(1-in)}{(1+n^2)}\, e^{inx}$$

さらに，実フーリエ級数を求めるには，$n\,(>0)$ の項と $-n$ の項を対にして考えて

$$(1-i\,n)e^{inx}+\{1-i\,(-n)\}e^{i(-n)x}$$

$$=(1-i\,n)\,(\cos nx+i\,\sin nx)+(1+i\,n)\,(\cos nx-i\,\sin nx)$$

$$=2\,(\cos nx+n\,\sin nx)$$

を用いて，次を得る．

$$e^{-x}\sim\frac{e^{\pi}-e^{-\pi}}{2\pi}\left\{1-\frac{2}{1+1^2}\,(\cos x+\,\sin x)+\frac{2}{1+2^2}\,(\cos 2x+2\,\sin 2x)\right.$$

$$\left.-\frac{2}{1+3^2}\,(\cos 3x+3\,\sin 3x)+\cdots\right\}$$

(2) この複素フーリエ級数を求めるには，オイラーの公式より得られる式 (2.30) を用いればよい．

$$\cos^3 x=\left(\frac{e^{ix}+e^{-ix}}{2}\right)^3=\frac{1}{8}\left(e^{3ix}+3\,e^{ix}+3\,e^{-ix}+e^{-3ix}\right)$$

さらに，オイラーの公式を使って実数形に直せば

$$\cos^3 x=\frac{1}{4}\left(\frac{e^{3ix}+e^{-3ix}}{2}+3\,\frac{e^{ix}+e^{-ix}}{2}\right)$$

$$=\frac{1}{4}\,(\cos 3x+3\,\cos x)$$

となる．

[問　題]

6. 区間 $(-\pi,\pi]$ 上で次の式で与えられる周期 2π の周期関数の複素フーリエ級数を求め，さらに実フーリエ級数も求めよ．

(1) $f(x)=\begin{cases}0 & (-\pi<x<0)\\1 & (0\le x\le\pi)\end{cases}$
(2) $f(x)=\begin{cases}-1 & (-\pi<x<0)\\0 & (x=0,\pi)\\1 & (0<x<\pi)\end{cases}$

(3) $f(x)=x$

(4) $f(x)=\sin^3 x$

2.5 フーリエ級数の性質

■ 最良近似問題

$f(x)$ を区分的に滑らかな周期 2π の周期関数とする．この $f(x)$ を三角級数

$$T_n(x) = \frac{\alpha_0}{2} + \sum_{k=1}^{n} (\alpha_k \cos kx + \beta_k \sin kx) \tag{2.37}$$

で近似することを考えよう．ここで，近似の良さをはかる尺度として，平均2乗誤差と呼ばれる評価関数

$$J = \int_{-\pi}^{\pi} \{f(x) - T_n(x)\}^2 \, dx \tag{2.38}$$

を採用する．そして

「平均2乗誤差 J を最小にするように，式 (2.37) の係数 $\alpha_0, \alpha_k, \beta_k$ を決定する」

ことを考えよう．式 (2.38) の右辺を展開して整理することにより，次の結果が得られる．（証明は 6.5 節を参照のこと．）

定理 2.5.1 $T_n(x)$ の係数 $\alpha_0, \alpha_k, \beta_k$ がフーリエ係数 a_0, a_k, b_k に一致するときに，平均2乗誤差 J が最小になる．すなわち，関数 $f(x)$ を三角級数 $T_n(x)$ によって（平均2乗誤差の意味で）最良近似する問題の解は，フーリエ級数の第 n 部分和 $S_n(x)$ である．

■ ベッセルの不等式

さて，式 (2.38) において $T_n(x) = S_n(x)$ とする．その右辺を展開すれば，$J \geq 0$ であるから

$$2 \int_{-\pi}^{\pi} f(x) S_n(x) \, dx - \int_{-\pi}^{\pi} \{S_n(x)\}^2 \, dx \leq \int_{-\pi}^{\pi} \{f(x)\}^2 \, dx$$

1.3 節の三角関数系の直交性に関する公式とフーリエ係数の定義 (2.9), (2.10)

を用いれば

$$2\pi \left\{ \frac{a_0^2}{2} + \sum_{k=1}^{n} \left(a_k^2 + b_k^2 \right) \right\} - \pi \left\{ \frac{a_0^2}{2} + \sum_{k=1}^{n} \left(a_k^2 + b_k^2 \right) \right\} \leq \int_{-\pi}^{\pi} \{f(x)\}^2 \, dx$$

(2.39)

すなわち

$$\frac{a_0^2}{2} + \sum_{k=1}^{n} \left(a_k^2 + b_k^2 \right) \leq \frac{1}{\pi} \int_{-\pi}^{\pi} \{f(x)\}^2 \, dx$$

となる. ここで, $n \longrightarrow \infty$ とすれば次の不等式を得る.

定理 2.5.2（ベッセルの不等式） 区間 $[-\pi, \pi]$ 上で区分的に滑らかな
周期関数 $f(x)$ のフーリエ係数について, 次の不等式が成り立つ.

$$\frac{a_0^2}{2} + \sum_{n=1}^{\infty} \left(a_n^2 + b_n^2 \right) \leq \frac{1}{\pi} \int_{-\pi}^{\pi} \{f(x)\}^2 \, dx \qquad (2.40)$$

さらに, ベッセルの不等式 (2.40) において, 右辺の積分は有限な値になる
ので左辺の級数は収束する. したがって

$$a_n \longrightarrow 0, \quad b_n \longrightarrow 0 \qquad (n \longrightarrow \infty)$$

となる. すなわち

$$\int_{-\pi}^{\pi} f(x) \cos nx \, dx \longrightarrow 0, \quad \int_{-\pi}^{\pi} f(x) \sin nx \, dx \longrightarrow 0 \qquad (n \longrightarrow \infty)$$

が成り立つ. これは, リーマン・ルベーグの定理と呼ばれている.

■ パーセバルの等式

関数 $f(x)$ が周期 2π の連続な周期関数としてパーセバルの等式を導こう.
このとき, $f(x)$ のフーリエ級数は $f(x)$ に一様収束する（6.4 節を参照され
たい）. だから, 等式

$$f(x) = \frac{a_0}{2} + \sum_{n=1}^{\infty} (a_n \cos nx + b_n \sin nx)$$

の両辺に連続関数 $f(x)$ を掛けた式

$$\{f(x)\}^2 = \frac{a_0}{2} f(x) + \sum_{n=1}^{\infty} \left(a_n f(x) \cos nx + b_n f(x) \sin nx \right)$$

の右辺もやはり一様収束する．一様収束する級数は項別積分できる（6.4 節を参照されたい）から上式を $[-\pi, \pi]$ 上で項別積分して

$$\int_{-\pi}^{\pi} \{f(x)\}^2 \, dx$$

$$= \frac{a_0}{2} \int_{-\pi}^{\pi} f(x) \, dx + \sum_{n=1}^{\infty} \left(a_n \int_{-\pi}^{\pi} f(x) \cos nx \, dx + b_n \int_{-\pi}^{\pi} f(x) \sin nx \, dx \right)$$

$$= \pi \left\{ \frac{a_0^2}{2} + \sum_{n=1}^{\infty} \left(a_n^2 + b_n^2 \right) \right\}$$

を得る．これは**パーセバルの等式**と呼ばれるが，実際にはもっと弱い条件の下で証明できることが知られている．

定理 2.5.3（パーセバルの等式） 周期 2π の区分的に滑らかな周期関数 $f(x)$ が連続であれば，そのフーリエ係数について次の等式が成り立つ．

$$\frac{1}{\pi} \int_{-\pi}^{\pi} \{f(x)\}^2 \, dx = \frac{a_0^2}{2} + \sum_{n=1}^{\infty} \left(a_n^2 + b_n^2 \right) \qquad (2.41)$$

■ 項別微分・項別積分

フーリエ級数の項別微分，項別積分について次の 2 つの定理が成り立つ．証明は 6.6 , 6.7 節を参照されたい．

定理 2.5.4（項別微分） 周期 2π の区分的に滑らかな周期関数 $f(x)$ が連続であれば，その導関数 $f'(x)$ はフーリエ級数展開されて

$$f'(x) \sim \sum_{n=1}^{\infty} \left(-na_n \sin nx + nb_n \cos nx \right) \qquad (2.42)$$

が成り立つ．ただし，a_n, b_n は $f(x)$ のフーリエ係数である．

42　　　　　　第 2 章　フーリエ級数

定理 2.5.5（項別積分）　周期 2π の区分的に滑らかな周期関数 $f(x)$ に対し，任意の $x\,(-\pi \leq x \leq \pi)$ について

$$\int_0^x f(t)\,dt = \frac{a_0}{2}\int_0^x 1\,dt + \sum_{n=1}^{\infty}\int_0^x (a_n \cos nt + b_n \sin nt)\,dt$$

$$= \frac{a_0}{2}x + \sum_{n=1}^{\infty}\left\{\frac{a_n}{n}\sin nx + \frac{b_n}{n}(1 - \cos nx)\right\} \quad (2.43)$$

が成り立つ．ただし，a_n, b_n は $f(x)$ のフーリエ係数である．

例題 6　区間 $(-\pi, \pi]$ において $f(x) = |x|$ で与えられる周期 2π の周期関数 $f(x)$ のフーリエ級数にパーセバルの等式を適用して，$\displaystyle\sum_{n=1}^{\infty}1/(2n-1)^4$ の値を求めよ．

（**解**）　2.1 節の例題 1(2) に対する注 1 より

$$f(x) = |x| = \frac{\pi}{2} - \frac{4}{\pi}\sum_{n=1}^{\infty}\frac{\cos(2n-1)x}{(2n-1)^2}$$

である．ここで

$$\int_{-\pi}^{\pi}\{f(x)\}^2\,dx = \int_{-\pi}^{\pi}|x|^2\,dx = 2\int_0^{\pi}x^2\,dx = \frac{2}{3}\pi^3$$

なので，パーセバルの等式により

$$\frac{2}{3}\pi^2 = \frac{\pi^2}{2} + \frac{16}{\pi^2}\sum_{n=1}^{\infty}\frac{1}{(2n-1)^4}$$

となる．したがって

$$\sum_{n=1}^{\infty}\frac{1}{(2n-1)^4} = \frac{\pi^4}{96}$$

を得る．

例題 7　次の式を満たし周期 2π をもつ周期関数 $f(x)$ のフーリエ級数を項別微分して，定理 2.5.4 が適用できるかどうかを調べよ．

(1)　$f(x) = |x| \quad (-\pi < x \leq \pi)$,　　(2)　$f(x) = x \quad (-\pi < x \leq \pi)$

（**解**）　(1)　例題1(2) より

$$f(x) = |x| = \frac{\pi}{2} - \frac{4}{\pi} \left(\cos x + \frac{\cos 3x}{3^2} + \frac{\cos 5x}{5^2} + \cdots \right)$$

となる．さて，右辺を項別微分すれば

$$\frac{4}{\pi} \left(\sin x + \frac{\sin 3x}{3} + \frac{\sin 5x}{5} + \cdots \right)$$

となるので，定理 2.5.4 を適用すれば

$$f'(x) \sim \frac{4}{\pi} \left(\sin x + \frac{\sin 3x}{3} + \frac{\sin 5x}{5} + \cdots \right)$$

を得る．ここで，関数 $f(x)$ は $x = 0, \pi$ を除いて微分可能であり

$$f'(x) = \begin{cases} -1 & (-\pi < x < 0) \\ 1 & (0 < x < \pi) \end{cases}$$

である．一方，この $f'(x)$ は例題1(1) で考察した関数 $h(x)$ (ただし混乱を避けるために記号を変えた)

$$h(x) = \begin{cases} -1 & (-\pi < x < 0) \\ 0 & (x = 0, \pi) \\ 1 & (0 < x < \pi) \end{cases}$$

とは $x = 0, \pi$ を除いて一致している．したがって

$$h(x) \sim \frac{4}{\pi} \left(\sin x + \frac{\sin 3x}{3} + \frac{\sin 5x}{5} + \cdots \right)$$

となるが，これは例題1(1) のフーリエ級数展開と同一である．つまり，$f(x)$ についての項別微分が正しい結果を生じることを示している．このことは，$f(x)$ が連続であることから，定理 2.5.4 により保証されている．

　(2)　$f(x) = x$ のフーリエ級数展開は問題1(1) より

$$x \sim 2 \left(\sin x - \frac{\sin 2x}{2} + \frac{\sin 3x}{3} - \frac{\sin 4x}{4} + \cdots \right)$$

44   第2章　フーリエ級数

である．右辺を項別微分すれば

$$2 \left(\cos x - \cos 2x + \cos 3x - \cos 4x + \cdots \right)$$

となる．$n \longrightarrow \infty$ のとき $\cos nx$ は収束しないので，この級数は収束しない．たとえば，$x = 0$ のとき

$$2 \left(1 - 1 + 1 - 1 + \cdots \right)$$

となり，収束しない．この場合，$f(x) = x \ (-\pi < x \leq \pi)$ を周期的に拡張した関数は連続でないから，そのフーリエ級数は項別微分可能ではないのである．　∎

例題 8　$f(x) = x \ (-\pi < x \leq \pi)$ を満たし周期 2π をもつ周期関数 $f(x)$ のフーリエ級数を項別積分して，$g(x) = x^2/2 \ (-\pi < x \leq \pi)$ を満たし周期 2π をもつ周期関数 $g(x)$ のフーリエ級数を求めよ．

（解）　$f(x) = x$ のフーリエ級数展開は問題 1(1) より

$$x \sim 2 \left(\sin x - \frac{\sin 2x}{2} + \frac{\sin 3x}{3} - \frac{\sin 4x}{4} + \cdots \right) = 2 \sum_{n=1}^{\infty} \frac{(-1)^{n+1}}{n} \sin nx$$

である．両辺を 0 から x まで（項別）積分すれば

$$\int_0^x f(t)\,dt = 2 \sum_{n=1}^{\infty} \frac{(-1)^{n+1}}{n} \int_0^x \sin nt\,dt$$

すなわち

$$\frac{1}{2} x^2 = 2 \sum_{n=1}^{\infty} \frac{(-1)^{n+1}}{n} \left[-\frac{\cos nt}{n} \right]_0^x$$

$$= 2 \sum_{n=1}^{\infty} \frac{(-1)^{n+1}}{n^2} - 2 \sum_{n=1}^{\infty} \frac{(-1)^{n+1}}{n^2} \cos nx$$

さて，この右辺の第 1 項は $g(x)$ のフーリエ級数の定数項 $a_0/2$ であるから

$$2 \sum_{n=1}^{\infty} \frac{(-1)^{n+1}}{n^2} = \frac{a_0}{2} = \frac{1}{2} \cdot \frac{1}{\pi} \int_{-\pi}^{\pi} \frac{x^2}{2}\,dx = \frac{\pi^2}{6}$$

これを上式に代入して，次を得る．

$$\frac{1}{2}x^2 = \frac{\pi^2}{6} + 2\sum_{n=1}^{\infty} \frac{(-1)^n}{n^2}\cos nx$$

これは，$g(x)$ のフーリエ級数展開である．

（参　考） パーセバルの等式と平均収束

関数 $f(x)$ を周期 2π をもつ区分的に滑らかな周期関数とする．$f(x)$ のフーリエ級数の第 n 部分和

$$S_n(x) = \frac{a_0}{2} + \sum_{k=1}^{n}(a_k \cos kx + b_k \sin kx)$$

と $f(x)$ の平均 2 乗誤差

$$\int_{-\pi}^{\pi}\{f(x) - S_n(x)\}^2\,dx$$

が，$n \longrightarrow \infty$ のときに 0 に収束すれば，フーリエ級数は関数 $f(x)$ に**平均収束**（または**平均 2 乗収束**）するという．しかし，平均収束しても，$S_n(x)$ が各点 x で $n \longrightarrow \infty$ のときに $f(x)$ に収束する（つまり各点収束する）わけではないことに注意してほしい．また，次のような簡単な計算により，フーリエ級数が平均収束することと，パーセバルの等式が成り立つこととが同等であることがわかる．すなわち

$$\int_{-\pi}^{\pi}\{f(x) - S_n(x)\}^2\,dx$$

$$= \int_{-\pi}^{\pi}\{f(x)\}^2\,dx - 2\cdot\frac{a_0}{2}\int_{-\pi}^{\pi}f(x)\,dx + \int_{-\pi}^{\pi}\left(\frac{a_0}{2}\right)^2 dx$$

$$-2\sum_{k=1}^{n}\int_{-\pi}^{\pi}\left(f(x) - \frac{a_0}{2}\right)(a_k \cos kx + b_k \sin kx)\,dx$$

$$+\sum_{k=1}^{n}\sum_{\ell=1}^{n}\int_{-\pi}^{\pi}(a_k \cos kx + b_k \sin kx)(a_\ell \cos \ell x + b_\ell \sin \ell x)\,dx$$

$$= \int_{-\pi}^{\pi} \{f(x)\}^2 \, dx + \left(\frac{a_0}{2}\right)^2 \cdot 2\pi - 2 \cdot \frac{a_0}{2} \cdot a_0 \cdot \pi$$

$$-2\pi \sum_{k=1}^{n} \left(a_k^2 + b_k^2\right) + \pi \sum_{k=1}^{n} \left(a_k^2 + b_k^2\right)$$

$$= \int_{-\pi}^{\pi} \{f(x)\}^2 \, dx - \pi \left\{\frac{a_0^2}{2} + \sum_{k=1}^{n} \left(a_k^2 + b_k^2\right)\right\} \tag{2.44}$$

となる. ここで, 三角関数系の直交性に関する公式 (1.3)〜(1.6) とフーリエ係数の定義 (2.9), (2.10) を用いた. 等式 (2.44) より

$$\lim_{n \to \infty} \int_{-\pi}^{\pi} \{f(x) - S_n(x)\}^2 \, dx = 0$$

が成り立つことと, パーセバルの等式が成り立つことは同等であることがわかる.

[問　題]

7. 関数 $f(x) = x(\pi - x) \ (0 \le x \le \pi)$ のフーリエ余弦級数および正弦級数にパーセバルの等式を適用し, 級数の和の公式をそれぞれ導け.

8. $f(x) = x^2 \ (-\pi < x \le \pi)$ を満たし周期 2π をもつ周期関数 $f(x)$ について, 次の問いに答えよ.

(1) $f(x)$ のフーリエ級数展開にパーセバルの等式を適用し, 級数の和の公式を導け.

(2) $f(x)$ のフーリエ級数展開に項別微分および項別積分を行い, どんなフーリエ級数展開式が得られるか調べよ.

2.6　偏微分方程式への応用

フーリエ級数の理論が偏微分方程式にどのように応用されるかについて述べる. ここでは熱方程式（放物型偏微分方程式）を取り上げるが, その前にウォームアップとして, 常微分方程式の境界値問題を解いてみよう.

例題9 L を正の定数とするとき, 区間 $[0, L]$ における 2 階線形常微分方

程式

$$y''(x) + \alpha y(x) = 0 \quad (\alpha \text{ は実定数}) \tag{2.45}$$

の解で境界条件

$$y(0) = 0, \quad y(L) = 0 \tag{2.46}$$

を満たすものを求めよう．ただし，解 $y(x)$ は $0 \leq x \leq L$ に対して恒等的に 0 ではないとする．

（**解**）　微分方程式 (2.45) の補助方程式が $\lambda^2 + \alpha = 0$ なので，6.8 節の命題 6.8.1 より α の符号に従い，次のように場合わけできる．

(a)　$\alpha < 0$ の場合，補助方程式の解は $\lambda = \pm\sqrt{-\alpha}$ であり

$$y(x) = A\,e^{\sqrt{-\alpha}x} + B\,e^{-\sqrt{-\alpha}x}$$

(b)　$\alpha = 0$ の場合，補助方程式の解は $\lambda = 0$（重解）であり

$$y(x) = A\,x + B$$

(c)　$\alpha > 0$ の場合，補助方程式の解は $\lambda = \pm\sqrt{\alpha}i$ であり

$$y(x) = A\cos\sqrt{\alpha}x + B\sin\sqrt{\alpha}x$$

となる．ただし，A, B は任意定数である．

まず (a) の場合は，境界条件 (2.46) より

$$y(0) = 0 \implies A + B = 0$$

$$y(L) = 0 \implies A\,e^{\sqrt{-\alpha}L} + B\,e^{-\sqrt{-\alpha}L} = 0$$

この連立方程式を解いて，$A = B = 0$ となる．このとき $y(x)$ は恒等的に 0 になるので，求める解は得られない．

次に (b) の場合は，境界条件 (2.46) より

$$y(0) = 0 \implies B = 0$$

$$y(L) = 0 \implies A\,L + B = 0$$

この連立方程式を解いて，やはり $A = B = 0$ となり，この場合も求める解は得られない．

最後に (c) の場合は，境界条件 (2.46) の第 1 式より

$$y(0) = 0 \implies A = 0$$

これより，$y(x) = B \sin(\sqrt{\alpha}x)$ となるが，式 (2.46) の第 2 式より

$$y(L) = 0 \implies B \sin(\sqrt{\alpha}L) = 0$$

となるが，解 $y(x)$ は恒等的に 0 でないことより $B \neq 0$ となり

$$\sin(\sqrt{\alpha}L) = 0$$

が成り立つ．したがって，$\sqrt{\alpha}L = n\pi$ より

$$\alpha = \left(\frac{n\pi}{L}\right)^2 \qquad (n = 1, 2, \cdots) \tag{2.47}$$

が得られる．

例題 9 より次の結果が得られる．

微分方程式 (2.45) の係数 α は式 (2.47) のいずれかでなければならない．これらの値を微分方程式 (2.45) の境界条件 (2.46) に対する**固有値**という．そして，固有値 $\alpha = (n\pi/L)^2$ に対して微分方程式 (2.45) は

$$y''(x) + \left(\frac{n\pi}{L}\right)^2 y(x) = 0$$

であり，境界条件 (2.46) を満たす解は

$$y(x) = C_n \sin\left(\frac{n\pi}{L}x\right) \qquad (n = 1, 2, \cdots) \tag{2.48}$$

である．ここで，C_n は任意定数である．解 (2.48) を固有値 $\alpha = (n\pi/L)^2$ に属する**固有関数**という．

さてここで，この章で用いる**変数分離**と**解の重ね合わせ**という 2 つの重要な技法について述べよう．まず，（斉次の）線形偏微分方程式

$$a\frac{\partial^2 u}{\partial x^2} + 2b\frac{\partial^2 u}{\partial x \partial y} + c\frac{\partial^2 u}{\partial y^2} + d\frac{\partial u}{\partial x} + e\frac{\partial u}{\partial y} + f u = 0 \tag{2.49}$$

（ここで a, b, c, d, e, f は実数とする）を考える．その解が有限個 $u_1, u_2, \cdots, u_m$ 得られたとするとき，定数 $c_1, c_2, \cdots, c_m$ に対して 1 次結合

$$u = c_1 u_1 + c_2 u_2 + \cdots + c_m u_m$$

もまた解になる．これを**重ね合わせの原理**という．また，無限個の解 u_k $(k = 1, 2, \cdots)$ についても，もし無限級数

$$u = \sum_{k=1}^{\infty} c_k u_k$$

が収束し，しかも適当な回数（微分方程式の階数）だけ項別微分可能であれば，この関数 u もやはり解になる．次項以下において，この方法により偏微分方程式の解を求める．2 番目は，微分方程式 (2.49) の解 $u(x, y)$ が

$$u(x, y) = X(x) Y(y)$$

という 2 つの 1 変数関数 $X(x), Y(y)$ の積になっているとして，この形の解（変数分離解）を求める方法である．これを**変数分離法**という．こうすれば，$X(x)$ を未知関数とする常微分方程式と $Y(y)$ を未知関数とする常微分方程式（の境界値問題）が生ずるので，それらをまず解く必要がある．

次のような区間 $[0, L]$ における**熱方程式**（あるいは**熱伝導方程式**）の混合問題を考えよう．まず初期条件に関係する関数 $f(x)$ は区間 $[0, L]$ 上の連続関数で

$$f(0) = f(L) = 0$$

を満たすとする．そして，次の問題を考えよう．

■ 熱方程式の混合問題

$$
\begin{cases}
\dfrac{\partial}{\partial t} u(t, x) = c^2 \dfrac{\partial^2}{\partial x^2} u(t, x) & (0 < x < L,\ t > 0) \\[2mm]
（境界条件）\quad u(t, 0) = u(t, L) = 0 & (t > 0) \\[2mm]
（初期条件）\quad u(0, x) = f(x) & (0 \le x \le L)
\end{cases}
\tag{2.50}
$$

を満たす関数 $u(t, x)$ を求めよ．ただし，c は正の定数とする．

この方程式は図 2.16 のように区間 $[0, L]$ の両端での温度を（0 度に）固定した長さ L の棒（あるいは針金）の温度（熱）分布を記述する偏微分方程式である．$f(x)$ は初期の（与えられた）温度分布で，上の問題は時刻 t における温度分布 $u(t, x)$ を求める問題となる．

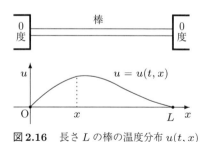

図 2.16　長さ L の棒の温度分布 $u(t, x)$

まず上記の初期条件を除いた問題

$$\begin{cases} \dfrac{\partial}{\partial t} u(t, x) = c^2 \dfrac{\partial^2}{\partial x^2} u(t, x) \\ u(t, 0) = u(t, L) = 0 \quad \text{（境界条件）} \end{cases} \quad (2.51)$$

の恒等的に 0 ではない解で

$$u(t, x) = T(t) X(x) \quad (2.52)$$

の形のものを求めてみよう（<u>変数分離法</u>）．このとき，上記の境界条件は

$$T(t) X(0) = 0, \quad T(t) X(L) = 0$$

となるので，0 でない解ということから $X(x)$ についての境界条件

$$X(0) = X(L) = 0 \quad (2.53)$$

が得られる．

さて，式 (2.52) を式 (2.51) の偏微分方程式に代入すると

$$T'(t) X(x) = c^2 T(t) X''(x)$$

となり，さらに両辺を $c^2 T(t) X(x)$ で割ると

$$\frac{T'(t)}{c^2 T(t)} = \frac{X''(x)}{X(x)}$$

と書ける．この左辺は変数 x に無関係な関数で，右辺は変数 t に無関係な関数であるから，両辺とも変数 t と x に無関係な定数でなければならない．その定数を $-k$ とおくと

$$\frac{T'(t)}{c^2\,T(t)} = \frac{X''(x)}{X(x)} = -k$$

となるので，2つの常微分方程式

$$X''(x) + k\,X(x) = 0 \tag{2.54}$$

$$T'(t) + c^2\,k\,T(t) = 0 \tag{2.55}$$

が得られる．

ところが，境界条件 (2.53) を有する常微分方程式 (2.54) に解が存在するためには，例題 9 でみたように，定数 k は $k > 0$ を満たす必要があり，しかも固有値 $(n\pi/L)^2$ $(n = 1, 2, \cdots)$ のいずれかである．そして，式 (2.53)〜(2.54) の解はそれらの固有値に属する固有関数

$$X(x) = X_n(x) = \sin\frac{n\pi x}{L} \quad (n = 1, 2, \cdots)$$

で与えられる．また，$k = (n\pi/L)^2$ に対応する常微分方程式 (2.55) の解は

$$T(t) = T_n(t) = \exp\left\{-\left(\frac{n\pi c}{L}\right)^2 t\right\} \quad (n = 1, 2, \cdots)$$

である．以上より，式 (2.51) を満たす変数分離解は

$$u_n(t, x) = T_n(t)\,X_n(x) = \exp\left\{-\left(\frac{n\pi c}{L}\right)^2 t\right\}\sin\frac{n\pi x}{L}$$

$$(n = 1, 2, \cdots) \tag{2.56}$$

となる．これらの解の 1 次結合をとり

$$u(t, x) = \sum_{n=1}^{\infty} C_n \exp\left\{-\left(\frac{n\pi c}{L}\right)^2 t\right\}\sin\frac{n\pi x}{L} \tag{2.57}$$

が得られる（重ね合わせの原理）．ここで，C_n は任意定数である．

最後に，式 (2.51) の解 (2.57) が（考慮外であった）式 (2.50) の初期条件を満たすように係数 C_n を決定しよう．式 (2.57) より

$$u(0,x) = \sum_{n=1}^{\infty} C_n \sin \frac{n\pi x}{L} = f(x) \qquad (2.58)$$

が得られる．これは，右辺の関数 $f(x)$ の区間 $[0, L]$ 上のフーリエ正弦級数展開と考えられるので，2.2 節の公式より次の結果が得られる．

$$C_n = \frac{2}{L} \int_0^L f(x) \sin \frac{n\pi x}{L} \, dx \qquad (2.59)$$

以上をまとめれば，次のようになる．

定理 2.6.1 区間 $[0, L]$ 上の区分的に滑らかな連続関数 $f(x)$ が

$$f(0) = f(L) = 0$$

を満たすとする．このとき，熱方程式の混合問題

$$\begin{cases} \dfrac{\partial}{\partial t} u(t,x) = c^2 \dfrac{\partial^2}{\partial x^2} u(t,x) & (0 < x < L,\ t > 0) \\ (境界条件) \quad u(t,0) = u(t,L) = 0 & (t > 0) \\ (初期条件) \quad u(0,x) = f(x) & (0 \le x \le L) \end{cases}$$

$$(2.60)$$

の解 $u(t,x)$ は次のように得られる．

$$u(t,x) = \sum_{n=1}^{\infty} C_n \exp\left\{ -\left(\frac{n\pi c}{L}\right)^2 t \right\} \sin \frac{n\pi x}{L} \qquad (2.61)$$

ただし，$C_n\, (n = 1, 2, \cdots)$ は次式で与えられる．

$$C_n = \frac{2}{L} \int_0^L f(x) \sin \frac{n\pi x}{L} \, dx \qquad (2.62)$$

例題 10 区間 $[0, L]$ における熱方程式の混合問題 (2.60) を，関数 $f(x)$ が次の式で与えられる場合に解け．ただし，m は正の整数とする．

$$f(x) = \sin \frac{m\pi x}{L} \quad (0 \le x \le L)$$

（**解**）　定理 2.6.1 の公式 (2.62) より

$$C_n = \frac{2}{L} \int_0^L f(x) \sin \frac{n\pi x}{L} \, dx = \frac{2}{L} \int_0^L \sin \frac{m\pi x}{L} \sin \frac{n\pi x}{L} \, dx$$

$$= \frac{2}{\pi} \int_0^\pi \sin mu \sin nu \, du = \frac{1}{\pi} \int_{-\pi}^\pi \sin mu \sin nu \, du = \begin{cases} 1 & (n = m) \\ 0 & (n \neq m) \end{cases}$$

ただし，$u = \pi x / L$ とおき，置換積分法および式 (1.5) を用いた.
したがって，求める解は次のようになる.

$$u(t, x) = \exp \left\{ - \left(\frac{m\pi c}{L} \right)^2 t \right\} \sin \frac{m\pi x}{L}$$

［**問　題**］

9.　区間 $[0, L]$ における熱方程式の混合問題 (2.60) を，関数 $f(x)$ が次の式で与えられる場合に解け.

(1) $f(x) = \begin{cases} x & (0 \leq x \leq L/2) \\ L - x & (L/2 < x \leq L) \end{cases}$　(2) $f(x) = x(L - x)$　$(0 \leq x \leq L)$

10.　関数 $g(x)$ は区間 $[0, L]$ 上の区分的に滑らかな連続関数で，$g(0) = g(L)$ を満たすとする. このとき，熱方程式の混合問題

$$\begin{cases} \dfrac{\partial}{\partial t} u(t, x) = c^2 \dfrac{\partial^2}{\partial x^2} u(t, x) & (0 < x < L, \ t > 0) \\[2mm] （境界条件）\quad \dfrac{\partial u}{\partial x}(t, 0) = \dfrac{\partial u}{\partial x}(t, L) = 0 & (t > 0) \\[2mm] （初期条件）\quad u(0, x) = g(x) & (0 \leq x \leq L) \end{cases}$$

の解 $u(t, x)$ は次のように得られることを示せ.

$$u(t, x) = \frac{a_0}{2} + \sum_{n=1}^\infty a_n \exp \left\{ - \left(\frac{n\pi c}{L} \right)^2 t \right\} \cos \frac{n\pi x}{L}$$

ただし，$a_n \ (n = 0, 1, 2, \cdots)$ は次式で与えられる.

$$a_n = \frac{2}{L} \int_0^L g(x) \cos \frac{n\pi x}{L} \, dx$$

54　　　　第 2 章　フーリエ級数

注　上記の境界条件は，両端（$x = 0$ と $x = L$）で熱の出入りがない（つまり断熱されている）ことを意味する．この境界条件は**ノイマン境界条件**と呼ばれていて，それに対して定理 2.6.1 の境界条件は**ディリクレ境界条件**と呼ばれている．

［練 習 問 題］

2.1　以下の空所に適するものを補え．

周期 2π をもつ周期関数 $f(x)$ について，無限級数

$$\frac{a_0}{2} + \sum_{n=1}^{\infty} (a_n \cos nx + b_n \sin nx)$$

を $\boxed{\quad (1) \quad}$ といい，$a_0, a_1, a_2, \cdots, b_1, b_2, \cdots$ を $f(x)$ の $\boxed{\quad (2) \quad}$ という．ただし

$$a_n = \boxed{\quad (3) \quad} \qquad (n = 0, 1, 2, \cdots),$$

$$b_n = \boxed{\quad (4) \quad} \qquad (n = 1, 2, \cdots)$$

である．

関数 $f(x)$ が任意の x について $f(-x) = f(x)$ を満たすとき，$\boxed{(5)}$ 関数という．このとき

$$\int_{-\pi}^{\pi} f(x)\, dx = \boxed{(6)} \int_{0}^{\pi} f(x)\, dx$$

が成り立つ．また，$f(x) \cos nx$ も $\boxed{(7)}$ 関数 になるので

$$\int_{-\pi}^{\pi} f(x) \cos nx\, dx = \boxed{(8)} \int_{0}^{\pi} f(x) \cos nx\, dx$$

が成り立つ．しかし，$f(x) \sin nx$ は $\boxed{(9)}$ 関数になるので

$$\int_{-\pi}^{\pi} f(x) \sin nx\, dx = \boxed{(10)}$$

となる．したがって，周期 2π をもつ周期関数 $f(x)$ が $\boxed{(11)}$ 関数であれば

$$f(x) \sim \frac{a_0}{2} + \sum_{n=1}^{\infty} a_n \cos nx \,,$$

$$a_n = \boxed{\qquad (12) \qquad} \qquad (n = 0, 1, 2, \cdots)$$

が成り立つ．

関数 $f(x)$ が任意の x について $f(-x) = -f(x)$ を満たすとき，$\boxed{(13)}$ 関数という．このとき

$$\int_{-\pi}^{\pi} f(x)\,dx = \boxed{(14)}$$

が成り立つ．また，$f(x) \cos nx$ も $\boxed{(15)}$ 関数になるので

$$\int_{-\pi}^{\pi} f(x) \cos nx\,dx = \boxed{(16)}$$

が成り立つ．しかし，$f(x) \sin nx$ は $\boxed{(17)}$ 関数になるので

$$\int_{-\pi}^{\pi} f(x) \sin nx\,dx = \boxed{(18)} \int_{0}^{\pi} f(x) \sin nx\,dx$$

となる．したがって，周期 2π をもつ周期関数 $f(x)$ が $\boxed{(19)}$ 関数であれば

$$f(x) \sim \sum_{n=1}^{\infty} b_n \sin nx \,,$$

$$b_n = \boxed{\qquad (20) \qquad} \qquad (n = 1, 2, \cdots)$$

が成り立つ．

2.2 以下の空所に適するものを補え．

周期 2π をもつ周期関数 $f(x)$ の連続点 x において

$$f(x) = \frac{a_0}{2} + \sum_{n=1}^{\infty} (a_n \cos nx + b_n \sin nx) \,, \tag{2.63}$$

$$a_n = \frac{1}{\pi} \int_{-\pi}^{\pi} f(y) \boxed{(1)} dy \qquad (n = 0, 1, 2, \cdots), \quad (2.64)$$

$$b_n = \frac{1}{\pi} \int_{-\pi}^{\pi} f(y) \boxed{(2)} dy \qquad (n = 1, 2, \cdots) \qquad (2.65)$$

が成り立つ. さて, オイラーの公式

$$\boxed{(3)} = \cos x + i \sin x, \qquad \boxed{(4)} = \cos x - i \sin x$$

より

$$\frac{e^{ix} + e^{-ix}}{2} = \boxed{(5)}, \qquad \frac{e^{ix} - e^{-ix}}{2i} = \boxed{(6)}$$

さらに

$$\frac{e^{inx} + e^{-inx}}{2} = \boxed{(7)}, \qquad \frac{e^{inx} - e^{-inx}}{2i} = \boxed{(8)}$$

が成り立つ. これらを等式 (2.63) に代入すると

$$f(x) = \frac{a_0}{2} + \sum_{n=1}^{\infty} \left\{ \frac{a_n}{2} \left(e^{inx} + e^{-inx} \right) + \frac{b_n}{2i} \left(e^{inx} - e^{-inx} \right) \right\}$$

$$= \frac{a_0}{2} + \sum_{n=1}^{\infty} \left(\frac{a_n}{2} + \frac{b_n}{2i} \right) e^{inx} + \sum_{n=1}^{\infty} \left(\frac{a_n}{2} - \frac{b_n}{2i} \right) e^{-inx}$$

となるので

$$c_0 = \boxed{(9)}, \quad c_n = \boxed{(10)}, \quad c_{-n} = \boxed{(11)} \quad (n = 1, 2, \cdots)$$

とおくと

$$f(x) = \sum_{n=-\infty}^{\infty} c_n e^{inx}$$

が成り立つ. この右辺が $f(x)$ の $\boxed{(12)}$ 級数であり, c_0, c_n, c_{-n} が $\boxed{(13)}$ 係数である. 明らかに

$$c_{-n} = \overline{c_n} \qquad (n = 1, 2, \cdots)$$

である．最後に，式 (2.64) と (2.65) を用いると

$$c_n = \boxed{(14)}\, a_n - \boxed{(15)}\, b_n = \frac{1}{2\pi} \int_{-\pi}^{\pi} f(y) \left(\boxed{(16)} - i\,\boxed{(17)} \right) dy$$

$$= \frac{1}{2\pi} \int_{-\pi}^{\pi} f(y)\, \boxed{(18)}\, dy \qquad (n = 0, \pm 1, \pm 2, \cdots)$$

が成り立つ．

2.3 周期 2π をもち，区間 $(-\pi, \pi]$ 上で次の式で与えられる関数 $f(x)$ のフーリエ級数を求めよ．

(1)　$f(x) = |\sin x|$ 　　　　(2)　$f(x) = \begin{cases} -\cos x & (-\pi < x < 0) \\ \cos x & (0 \le x \le \pi) \end{cases}$

2.4 区間 $[0, \pi]$ 上で次の式で与えられる関数のフーリエ余弦級数および正弦級数を求めよ．

(1)　$f(x) = x^2$ 　　　　(2)　$f(x) = (\pi - x)^2$

2.5 区間 $(-L, L]$ 上で次の式で定義された周期 $2L$ の周期関数のフーリエ級数を求めよ．

(1)　$f(x) = |x|$ 　　　　(2)　$f(x) = x^2$

(3)　$f(x) = \begin{cases} 0 & (-L < x < 0) \\ x & (0 \le x \le L) \end{cases}$ 　　(4)　$f(x) = \begin{cases} 0 & (-L < x < 0) \\ \cos \dfrac{\pi x}{L} & (0 \le x \le L) \end{cases}$

2.6 区間 $(-\pi, \pi]$ 上で次の式で与えられる周期 2π の周期関数の複素フーリエ級数を求め，さらに実フーリエ級数も求めよ．ただし，λ は整数でない定数とする．

(1)　$f(x) = e^{\lambda x}$ 　　　　(2)　$f(x) = |\sin x|$

(3)　$f(x) = |x|$ 　　　　(4)　$f(x) = \cos^4 x$

2.7 (1)　区間 $(-\pi, \pi]$ 上で次の関数

$$f(x) = \frac{e^x + e^{-x}}{2}$$

で与えられる周期 2π の周期関数 $f(x)$ の複素フーリエ級数を求め，さらに実フーリエ級数も求めよ．

(2) (1) の実フーリエ級数に $x = \pi$ および $x = 0$ を代入し，次の 2 つの無限級数の値を求めよ．

$$\sum_{n=1}^{\infty} \frac{1}{n^2 + 1} \qquad \text{および} \qquad \sum_{n=1}^{\infty} \frac{(-1)^{n+1}}{n^2 + 1}$$

2.8 周期関数 $f(x)$ が実数値をとるときには，その複素フーリエ係数 c_n について，$c_{-n} = \overline{c_n}$ となることを示せ．ただし，$\overline{c_n}$ は c_n の複素共役である．

2.9 周期関数 $f(x)$ が偶関数であれば，その複素フーリエ係数 c_n は実数となることを示せ．また，奇関数であれば，純虚数となることを示せ．

2.10 関数 $f(x) = \sin x \ (0 \le x \le \pi)$ のフーリエ余弦級数にパーセバルの等式を適用し，級数の和の公式を導け．

2.11 区間 $(-\pi, \pi]$ 上

$$f(x) = \begin{cases} -1 & (-\pi < x < 0) \\ 0 & (x = 0, \pi) \\ 1 & (0 < x < \pi) \end{cases}$$

で与えられる周期 2π をもつ周期関数 $f(x)$ のフーリエ級数を項別積分することにより，関数 $g(x) = |x| \ (-\pi < x \le \pi)$ のフーリエ級数を求めよ．

2.12 練習問題 2.7 において定義された関数

$$f(x) = \cosh x = \frac{e^x + e^{-x}}{2} \qquad (-\pi < x \le \pi)$$

のフーリエ級数を項別微分することにより，$g(x) = (e^x - e^{-x})/2$ のフーリエ級数を求めよ．

2.13 （**波動方程式の混合問題（ディリクレ境界条件）**）区間 $[0, L]$ 上の区分的に滑らかな連続関数 $f(x), g(x)$ が

$$f(0) = f(L) = 0, \qquad g(0) = g(L) = 0$$

を満たすとする．このとき，偏微分方程式

$$
\begin{cases}
\dfrac{\partial^2}{\partial t^2}\, u(t,x) \;=\; c^2\, \dfrac{\partial^2}{\partial x^2}\, u(t,x) & (0 < x < L,\ t > 0) \\[2mm]
(\text{境界条件}) \quad u(t,0) \;=\; u(t,L) \;=\; 0 & (t > 0) \\[2mm]
(\text{初期条件}) \quad u(0,x) \;=\; f(x),\quad \dfrac{\partial u}{\partial t}(0,x) \;=\; g(x) & (0 \le x \le L)
\end{cases}
$$

について次の問いに答えよ．ただし，$c > 0$ とする．

(1) その解 $u(t,x)$ は次のように得られることを示せ．

$$
u(t,x) = \sum_{n=1}^{\infty} \left(C_n \cos \frac{n\pi c t}{L} + D_n \sin \frac{n\pi c t}{L} \right) \sin \frac{n\pi x}{L}
$$

ただし，$C_n,\ D_n\ (n = 1, 2, \cdots)$ は次式で与えられる．

$$
C_n = \frac{2}{L} \int_0^L f(x) \sin \frac{n\pi x}{L}\, dx\,,
$$

$$
D_n = \frac{2}{n\pi c} \int_0^L g(x) \sin \frac{n\pi x}{L}\, dx
$$

(2) 関数 $f(x)$, $g(x)$ がそれぞれ次の式で与えられるとするとき，解 $u(t,x)$ を求めよ．

(a) $\quad f(x) = \begin{cases} x & (0 \le x \le L/2) \\ L - x & (L/2 < x \le L) \end{cases}$, $\qquad g(x) = 0$

(b) $\quad f(x) = \quad 0,$ $\qquad\qquad\qquad\qquad\quad g(x) = \sin \frac{\pi x}{L}$

3

フーリエ変換

　前章において，周期 $T = 2L$ をもつ周期関数は三角関数（あるいは指数関数）の重ね合わせで表すことができることを学んだ．すなわち，それらは $\cos\dfrac{n\pi}{L}x, \sin\dfrac{n\pi}{L}x$（あるいは $e^{in\pi x/L}$）の無限級数であるフーリエ級数として表すことができることがわかった．

　この章では，周期的でない関数をその周期が無限大とみなして，フーリエ級数展開において上記の定数 L を $L \longrightarrow \infty$ とすることにより，フーリエ積分公式およびフーリエ変換・逆変換に関する公式が得られることを示す．そして，それらの基本的性質とともに，工学や情報科学において重要なサンプリング定理についても詳しく述べる．

3.1 フーリエ積分とフーリエ変換

前章のフーリエ級数展開に基づいて，周期的でない一般の関数を三角関数（あるいは指数関数）の積分で表すことを考えよう．ここでは，より簡明な形の複素フーリエ級数に基づく方法についてまず述べ，後で実数型フーリエ級数に対応する（実数型）フーリエ積分公式について述べる．

■ フーリエ積分公式

周期的でない一般の関数 $f(x)$ が $-\infty < x < \infty$ において区分的に滑らかで，その広義積分について

$$\int_{-\infty}^{\infty} |f(x)|\, dx <$$

を満たすとする．（このとき $f(x)$ は**絶対可積分**という．）

まず，図 3.1 のように $f(x)$ を区間 $[-L, L]$ に制限し，さらにその区間外では周期 $2L$ の周期関数に拡張した関数 $f_L(x)$ を考え，その複素フーリエ級数

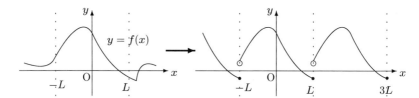

図 3.1 $f(x)$ を区間 $[-L, L]$ に制限し，周期 $2L$ の周期関数 $f_L(x)$ に拡張する

$$f_L(x) = \sum_{n=-\infty}^{\infty} c_n\, e^{-in\pi x/L}, \qquad (3.1)$$

$$c_n = \frac{1}{2L} \int_{-L}^{L} f_L(y)\, e^{-in\pi y/L}\, dy \qquad (n = 0, \pm 1, \pm 2, \cdots) \qquad (3.2)$$

を得る．ただし，点 x で $f(x)$ は連続としている．式 (3.2) を (3.1) に代入すると

$$f_L(x) = \sum_{n=-\infty}^{\infty} \left\{ \frac{1}{2L} \int_{-L}^{L} f_L(y)\, e^{-in\pi y/L}\, dy \right\} e^{in\pi x/L}$$

となるが，ここで

$$\omega_n = \frac{n\pi}{L}, \qquad \Delta\omega = \omega_n - \omega_{n-1} = \frac{\pi}{L}$$

とおくと，上式は

$$f_L(x) = \sum_{n=-\infty}^{\infty} \left\{ \frac{1}{2\pi} \int_{-L}^{L} f_L(y)\, e^{-i\omega_n y}\, dy \right\} e^{i\omega_n x} \Delta\omega \qquad (3.3)$$

となる．この右辺について，$L \longrightarrow \infty$ の極限を考えると，$\Delta\omega \longrightarrow 0$ となるので，区分的に連続な関数 $h(\omega)$ のリーマン和に関する等式

$$\lim_{\Delta\omega \to 0} \sum_{n=-\infty}^{\infty} h(\omega_n)\, \Delta\omega = \int_{-\infty}^{\infty} h(\omega)\, d\omega$$

と $f_L(x) \longrightarrow f(x)$（$L \longrightarrow \infty$ のとき）に注意すれば，式 (3.3) より

$$f(x) = \frac{1}{2\pi} \int_{-\infty}^{\infty} e^{i\omega x} \left\{ \int_{-\infty}^{\infty} f(y)\, e^{-i\omega y}\, dy \right\} d\omega \qquad (3.4)$$

あるいは

$$f(x) = \frac{1}{2\pi} \int_{-\infty}^{\infty} d\omega \left\{ \int_{-\infty}^{\infty} f(y)\, e^{-i\omega(y-x)}\, dy \right\} \qquad (3.5)$$

が得られる．これらの式を**フーリエ積分公式**といい，また右辺を $f(x)$ の**フーリエ積分表示**という．

■ フーリエ変換

式 (3.4) は次のように書き直すことができる．

$$F(\omega) = \int_{-\infty}^{\infty} f(y)\, e^{-i\omega y}\, dy \qquad (3.6)$$

とおけば

$$f(x) = \frac{1}{2\pi} \int_{-\infty}^{\infty} F(\omega)\, e^{i\omega x}\, d\omega \qquad (3.7)$$

が成り立つ．

ここで，式 (3.6) の右辺を $f(x)$ の**フーリエ変換**，式 (3.7) の右辺を $F(\omega)$ の**フーリエ逆変換**という．

等式 (3.4) の導出において，区間 $[-L, L]$ 上の（複素）フーリエ級数展開を用い $L \longrightarrow \infty$ のときの極限としているので，式 (3.6)，(3.7) は，（複素）フーリエ級数展開 (2.35)，(2.36) の一般の非周期的関数への拡張と考えることができる．このため，$f(x)$ が不連続な点 x においては，等式 (3.4)，(3.5) および (3.7) の左辺の $f(x)$ を $\{f(x+0) + f(x-0)\}/2$ で置き換える必要があり，次のようにまとめることができる．

定理 3.1.1（フーリエの積分定理（複素数型），フーリエの反転公式）

$f(x)$ が $-\infty < x < \infty$ で定義されていて，絶対可積分で区分的に滑らかとする．このとき，$f(x)$ が x で連続であれば，次の等式が成り立つ．

$$f(x) = \frac{1}{2\pi} \int_{-\infty}^{\infty} F(\omega)\, e^{i\omega x}\, d\omega \tag{3.8}$$

また，$f(x)$ が x で不連続であれば，次の等式が成り立つ．

$$\frac{1}{2}\{f(x+0) + f(x-0)\} = \frac{1}{2\pi} \int_{-\infty}^{\infty} F(\omega)\, e^{i\omega x}\, d\omega \tag{3.9}$$

注 1　第 2 章と同様に，式 (3.8)，(3.9) をまとめて

$$f(x) \sim \frac{1}{2\pi} \int_{-\infty}^{\infty} F(\omega)\, e^{i\omega x}\, d\omega \tag{3.10}$$

と表す．しかし以下では，議論を単純化するため，通常，式 (3.8) が成り立つとする．さて，フーリエ変換を行う写像に対し記号 $\mathcal{F}$ を用い

$$\mathcal{F}[f(x)] = F(\omega)\,, \qquad \mathcal{F}[f(x)](\omega) = F(\omega) \tag{3.11}$$

などと表す．また，フーリエ逆変換は $\mathcal{F}$ の逆写像であるので記号 $\mathcal{F}^{-1}$ を用い

$$\mathcal{F}^{-1}[F(\omega)] = f(x)\,, \quad \mathcal{F}^{-1}[F(\omega)](x) = f(x) \tag{3.12}$$

などと表す．これらを用いると式 (3.6)，(3.7) は図 3.2 ように図示できる．

3.1 フーリエ積分とフーリエ変換

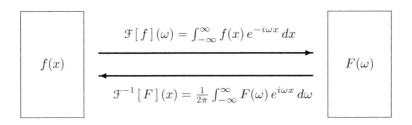

図 3.2 フーリエ変換およびフーリエ逆変換

また，フーリエ級数も変換に類するものとして扱うことができ，次の図 3.3 のように図示できることを注意する．すなわち，式 (3.2) は周期関数 $f(x)$ をフーリエ係数の組 $\{c_n\}$ に変換している．そして，式 (3.1) は $\{c_n\}$ から $f(x)$ を再構成している．

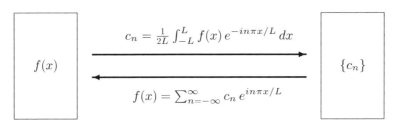

図 3.3 フーリエ係数およびフーリエ級数

注 2 フーリエ変換，フーリエ逆変換の対象性をよりきれいな形にするために

$$F(\omega) = \frac{1}{\sqrt{2\pi}} \int_{-\infty}^{\infty} f(x)\, e^{-i\omega x}\, dx \tag{3.13}$$

$$f(x) = \frac{1}{\sqrt{2\pi}} \int_{-\infty}^{\infty} F(\omega)\, e^{i\omega x}\, d\omega \tag{3.14}$$

と定義することもある．しかし以下では，定義 (3.6), (3.7) を採用することにしよう．

■ 実数型のフーリエ積分公式

次にフーリエ積分公式 (3.5) を実数型に書き換えよう．

66　　　　　第3章　フーリエ変換

$$f(x) = \frac{1}{2\pi} \int_{-\infty}^{\infty} d\omega \int_{-\infty}^{\infty} f(y)\, e^{i\omega(x-y)}\, dy$$

$$= \frac{1}{2\pi} \int_{0}^{\infty} d\omega \int_{-\infty}^{\infty} f(y)\, e^{i\omega(x-y)}\, dy + \frac{1}{2\pi} \int_{-\infty}^{0} d\omega \int_{-\infty}^{\infty} f(y)\, e^{i\omega(x-y)}\, dy$$

$$= \frac{1}{\pi} \int_{0}^{\infty} d\omega \int_{-\infty}^{\infty} f(y)\, \left\{ \frac{1}{2} \left(e^{i\omega(x-y)} + e^{-i\omega(x-y)} \right) \right\} dy$$

$$= \frac{1}{\pi} \int_{0}^{\infty} d\omega \int_{-\infty}^{\infty} f(y)\, \cos\omega(x-y)\, dy$$

ただし，右辺の積分において，ω が負のところでは変数変換 $\omega = -\tilde{\omega}$ を用いて $\tilde{\omega}$ に関する積分に直し，さらに $\tilde{\omega}$ を改めて ω と記し，2つの積分をまとめた．よって，次の結果が得られる．

定理 3.1.2（フーリエの積分定理（実数型））　$f(x)$ が $-\infty < x < \infty$ で定義されていて，絶対可積分で区分的に滑らかとする．このとき，$f(x)$ が x で連続であれば，次の等式が成り立つ．

$$f(x) = \frac{1}{\pi} \int_{0}^{\infty} d\omega \int_{-\infty}^{\infty} f(y)\, \cos\omega(x-y)\, dy \qquad (3.15)$$

また，$f(x)$ が x で不連続であれば，次の等式が成り立つ．

$$\frac{1}{2} \{ f(x+0) + f(x-0) \} = \frac{1}{\pi} \int_{0}^{\infty} d\omega \int_{-\infty}^{\infty} f(y)\, \cos\omega(x-y)\, dy$$
$$(3.16)$$

第2章と同様に，式 (3.15)，(3.16) をまとめて

$$f(x) \sim \frac{1}{\pi} \int_{0}^{\infty} d\omega \int_{-\infty}^{\infty} f(y)\, \cos\omega(x-y)\, dy \qquad (3.17)$$

と表す．

　例題1　次の関数 $f(x)$ のフーリエ変換を求めよ．ただし，$c > 0$，$a > 0$ とする．

$$(1) \quad f(x) = \begin{cases} \dfrac{1}{2c} & (|x| \le c) \\[2mm] 0 & (|x| > c) \end{cases} \qquad\qquad (2) \quad f(x) = e^{-a|x|}$$

3.1 フーリエ積分とフーリエ変換　　**67**

（**解**）　(1)

$$\mathcal{F}\left[f(x)\right] = \int_{-\infty}^{\infty} f(x)\, e^{-i\omega x}\, dx = \frac{1}{2c}\int_{-c}^{c}\left(\cos\omega x - i\sin\omega x\right)\, dx$$

$$= \frac{1}{c}\int_{0}^{c}\cos\omega x\, dx = \frac{1}{c}\left[\frac{\sin\omega x}{\omega}\right]_{0}^{c} = \frac{\sin c\omega}{c\omega}$$

(2)

$$\mathcal{F}\left[f(x)\right] = \int_{-\infty}^{\infty} f(x)\, e^{-i\omega x}\, dx = \int_{0}^{\infty} e^{-(a+i\omega)x}\, dx + \int_{-\infty}^{0} e^{(a-i\omega)x}\, dx$$

$$= \left[\frac{e^{-(a+i\omega)x}}{-a-i\omega}\right]_{0}^{\infty} + \left[\frac{e^{(a-i\omega)x}}{a-i\omega}\right]_{-\infty}^{0}$$

$$= \frac{1}{a+i\omega} + \frac{1}{a-i\omega} = \frac{2a}{a^2+\omega^2}$$

注　周波数解析では，関数

$$\operatorname{sinc} x = \frac{\sin x}{x} \tag{3.18}$$

は重要な役割を果し，**サンプリング関数**と呼ばれている（3.4 節を参照されたい）．これを使えば，例題 1(1) の結果は

$$\mathcal{F}\left[f(x)\right] = \operatorname{sinc} c\omega$$

と表せる．また，$\operatorname{sinc} x = (\sin\pi x)/(\pi x)$ で定義することもある．

[**問　　題**]

1. 次の関数 $f(x)$ のフーリエ変換を求めよ．ただし，$a > 0$ とする．

(1)　$f(x) = \begin{cases} 1 & (a < x < b) \\ 0 & (x \le a,\, x \ge b) \end{cases}$　　(2)　$f(x) = \begin{cases} \sin ax & (|x| < \pi/a) \\ 0 & (|x| \ge \pi/a) \end{cases}$

2. $a > 0,\, b > 0$ とするとき，次の関数 $f(x)$ のフーリエ変換を求めよ．

(1)　$f(x) = e^{-ax}\, U(x)$　　　　　　(2)　$f(x) = x\, e^{-ax}\, U(x)$

(3)　$f(x) = \left(e^{-ax}\cos bx\right) U(x)$　　(4)　$f(x) = \left(e^{-ax}\sin bx\right) U(x)$

ただし，$U(x)$ は次式で定められるヘビサイド（階段）関数である．

$$U(x) = \begin{cases} 1 & (x \geq 0) \\ 0 & (x < 0) \end{cases}$$

3. $F(\omega) = \mathcal{F}[f](\omega)$ のとき

$$\overline{F(\omega)} = \mathcal{F}\left[\overline{f(x)}\right](-\omega)$$

となることを示せ．ただし，$\overline{\alpha}$ は複素数 α の共役複素数を表す．このことより，関数 $f(x)$ が常に実数値をとるならば

$$\overline{F(\omega)} = F(-\omega)$$

が成り立つことがわかる．

3.2 フーリエ余弦変換，正弦変換

式 (3.17) に加法定理

$$\cos \omega(x - y) = \cos \omega x \, \cos \omega y + \sin \omega x \, \sin \omega y$$

を用いると

$$f(x) \sim \frac{1}{\pi} \int_0^\infty \{A(\omega) \cos \omega x + B(\omega) \sin \omega x\} \, d\omega \tag{3.19}$$

$$A(\omega) = \int_{-\infty}^\infty f(y) \cos \omega y \, dy, \quad B(\omega) = \int_{-\infty}^\infty f(y) \sin \omega y \, dy \tag{3.20}$$

が得られる．もし，$f(x)$ が偶関数であれば，$f(x) \sin \omega x$ は奇関数となり，式 (3.20) において $B(\omega) = 0$ となる．また，$f(x)$ が奇関数であれば，$f(x) \cos \omega x$ は奇関数となり，式 (3.20) において $A(\omega) = 0$ となる．つまり，次の結果が得られる．

3.2 フーリエ余弦変換, 正弦変換   **69**

$f(x)$ が偶関数であれば, 次が成り立つ.

$$f(x) \sim \frac{2}{\pi} \int_0^\infty C(\omega) \cos \omega x \, d\omega \qquad (3.21)$$

$$C(\omega) = \int_0^\infty f(y) \cos \omega y \, dy \qquad (3.22)$$

$f(x)$ が奇関数であれば, 次が成り立つ.

$$f(x) \sim \frac{2}{\pi} \int_0^\infty S(\omega) \sin \omega x \, d\omega \qquad (3.23)$$

$$S(\omega) = \int_0^\infty f(y) \sin \omega y \, dy \qquad (3.24)$$

上記の $C(\omega)$ と $S(\omega)$ をそれぞれ $f(x)$ の**フーリエ余弦変換**, **フーリエ正弦変換**という. さて, 関数 $f(x)$ が $0 \le x < \infty$ で定義されているとする. これを, $-\infty < x < \infty$ に対して偶関数として拡張すれば, フーリエ余弦変換を用いることができる. また, 奇関数として拡張すれば, フーリエ正弦変換を用いることができる.

例題 2 $a > 0$ とするとき, 関数

$$f(x) = e^{-ax} \quad (x \ge 0)$$

のフーリエ余弦変換およびフーリエ正弦変換を求めよ.

（**解**） まず, フーリエ余弦変換について

$$C(\omega) = \int_0^\infty e^{-ax} \cos \omega x \, dx = \int_0^\infty \left(-\frac{e^{-ax}}{a} \right)' \cos \omega x \, dx$$

$$= \left[\left(-\frac{e^{-ax}}{a} \right) \cos \omega x \right]_0^\infty - \int_0^\infty \left(-\frac{e^{-ax}}{a} \right) (-\omega \sin \omega x) \, dx$$

$$= \frac{1}{a} - \left[\left(\frac{e^{-ax}}{a^2} \right) (-\omega \sin \omega x) \right]_0^\infty + \int_0^\infty \left(\frac{e^{-ax}}{a^2} \right) (-\omega^2 \cos \omega x) \, dx$$

$$= \frac{1}{a} - \frac{\omega^2}{a^2} C(\omega)$$

70　　　　　　　第3章　フーリエ変換

したがって，
$$C(\omega) = \frac{a}{a^2 + \omega^2}$$

次に，フーリエ正弦変換について

$$S(\omega) = \int_0^\infty e^{-ax} \sin \omega x \, dx = \int_0^\infty \left(-\frac{e^{-ax}}{a} \right)' \sin \omega x \, dx$$

$$= \left[\left(-\frac{e^{-ax}}{a} \right) \sin \omega x \right]_0^\infty - \int_0^\infty \left(-\frac{e^{-ax}}{a} \right) (\omega \cos \omega x) \, dx$$

$$= - \left[\left(\frac{e^{-ax}}{a^2} \right) (\omega \cos \omega x) \right]_0^\infty + \int_0^\infty \left(\frac{e^{-ax}}{a^2} \right) (-\omega^2 \sin \omega x) \, dx$$

$$= \frac{\omega}{a^2} - \frac{\omega^2}{a^2} S(\omega)$$

したがって
$$S(\omega) = \frac{\omega}{a^2 + \omega^2}$$

（**別解**）　まず，フーリエ余弦変換について

$$C(\omega) = \int_0^\infty e^{-ax} \cos \omega x \, dx = \int_0^\infty e^{-ax} \frac{e^{i\omega x} + e^{-i\omega x}}{2} \, dx$$

$$= \frac{1}{2} \left\{ \int_0^\infty e^{-(a-i\omega)x} \, dx + \int_0^\infty e^{-(a+i\omega)x} \, dx \right\}$$

$$= \frac{1}{2} \left[\frac{e^{-(a-i\omega)x}}{-(a-i\omega)} + \frac{e^{-(a+i\omega)x}}{-(a+i\omega)} \right]_0^\infty$$

$$= \frac{1}{2} \left(\frac{1}{a-i\omega} + \frac{1}{a+i\omega} \right) = \frac{a}{a^2 + \omega^2}$$

次に，フーリエ正弦変換について

$$S(\omega) = \int_0^\infty e^{-ax} \sin \omega x \, dx = \int_0^\infty e^{-ax} \frac{e^{i\omega x} - e^{-i\omega x}}{2i} \, dx$$

$$= \frac{1}{2i} \left\{ \int_0^\infty e^{-(a-i\omega)x} \, dx - \int_0^\infty e^{-(a+i\omega)x} \, dx \right\}$$

$$= \frac{1}{2i} \left[\frac{e^{-(a-i\omega)x}}{-(a-i\omega)} - \frac{e^{-(a+i\omega)x}}{-(a+i\omega)} \right]_0^\infty$$

$$= \frac{1}{2i} \left(\frac{1}{a-i\omega} - \frac{1}{a+i\omega} \right) = \frac{\omega}{a^2+\omega^2} \qquad ■$$

例題 3 $a > 0$ とするとき，次の等式を証明せよ．

(1) $\displaystyle \frac{1}{\pi} \int_{-\infty}^{\infty} \frac{\sin a\omega}{\omega} \cos \omega x \, d\omega = \begin{cases} 1 & (|x| \le a) \\ 1/2 & (x = \pm a) \\ 0 & (|x| > a) \end{cases}$

(2) $\displaystyle \int_0^\infty \frac{\sin a\omega}{\omega} \, d\omega = \frac{\pi}{2}$

（解）　(1)

$$f(x) = \begin{cases} 1 & (|x| \le a) \\ 1/2 & (x = \pm a) \\ 0 & (|x| > a) \end{cases}$$

とおくと偶関数なので，そのフーリエ余弦変換を求めれば

$$C(\omega) = \int_0^\infty f(x) \cos \omega x \, dx = \int_0^a \cos \omega x \, dx$$

$$= \left[\frac{\sin \omega x}{\omega} \right]_0^a = \frac{\sin a\omega}{\omega}$$

$f(x)$ の不連続点 $x = \pm a$ において，等式 $\{f(x+0) + f(x-0)\}/2 = f(x)$ が成り立つので，式 (3.21) より

$$\frac{2}{\pi} \int_0^\infty C(\omega) \cos \omega x \, d\omega = \frac{2}{\pi} \int_0^\infty \frac{\sin a\omega}{\omega} \cos \omega x \, d\omega = f(x)$$

ここで $(\sin a\omega/\omega)(\cos \omega x)$ は ω の偶関数であるから，(1) の等式が得られた．

(2)　(1) の等式において $x = 0$ とおけば

$$\frac{1}{\pi} \int_{-\infty}^{\infty} \frac{\sin a\omega}{\omega} \, d\omega = 1$$

ここで関数 $\sin a\omega/\omega$ は ω の偶関数なので

$$\frac{1}{\pi}\int_{-\infty}^{\infty}\frac{\sin a\omega}{\omega}\,d\omega = \frac{2}{\pi}\int_{0}^{\infty}\frac{\sin a\omega}{\omega}\,d\omega$$

であるから

$$\int_{0}^{\infty}\frac{\sin a\omega}{\omega}\,d\omega = \frac{\pi}{2}$$

（別解） (1) 関数 $f(x)$ を上記のように定義すれば，フーリエ変換は

$$F(\omega) = \int_{-\infty}^{\infty}f(x)e^{-i\omega x}\,dx = \int_{-a}^{a}e^{-i\omega x}\,dx = \int_{-a}^{a}(\cos\omega x - i\sin\omega x)\,dx$$

$$= 2\int_{0}^{a}\cos\omega x\,dx = 2\frac{\sin a\omega}{\omega}$$

等式 $\{f(x+0) + f(x-0)\}/2 = f(x)$ が成り立つので，フーリエの反転公式より

$$f(x) = \mathcal{F}^{-1}\left[2\frac{\sin a\omega}{\omega}\right] = \frac{2}{2\pi}\int_{-\infty}^{\infty}\frac{\sin a\omega}{\omega}e^{i\omega x}\,d\omega$$

$$= \frac{1}{\pi}\int_{-\infty}^{\infty}\frac{\sin a\omega}{\omega}(\cos\omega x + i\sin\omega x)\,d\omega = \frac{2}{\pi}\int_{0}^{\infty}\frac{\sin a\omega}{\omega}\cos\omega x\,d\omega$$

あとは同じである．

[問　　題]

4. 次の関数 $f(x)$ のフーリエ余弦変換とフーリエ正弦変換を求めよ．

(1) $f(x) = \begin{cases} x & (0 \le x \le 1) \\ 0 & (x > 1) \end{cases}$　　(2) $f(x) = \begin{cases} \sin x & (0 \le x \le \pi) \\ 0 & (x > \pi) \end{cases}$

5. 例題 2 の結果を利用して次の等式を導け．

(1) $\displaystyle\int_{0}^{\infty}\frac{\cos\omega x}{1+\omega^2}\,d\omega = \frac{\pi}{2}e^{-x}$　　$(x \ge 0)$

(2) $\displaystyle\int_{0}^{\infty}\frac{\omega\sin\omega x}{1+\omega^2}\,d\omega = \frac{\pi}{2}e^{-x}$　　$(x > 0)$

3.3 フーリエ変換の基本的性質

本節では，フーリエ変換の種々の性質を調べよう．

■ フーリエ変換の基本公式

以下では，関数 $f(x), g(x)$ は区分的に滑らかで，フーリエ変換およびフーリエ逆変換が可能であるとする．すなわち

$$f(x) \longrightarrow \mathcal{F}[f] = F(\omega), \qquad g(x) \longrightarrow \mathcal{F}[g] = G(\omega)$$

は既知であるとする．

A. 線形性（重ね合わせの原理）

任意の複素数 a, b に対して
$$\mathcal{F}[a\,f(x) + b\,g(x)] = a\,F(\omega) + b\,G(\omega) \tag{3.25}$$

これは積分の線形性から明らかである．

B. 相似性

任意の 0 でない実数 c に対して
$$\mathcal{F}[f(c\,x)] = \frac{1}{|c|}\,F\left(\frac{\omega}{c}\right) \tag{3.26}$$

なぜならば，まず $c > 0$ のとき $u = cx$ とおくと

$$\mathcal{F}[f(c\,x)] = \int_{-\infty}^{\infty} f(c\,x)\,e^{-i\omega x}\,dx = \int_{-\infty}^{\infty} f(u)\,e^{-i\omega u/c}\,\frac{1}{c}\,du = \frac{1}{c}\,F\left(\frac{\omega}{c}\right)$$

が得られる．$c < 0$ のときは，やはり $u = cx$ とおくと次を得るからである．

$$\mathcal{F}[f(c\,x)] = \int_{-\infty}^{\infty} f(c\,x)\,e^{-i\omega x}\,dx = -\int_{-\infty}^{\infty} f(u)\,e^{-i\omega u/c}\,\frac{1}{c}\,du$$

$$= -\frac{1}{c}\,F\left(\frac{\omega}{c}\right) = \frac{1}{|c|}\,F\left(\frac{\omega}{c}\right)$$

C. 変数シフト

任意の実数cに対して
$$\mathcal{F}[f(x+c)] = e^{ic\omega}\,F(\omega) \qquad (3.27)$$

なぜならば，$u = x + c$とおくと

$$\mathcal{F}[f(x+c)] = \int_{-\infty}^{\infty} f(x+c)\,e^{-i\omega x}\,dx = \int_{-\infty}^{\infty} f(u)\,e^{-i\omega(u-c)}\,du = e^{ic\omega}\,F(\omega)$$

となるからである．

D. 周波数シフト

任意の実数cに対して
$$\mathcal{F}[e^{icx}\,f(x)] = F(\omega - c) \qquad (3.28)$$

なぜならば

$$\mathcal{F}[e^{icx}\,f(x)] = \int_{-\infty}^{\infty} f(x)\,e^{icx}\,e^{-i\omega x}dx = \int_{-\infty}^{\infty} f(x)\,e^{-i(\omega-c)x}dx = F(\omega-c)$$

となるからである．

E. 微　分

もし$f'(x)$も絶対可積分で連続ならば
$$\mathcal{F}[f'(x)] = i\,\omega\,F(\omega) \qquad (3.29)$$

なぜならば

$$\mathcal{F}[f'(x)] = \int_{-\infty}^{\infty} f'(x)\,e^{-i\omega x}dx = \left[f(x)\,e^{-i\omega x}\right]_{-\infty}^{\infty} + i\omega \int_{-\infty}^{\infty} f(x)\,e^{-i\omega x}dx$$

$$= \left[f(x)\,e^{-i\omega x}\right]_{-\infty}^{\infty} + i\omega\,F(\omega)$$

となるから，$\lim_{x \to \pm\infty} f(x) = 0$が示されればこの公式が成り立つ．この証明は長瀬，斉藤 [7] あるいは山本 [15] を参照されたい．

3.3 フーリエ変換の基本的性質

F. 対称性

もし $\mathcal{F}[f] = F(\omega)$ も絶対可積分ならば

$$\mathcal{F}[F(\omega)](x) = 2\pi f(-x) \quad \text{および} \quad \mathcal{F}[F(x)](\omega) = 2\pi f(-\omega) \quad (3.30)$$

なぜならば

$$\mathcal{F}[F(\omega)](x) = \int_{-\infty}^{\infty} F(\omega)\, e^{-i\omega x} d\omega = 2\pi \frac{1}{2\pi} \int_{-\infty}^{\infty} F(\omega)\, e^{i\omega(-x)} d\omega = 2\pi f(-x)$$

となるからである.

G. 共役性

$$\mathcal{F}[\overline{f(x)}](\omega) = \overline{F(-\omega)} \quad (3.31)$$

これは, 問題 3 と同じである. (ただし, ω を $-\omega$ で置き換えている.)

たたみこみ (合成積)

2 つの関数 $f(x), g(x)$ に対して, 新しい関数

$$r(x) = \int_{-\infty}^{\infty} f(y)\, g(x-y)\, dy$$

を作る. この $r(x)$ を $f = f(x)$ と $g = g(x)$ の**たたみこみ** (または**合成積**) といい, 記号

$$r = f * g \quad \text{または} \quad r(x) = f * g\,(x) \quad (3.32)$$

で表す. 任意の実数 a, b と関数 $f(x), g(x), h(x)$ に対して以下の関係が成り立つ.

H. (双) 線形性 (分配則)

任意の複素数 a, b に対して

$$f * (a\, g + b\, h) = a\, f * g + b\, f * h \quad (3.33)$$

これは, たたみこみの定義と積分の線形性より明らかである.

I. 交換則

$$f * g = g * f \tag{3.34}$$

なぜならば

$$f * g\,(x) = \int_{-\infty}^{\infty} f(y)\,g(x-y)\,dy$$

において $u = x - y$ に置き換えると

$$f * g(x) = \int_{\infty}^{-\infty} f(x-u)\,g(u)\,(-1)du = \int_{-\infty}^{\infty} g(u)\,f(x-u)\,du = g * f\,(x)$$

となるからである.

J. 結合則

$$(f * g) * h = f * (g * f) \tag{3.35}$$

なぜならば, $f * g = p,\ g * h = q$ とおくと

$$
\begin{aligned}
\text{左辺} = p * h = h * p &= \int_{-\infty}^{\infty} h(u)\,p(x-u)\,du \\
&= \int_{-\infty}^{\infty} h(u) \left(\int_{-\infty}^{\infty} f(v)\,g(x-u-v)\,dv \right) du \\
&= \int_{-\infty}^{\infty} f(v) \left(\int_{-\infty}^{\infty} h(u)\,g(x-v-u)\,du \right) dv \\
&= \int_{-\infty}^{\infty} f(v)\,q(x-v)\,dv = f * q = \text{右辺}
\end{aligned}
$$

となるからである. ただし, 途中で積分の順序を入れ換えた.

K. たたみこみのフーリエ変換

関数 $f(x), g(x)$ のフーリエ変換をそれぞれ $F(\omega), G(\omega)$ とする.

$$\mathcal{F}[f * g] = \mathcal{F}[f]\,\mathcal{F}[g] = F(\omega)\,G(\omega) \tag{3.36}$$

3.3 フーリエ変換の基本的性質　　77

なぜならば

$$\int_{-\infty}^{\infty} f * g(x)\, e^{-i\omega x}\, dx = \int_{-\infty}^{\infty} \left(\int_{-\infty}^{\infty} f(u)\, g(x-u)\, du \right) e^{-i\omega x}\, dx$$

$$= \int_{-\infty}^{\infty} f(u) \left(\int_{-\infty}^{\infty} g(x-u)\, e^{-i\omega x}\, dx \right) du$$

$$= \int_{-\infty}^{\infty} f(u) \left(\int_{-\infty}^{\infty} g(v)\, e^{-i\omega(v+u)}\, dv \right) du$$

$$= \int_{-\infty}^{\infty} f(u) \left(\int_{-\infty}^{\infty} g(v)\, e^{-i\omega v}\, dv \right) e^{-i\omega u}\, du$$

$$= \left(\int_{-\infty}^{\infty} f(u)\, e^{-i\omega u}\, du \right) \left(\int_{-\infty}^{\infty} g(v)\, e^{-i\omega v}\, dv \right) = F(\omega)\, G(\omega)$$

となるからである．ただし，途中で積分の順序を入れ換え，$x-u$ を v とおき，変数変換した．

　例題 4　(1)

$$f(x) = g(x) = \begin{cases} e^{-x} & (x > 0) \\ 0 & (x \le 0) \end{cases}$$

のとき，$f(x)$, $g(x)$ のたたみこみを計算せよ．

　(2)　等式 $\mathcal{F}[f * g] = \mathcal{F}[f]\, \mathcal{F}[g]$ が成り立つことを，問題 2(1), (2) を用いて確かめよ．

　（解）　(1)　定義から

$$f * g\,(x) = g * f\,(x) = \int_0^{\infty} f(x-y)\, e^{-y}\, dy$$

となる．ここで，$f(x-y)$ が 0 でない範囲は $-\infty < y < x$ であることに注意すれば，$x > 0$ のときは

$$f * g\,(x) = \int_0^x e^{-(x-y)}\, e^{-y}\, dy = e^{-x} \int_0^x 1\, dy = x\, e^{-x}$$

$x \le 0$ のときは

$$f * g\,(x) = 0$$

となるので

$$f * g(x) = x e^{-x} U(x)$$

が成り立つ. ただし, $U(x)$ はヘビサイドの階段関数である.

(2) 問題 2(2) より

$$\mathcal{F}[f * g] = \mathcal{F}[x e^{-x} U(x)] = \frac{1}{(1 + i\omega)^2}$$

である. 他方, 問題 2(1) より

$$\mathcal{F}[f] = \mathcal{F}[g] = \frac{1}{1 + i\omega}$$

なので

$$\mathcal{F}[f] \mathcal{F}[g] = \frac{1}{(1 + i\omega)^2}$$

すなわち, $\mathcal{F}[f * g] = \mathcal{F}[f] \mathcal{F}[g]$ が成り立つ.

[問　題]

6. 等式

$$\mathcal{F}[f(x) g(x)] = \frac{1}{2\pi} \ \mathcal{F}[f(x)] * \mathcal{F}[g(x)]$$

を示せ.

7. $F(\omega) = \mathcal{F}[f]$, $G(\omega) = \mathcal{F}[g]$ とするとき, 次を証明せよ.

(1) $\displaystyle \int_{-\infty}^{\infty} f(y) g(x - y) \, dy = \frac{1}{2\pi} \int_{-\infty}^{\infty} F(\omega) G(\omega) e^{i\omega x} \, d\omega$

(2) $\displaystyle \int_{-\infty}^{\infty} f(y) g(-y) \, dy = \frac{1}{2\pi} \int_{-\infty}^{\infty} F(\omega) G(\omega) \, d\omega$

(3) $\displaystyle \int_{-\infty}^{\infty} f(y) \overline{g(y)} \, dy = \frac{1}{2\pi} \int_{-\infty}^{\infty} F(\omega) \overline{G(\omega)} \, d\omega$

　注　問題 7 の (3) はパーセバルの等式（定理 3.6.1）であり, 3.6 節では別証明を与える.

3.4 サンプリング定理 (1)

サンプリング定理については，変数 x は時間変数を表し，変数 ω は角周波数を表すと考えるとわかりやすい．周期，周波数，角周波数の関係は 6.1 節を参照されたい．この節では，前節までに得られたフーリエ変換に関する基本的な知識の範囲内で，サンプリング定理を証明する．サンプリング定理についてのより深い考察については，3.7 節で行う．

■ サンプリング定理

図 3.4 のように連続変数 x の関数 $f(x)$ が与えられているとする．$f(x)$ の離散的な点 $\{x_n\}, n = 0, \pm 1, \pm 2, \cdots$ での値 $\{f(x_n)\}$ をサンプリング点 $\{x_n\}$ でのサンプル値という．本書では，サンプリング点 $\{x_n\}$ の間隔は一定で，τ とする．つまり，サンプリング点は次の形になる．

$$\{x_n\} = \{n\tau\} = \{\cdots, -2\tau, -\tau, 0, \tau, 2\tau, \cdots\}$$

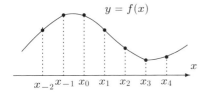
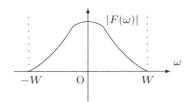

図 3.4 サンプリング点 $\{x_n\}$ とサンプル値 $\{f(x_n)\}$

図 3.5 帯域幅 W に帯域制限されている $F(\omega)$ の絶対値

さて，図 3.5 のように $f(x)$ がフーリエ変換 $F(\omega)$ に関する条件

$$F(\omega) = 0, \quad |\omega| \geq W \tag{3.37}$$

を満たすとする．このとき，次のような結果（「サンプリング定理」）が得られることを示す．ただし，$\{f(x_n)\}$ を $\{f_n\}$ と表すとする．

> 「適当なサンプリング間隔 τ をとることにより，サンプリング点 $\{x_n\}$ における値 $\{f_n\} = \{f(n\tau)\}$ だけから，関数 $f(x)$ を完全に再現できる．」

80 　　　　　　　　　　第3章　フーリエ変換

　注　関数 $f(x)$ のフーリエ変換 $F(\omega)$ が条件 (3.37) を満たすとき，$f(x)$ は帯域幅 W に帯域制限されているという.

定理 3.4.1（サンプリング定理（その 1））　区分的に滑らかで絶対可積分な連続関数 $f(x)$ のフーリエ変換 $F(\omega)$ について，条件 (3.37) が成り立つとする．このとき $f(x)$ は，サンプリング間隔

$$\tau = \frac{\pi}{W} \tag{3.38}$$

のサンプリング点 $\{n\tau\}$ でのサンプル値 $\{f(n\tau)\} = \{f_n\}$ のみから

$$f(x) = \sum_{n=-\infty}^{\infty} f_n \frac{\sin\{W(x-n\tau)\}}{W(x-n\tau)} \tag{3.39}$$

と再現することができる.

　（証明）　まず，定理 3.1.1 より

$$f(x) = \frac{1}{2\pi} \int_{-\infty}^{\infty} F(\omega)\, e^{i\omega x}\, d\omega, \qquad F(\omega) = \int_{-\infty}^{\infty} f(y)\, e^{-i\omega y}\, dy \tag{3.40}$$

一方，$F(\omega)$ は区間 $[-W, W]$ 上で次のように複素フーリエ級数に展開できる.

$$F(\omega) = \sum_{n=-\infty}^{\infty} c_n\, e^{in\pi\omega/W}, \qquad c_n = \frac{1}{2W} \int_{-W}^{W} F(\omega)\, e^{-in\pi\omega/W}\, d\omega \tag{3.41}$$

条件 (3.37) より区間 $[-W, W]$ の外では $F(\omega) = 0$ であるから，c_n について

$$c_n = \frac{1}{2W} \int_{-\infty}^{\infty} F(\omega)\, e^{-in\pi\omega/W}\, d\omega = \frac{\pi}{W} \frac{1}{2\pi} \int_{-\infty}^{\infty} F(\omega)\, e^{i\omega(-n\pi/W)}\, d\omega$$

$$= \frac{\pi}{W} f\left(-\frac{n\pi}{W}\right) = \tau f(-n\tau) = \tau f_{-n} \tag{3.42}$$

だから，式 (3.41) の第 1 式から，$F(\omega)$ は区間 $[-W, W]$ 上では次のように表すことができる.

$$F(\omega) = \sum_{n=-\infty}^{\infty} \tau f_{-n}\, e^{in\pi\omega/W} = \tau \sum_{k=-\infty}^{\infty} f_k\, e^{-ik\pi\omega/W}$$

$$= \tau \sum_{k=-\infty}^{\infty} f_k \, e^{-ik\tau\omega} = \tau \sum_{k=-\infty}^{\infty} f_k \, e^{-ix_k\omega} \tag{3.43}$$

ここで, $k = -n$ とおき, 計算した.

さて再び, 区間 $[-W, W]$ の外では $F(\omega) = 0$ であることを用いると, 式 (3.40) の第 1 式と式 (3.43) より

$$f(x) = \frac{1}{2\pi} \int_{-W}^{W} F(\omega) \, e^{i\omega x} d\omega = \frac{1}{2\pi} \int_{-W}^{W} \left(\tau \sum_{n=-\infty}^{\infty} f_n \, e^{-ix_n\omega} \right) e^{i\omega x} d\omega$$

$$= \frac{\tau}{2\pi} \sum_{n=-\infty}^{\infty} f_n \int_{-W}^{W} e^{i(x-x_n)\omega} \, d\omega$$

$$= \frac{\tau}{2\pi} \sum_{n=-\infty}^{\infty} f_n \int_{-W}^{W} \{\cos(x-x_n)\omega + i \sin(x-x_n)\omega\} \, d\omega$$

$$= \frac{\tau}{\pi} \sum_{n=-\infty}^{\infty} f_n \int_{0}^{W} \cos(x-x_n)\omega \, d\omega$$

となる. ここで, オイラーの公式, 余弦関数が偶関数であること, 正弦関数が奇関数であることを用いた. したがって

$$f(x) = \frac{1}{W} \sum_{n=-\infty}^{\infty} f_n \left[\frac{\sin(x-x_n)\omega}{x-x_n} \right]_0^W = \sum_{n=-\infty}^{\infty} f_n \frac{\sin\{W(x-x_n)\}}{W(x-x_n)} \tag{3.44}$$

を得る.

補間関数

実変数 x の関数 $h(x)$ が

$$h(x) = \begin{cases} 1 & (x = 0) \\ 0 & (x = \pm\tau, \pm 2\tau, \pm 3\tau, \cdots) \end{cases} \tag{3.45}$$

を満たすとき, サンプリング間隔 τ の**補間関数**という. 図 3.6 の関数 $h(x)$ は最も簡単な補間関数である.

例題 5 補間関数 $h(x)$ を用いて,関数 $\tilde{f}(x)$ を

$$\tilde{f}(x) = \sum_{k=-\infty}^{\infty} f_k\, h(x - x_k) \tag{3.46}$$

と定義すれば,$\tilde{f}(x)$ は各点 $x_n = n\tau$ で値 f_n をとることを示せ.

(解) 式 (3.45) から

$$h(x_n - x_k) = h((n-k)\tau) = \begin{cases} 1 & (k = n) \\ 0 & (k \neq n) \end{cases}$$

が成り立つので,式 (3.46) より

$$\tilde{f}(x_n) = \sum_{k=-\infty}^{\infty} f_k\, h(x_n - x_k) = f_n$$

となる.

(例)(補間関数) 代表的な補間関数を図 3.7 に示す.(ただし $\tau = 1$ としている.)

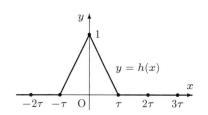

図 3.6 折れ線グラフの補間関数

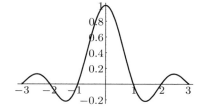

図 3.7 補間関数 $h(x) = \dfrac{\sin \pi x}{\pi x}$

さて,3.1 節で定義したサンプリング関数(式 (3.18) を参照)

$$\mathrm{sinc}\, x = \frac{\sin x}{x}$$

を用いると,図 3.7 の補間関数は $\mathrm{sinc}(\pi x)$ と表せる.そして

$$\phi(x) = \mathrm{sinc}\, \frac{\pi x}{\tau} \tag{3.47}$$

とおくと，$\phi(x)$ はサンプリング間隔 τ の補間関数である．そこで定理 3.4.1（サンプリング定理）のようにサンプリング間隔 τ を

$$\tau = \frac{\pi}{W}$$

で決めれば，等式 (3.39) は

$$f(x) = \sum_{n=-\infty}^{\infty} f_n \operatorname{sinc}(W(x - x_n)) = \sum_{n=-\infty}^{\infty} f_n \phi(x - x_n) \qquad (3.48)$$

となる．したがって，定理 3.4.1 は次のように書き換えることができる．

定理 3.4.2（サンプリング定理（その 2）） $f(x)$ のフーリエ変換 $F(\omega)$ について，条件 (3.37) が成り立つとする．このとき $f(x)$ は，サンプリング間隔

$$\tau = \frac{\pi}{W}$$

のサンプリング点 $\{n\tau\}$ でのサンプル値 $\{f(n\tau)\} = \{f_n\}$ のみから，補間関数 $\phi(x)$ を用いる補間により

$$f(x) = \sum_{n=-\infty}^{\infty} f_n \phi(x - x_n) \qquad (3.49)$$

と再現することができる．

（補足） 上記のサンプリング定理を「時間 t の関数としての信号（情報）$f(t)$ を遠隔地へ伝達する」という情報通信の問題に適用してみよう．サンプリング定理によれば，もし信号 $f(t)$ が帯域幅 W に帯域制限された信号であれば，信号 $f(t)$ のすべてを送信する必要はなく，適当な時間間隔 τ でとびとびにサンプリングした信号 $\{f_n\} = \{f(\tau_n)\}$ だけを送信すればよい．そして受信側では，受信した信号 $\{f_n\}$ と補間関数 $\phi(x)$ を用いて，元の信号（全体）$f(t)$ を完全に再現できることを保証している．さらに，そのサンプリングの時間間隔 τ は

$$\tau = \frac{\pi}{W}$$

（または，明らかに $\tau \leq \pi/W$ でよい）と帯域幅 W で表現できている．

しかし，現実には逆に，情報通信路の物理的制限などのために，サンプリング間隔 τ がまず与えられることも多い．その場合，$W = \pi/\tau$ 以上の角周波数の信号がとらえられない可能性をサンプリング定理は示唆している．この現象については，3.7 節でより詳しく考察するが，実際に古くから知られていて，現実には伝送したい信号（情報）は肝心な部分が損なわれない量の信号に（帯域制限等により）加工されてから伝送されることが多い．また，$W = \pi/\tau$ はサンプリング間隔 τ に対する**ナイキスト周波数**（単位はラジアン/秒）と呼ばれている．あるいは本によっては，それを 2π で割って $1/(2\tau)$ のことをナイキスト周波数（単位はヘルツ [Hz] = 1/秒）とも呼ぶ． ■

3.5 デルタ関数とそのフーリエ変換への応用

■ デルタ関数

1次元空間上のある点 x に集中した力を加えることは，工学では重要な作用である．変数が時間 t のときは，ある時刻 t に瞬間的な力（撃力）を加えることであり，また電気回路に対してある時刻 t に瞬間的なパルスを与えることもまったく同様と考えられる．この現象を数学的に記述するために，デルタ関数がディラックにより導入された．

まず，1 次元空間上に加えられた「力の分布」について考えよう．分布を表現する関数を $h(x)$ で表し，分布関数と呼ぶ（図 3.8）．「力の総量」を 1 とすると

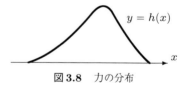

図 3.8　力の分布

$$\int_{-\infty}^{\infty} h(x)\,dx = 1 \tag{3.50}$$

となる．さて，「$x = 0$ に集中する」力を表す関数を定義することを考えよう．いま，分布関数を

$$p_\varepsilon(x) = \begin{cases} \dfrac{1}{2\varepsilon} & (-\varepsilon \leq x \leq \varepsilon) \\ 0 & (x < -\varepsilon,\ \ x > \varepsilon) \end{cases} \tag{3.51}$$

3.5 デルタ関数とそのフーリエ変換への応用

で定義しよう．これは x 軸の原点を中心として幅 ε の区間に単位長当り $1/(2\varepsilon)$ の大きさの力が分布していることを表し

$$\int_{-\infty}^{\infty} p_\varepsilon(x)\,dx = 1 \tag{3.52}$$

も満たしている．つまり，力の総量は 1 である．「$x = 0$ に集中する総量が 1」の力を表す分布 $\delta(x)$ は，分布関数 $p_\varepsilon(x)$ の $\varepsilon \longrightarrow 0$ のときの極限と考えられる．しかしその極限は，通常の関数としてとらえようとすると，図 3.9 のように

$$\lim_{\varepsilon \to 0} p_\varepsilon(x) = \begin{cases} \infty & (x = 0) \\ 0 & (x \neq 0) \end{cases} \tag{3.53}$$

となり，単独ではうまく正当化できない．そこで，他の「良い関数」との積の積分の性質だけに注目することにより正当化しよう．

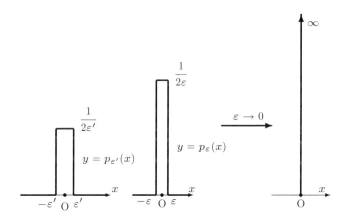

図 3.9　$p_\varepsilon(x)$ の極限関数

すなわち，任意の連続関数 $f(x)$ に対して

$$\int_{-\infty}^{\infty} f(x)\, p_\varepsilon(x)\,dx = \frac{1}{2\varepsilon} \int_{-\varepsilon}^{\varepsilon} f(x)\,dx$$
$$= \bigl\{ f(x)\, の区間\,[-\varepsilon, \varepsilon]\,上の平均値 \bigr\}$$

となるので，$\varepsilon \longrightarrow 0$ の極限を考えると次式が得られる．

$$\int_{-\infty}^{\infty} f(x)\,\delta(x)\,dx = f(0) \tag{3.54}$$

つまり，「$\delta(x)$ は任意の連続関数 $f(x)$ からその $x=0$ における値 $f(0)$ を取り出すもの」として正当化できる．すなわち，$\delta(x)$ を超関数として取り扱うことができ，これは**ディラックの δ（デルタ）関数**と呼ばれる．$\delta(x)$ はまた**単位インパルス**とも呼ばれ，図 3.10 のように矢印で表される．また，デルタ関数 $\delta(x)$ を a だけ平行移動した $\delta(x-a)$ を考えると，連続関数 $f(x)$ に対して

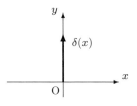

図 3.10　δ 関数

$$\int_{-\infty}^{\infty} f(x)\,\delta(x-a)\,dx = f(a) \tag{3.55}$$

となる．

■ デルタ関数および関連する関数のフーリエ変換

ここでは，デルタ関数および関連する関数のフーリエ変換を計算しよう．

A. デルタ関数のフーリエ変換（図 3.11）

$$\boxed{\delta(x) \longrightarrow \mathcal{F}[\delta] = 1 \tag{3.56}}$$

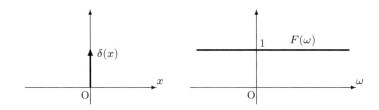

図 3.11　$\delta(x)$ とそのフーリエ変換 $\mathcal{F}[\delta](\omega)$

なぜならば

$$\mathcal{F}[\delta](\omega) = \int_{-\infty}^{\infty} \delta(x)\, e^{-i\omega x}\, dx = e^{-i\omega x}\Big|_{x=0} = e^0 = 1$$

を得る.

B. 定数 1 のフーリエ変換

$$f(x) = 1 \quad \longrightarrow \quad \mathcal{F}[1] = 2\pi\, \delta(\omega) \qquad (3.57)$$

次のように間接的に示そう. $f(x) = \delta(x)$ とおくと (3.56) より $1 = \mathcal{F}[\delta] = F(\omega)$ となる. 3.3 節の基本的性質 F (対称性) より

$$\mathcal{F}[1] = \mathcal{F}[F(x)](\omega) = 2\pi\, f(-\omega) = 2\pi\, \delta(-\omega)$$

となる. ところが, デルタ関数はその定義より偶関数であるので, $\mathcal{F}[1] = 2\pi\, \delta(\omega)$ を得る.

注 しかし, 実はデルタ関数や定数関数 1 は通常の関数として定理 3.1.1 (フーリエ反転公式) の適用範囲には入らないので, 上の証明には問題がある. このため正確には, デルタ関数を超関数として定義し, 上記の公式を証明する必要がある. たとえば, 中村 [8] や, 大石 [2] を参照されたい. ▪

C. 一般のデルタ関数のフーリエ変換

$$\delta(x - a) \quad \longrightarrow \quad \mathcal{F}[\delta(x - a)] = e^{-i\omega a} \qquad (3.58)$$

これは, 直接計算しても容易だが, 3.3 節の基本的性質 C (変数シフト) を使ってもよい.

D. 複素単振動関数のフーリエ変換

$$e^{iax} \quad \longrightarrow \quad \mathcal{F}[e^{iax}] = 2\pi\, \delta(\omega - a) \qquad (3.59)$$

これは, $f(x) = 1$ とおき 3.3 節の基本的性質 D (周波数シフト) を用いることにより, 式 (3.57) より得られる.

E. デルタ関数の微分のフーリエ変換

$$\delta^{(n)}(x) \longrightarrow \mathcal{F}[\delta^{(n)}] = (i\omega)^n \tag{3.60}$$

これには，$f(x) = \delta(x)$ に対して 3.3 節の基本的性質 E（微分）をくり返し適用すればよい．

F. 余弦関数のフーリエ変換（図 3.12，図 3.13）

$$\cos ax \longrightarrow \mathcal{F}[\cos ax] = \pi \{\delta(\omega - a) + \delta(\omega + a)\} \tag{3.61}$$

なぜならば，オイラーの公式と式 (3.59) を用いると次式を得る．

$$\mathcal{F}[\cos ax] = \mathcal{F}\left[\frac{e^{iax} + e^{-iax}}{2}\right] = \pi \{\delta(\omega - a) + \delta(\omega + a)\}$$

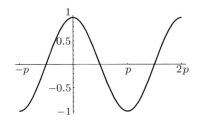
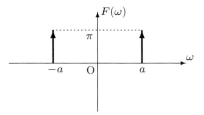

図 3.12　$\cos x$ のグラフ　　　　図 3.13　$\mathcal{F}[\cos ax](\omega)$ のグラフ

G. 正弦関数のフーリエ変換（図 3.14，図 3.15）

$$\sin ax \longrightarrow \mathcal{F}[\sin ax] = i\pi \{\delta(\omega + a) - \delta(\omega - a)\} \tag{3.62}$$

なぜならば，やはりオイラーの公式と式 (3.59) を用いると

$$\mathcal{F}[\sin ax] = \mathcal{F}\left[\frac{e^{iax} - e^{-iax}}{2i}\right] = i\pi \{\delta(\omega + a) - \delta(\omega - a)\}$$

3.5 デルタ関数とそのフーリエ変換への応用   89

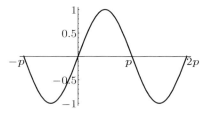

図 3.14　$\sin x$ のグラフ

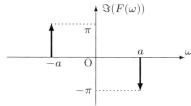

図 3.15　$\mathcal{F}[\sin ax](\omega)$ のグラフ

■ **周期的なデルタ関数のフーリエ変換**

適当な周期 T をもつ単位インパルスの列，すなわち図 3.16 のようにデルタ関数が周期 T の間隔で現れる関数

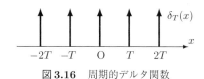

図 3.16　周期的デルタ関数

$$\delta_T(x) = \sum_{n=-\infty}^{\infty} \delta(x - nT) \quad (3.63)$$

（**周期的デルタ関数**と呼ぶ）を考えよう．この周期的関数の複素フーリエ級数展開を形式的に求めよう．周期 T なので，式 (2.35)，式 (2.36) において $L = T/2$ として

$$\delta_T(x) = \sum_{n=-\infty}^{\infty} c_n\, e^{i2n\pi x/T}, \quad c_n = \frac{1}{T}\int_{-T/2}^{T/2} \delta_T(y)\, e^{-i2n\pi y/T}\, dy$$
$$(3.64)$$

ここで

$$c_n = \frac{1}{T}\int_{-T/2}^{T/2} \delta(y)\, e^{-i2n\pi y/T}\, dy = \frac{1}{T}\, e^{-i2n\pi y/T}\bigg|_{y=0} = \frac{1}{T} \quad (3.65)$$

より

$$\delta_T(x) = \frac{1}{T}\sum_{n=-\infty}^{\infty} e^{i2n\pi x/T} \left\{ = \frac{2}{T}\left(\frac{1}{2} + \sum_{n=1}^{\infty}\cos\frac{2n\pi x}{T}\right)\right\} \quad (3.66)$$

となる．そして，両辺のフーリエ変換をとれば，式 (3.59) より

$$\mathcal{F}[\delta_T(x)] = \mathcal{F}\left[\frac{1}{T}\sum_{n=-\infty}^{\infty} e^{i2n\pi x/T}\right] = \frac{1}{T}\sum_{n=-\infty}^{\infty} \mathcal{F}\left[e^{i2n\pi x/T}\right]$$

$$= \frac{2\pi}{T}\sum_{n=-\infty}^{\infty} \delta\left(\omega - \frac{2\pi}{T}\right)$$

が得られる．つまり，周期的なデルタ関数のフーリエ変換も次のような周期的なデルタ関数になる．

$$\mathcal{F}[\delta_T(x)] = \frac{2\pi}{T}\sum_{n=-\infty}^{\infty} \delta(\omega - \frac{2n\pi}{T}) = \frac{2\pi}{T}\delta_{\frac{2\pi}{T}}(\omega) \qquad (3.67)$$

3.6 パーセバルの等式とその応用

■ パーセバルの等式

関数 $f(x), g(x)$ のフーリエ変換をそれぞれ $F(\omega), G(\omega)$ とするとき，次の定理が成り立つ．

定理 3.6.1（パーセバルの等式）　次の等式が成り立つ．

$$\int_{-\infty}^{\infty} f(x)\,\overline{g(x)}\,dx = \frac{1}{2\pi}\int_{-\infty}^{\infty} F(\omega)\,\overline{G(\omega)}\,d\omega, \qquad (3.68)$$

$$\int_{-\infty}^{\infty} |f(x)|^2\,dx = \frac{1}{2\pi}\int_{-\infty}^{\infty} |F(\omega)|^2\,d\omega, \qquad (3.69)$$

（証明） 問題 7(3) において示したが，ここでは別証明を与えよう．定理 3.1.1（フーリエ反転公式）

$$g(x) = \frac{1}{2\pi}\int_{-\infty}^{\infty} G(\omega)\,e^{i\omega x}\,d\omega$$

と積分の順序交換より

$$\int_{-\infty}^{\infty} f(x)\,\overline{g(x)}\,dx = \int_{-\infty}^{\infty} f(x) \left(\frac{1}{2\pi} \int_{-\infty}^{\infty} \overline{G(\omega)}\,e^{-i\omega x}\,d\omega \right) dx$$

$$= \frac{1}{2\pi} \int_{-\infty}^{\infty} \left(\int_{-\infty}^{\infty} f(x)\,e^{-i\omega x}\,dx \right) \overline{G(\omega)}\,d\omega$$

$$= \frac{1}{2\pi} \int_{-\infty}^{\infty} F(\omega)\,\overline{G(\omega)}\,d\omega$$

すなわち式 (3.68) を得る．また，$g(x) = f(x)$ とおくと式 (3.69) も得られる．

例題 6 例題 1(1) において

$$f(x) = \begin{cases} \dfrac{1}{2} & (|x| \leq 1) \\ 0 & (|x| > 1) \end{cases}$$

のフーリエ変換を求めた．（ただし，$c = 1$ である．）この結果にパーセバルの等式を適用して，等式

$$\int_{-\infty}^{\infty} \left(\frac{\sin \omega}{\omega} \right)^2 d\omega = \pi$$

を証明せよ．

（**解**） 例題 1(1) で $c = 1$ とおけば

$$\mathcal{F}[f(x)] = F(\omega) = \frac{\sin \omega}{\omega}$$

パーセバルの等式より

$$\int_{-\infty}^{\infty} \{f(x)\}^2\,dx = \frac{1}{2\pi} \int_{-\infty}^{\infty} \{F(\omega)\}^2\,d\omega = \frac{1}{2\pi} \int_{-\infty}^{\infty} \left(\frac{\sin \omega}{\omega} \right)^2 d\omega$$

したがって

$$\int_{-\infty}^{\infty} \left(\frac{\sin \omega}{\omega} \right)^2 d\omega = 2\pi \int_{-1}^{1} \left(\frac{1}{2} \right)^2 dx = \pi$$

（補足） 変数 x が時間で，$f(x)$ が時間とともに変動する振動を表すとき，パーセバルの等式の左辺の式 (3.69) は $f(x)$ の全エネルギーとみなせる．それが右辺の ω についての $|F(\omega)|^2$ の積分で表されることを意味する．したがって

$$P(\omega) = |F(\omega)|^2 \tag{3.70}$$

は角周波数 ω の単振動成分のもつエネルギーであると解釈することができ，**パワースペクトル**（または**エネルギースペクトル**）と呼ばれている．そして，$f(x)$ が実数値しかとらない関数であれば，$F(-\omega) = \overline{F(\omega)}$ となるので

$$P(-\omega) = |F(-\omega)|^2 = |F(\omega)|^2 = P(\omega) \tag{3.71}$$

が成り立ち，$P(\omega)$ のグラフは原点について左右対称である．　▊

■ 自己相関関数

関数 $f(x)$ と $g(x)$ がどれくらい似ているかを測る尺度に，（"遅延" τ を変数とする）**相互相関関数**

$$R_{fg}(\tau) = \int_{-\infty}^{\infty} f(x)\,\overline{g(x-\tau)}\,dx \tag{3.72}$$

がある．特に $g(x) = f(x)$ としたときを，**自己相関関数**といい，単に $R(\tau)$ と書き表す．すなわち

$$R(\tau) = \int_{-\infty}^{\infty} f(x)\,\overline{f(x-\tau)}\,dx \tag{3.73}$$

である．$R(0)$ は $f(x)$ のエネルギー

$$\int_{-\infty}^{\infty} |f(x)|^2\,dx$$

に等しく，通常は大きな値をとるが，$|\tau|$ が大きくなると $R(\tau)$ は急速に小さくなる．パワースペクトル $P(\omega)$ と自己相関関数 $R(\tau)$ の間に次の関係が成り立つ．

定理 3.6.2（ウィーナー・ヒンチンの定理）　$f(x)$ の自己相関関数 $R(\tau)$ のフーリエ変換 $\mathcal{F}[R(x)]$ はパワースペクトル $P(\omega)$ に等しい．

3.6 パーセバルの等式とその応用   **93**

（証明）

$$
\int_{-\infty}^{\infty} R(t)\, e^{-i\omega t}\, dt = \int_{-\infty}^{\infty} \left(\int_{-\infty}^{\infty} f(x)\, \overline{f(x-t)}\, dx \right) e^{-i\omega t}\, dt
$$

$$
= \int_{-\infty}^{\infty} f(x) \left(\int_{-\infty}^{\infty} \overline{f(x-t)}\, e^{-i\omega t}\, dt \right) dx
$$

$$
= \int_{-\infty}^{\infty} f(x) \left(\overline{\int_{-\infty}^{\infty} f(x-t)\, e^{i\omega t}\, dt} \right) dx
$$

$$
= \int_{-\infty}^{\infty} f(x) \left(\overline{\int_{-\infty}^{\infty} f(u)\, e^{i\omega(x-u)}\, du} \right) dx
$$

$$
= \int_{-\infty}^{\infty} f(x)\, e^{-i\omega x}\, dx\, \overline{\int_{-\infty}^{\infty} f(u)\, e^{-i\omega u}\, du}
$$

$$
= F(\omega)\, \overline{F(\omega)} = |F(\omega)|^2 = P(\omega)
$$

ただし，$u = x - t$ とおいて置換積分を行った.

[問　題]

8. 関数 $f(x)$, $g(x)$ の相互相関関数 R_{fg} がたたみこみであることを利用して

$$
\mathcal{F}\left[R_{fg}(x)\right] = F(\omega)\, \overline{G(\omega)} \tag{3.74}
$$

となることを示せ. 特に，$g(x) = f(x)$ とおけば定理 3.6.2 が得られる.

注　定理 3.6.2 より，パワースペクトル $P(\omega)$ について，図 3.17 のようにまとめることができる.

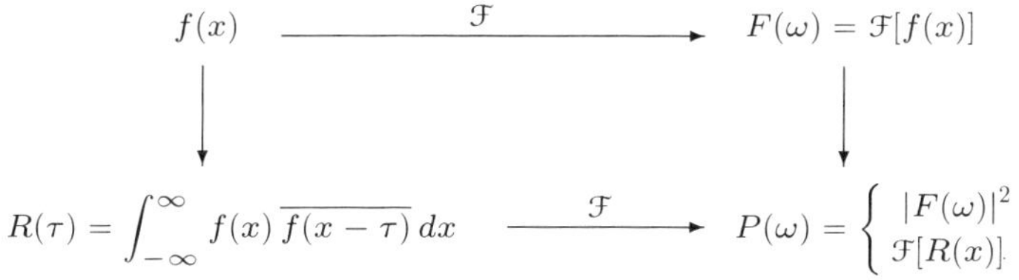

$$
\begin{array}{ccc}
f(x) & \xrightarrow{\quad \mathcal{F} \quad} & F(\omega) = \mathcal{F}[f(x)] \\
\downarrow & & \downarrow \\
R(\tau) = \displaystyle\int_{-\infty}^{\infty} f(x)\, \overline{f(x-\tau)}\, dx & \xrightarrow{\quad \mathcal{F} \quad} & P(\omega) = \begin{cases} |F(\omega)|^2 \\ \mathcal{F}[R(x)] \end{cases}
\end{array}
$$

図 3.17　自己相関関数 $R(\tau)$ とパワースペクトル $P(\omega)$

3.7 サンプリング定理 (2)

この節で再びサンプリング定理について考察しよう．すなわち，連続変数 x の関数である信号 $f(x)$ が与えられていて，その離散的なサンプリング点 $\{x_n\} = \{n\tau\}$ でのサンプル値 $\{f(x_n)\} = \{f_n\}$ のみから $f(x)$ を再現することを考える（図 3.18）．まず，周期的デルタ関数と同様に，「各サンプリング点 x_n においてサンプル値 f_n の大きさのインパルスをもつ」サンプル値関数

$$f_\tau(x) = \sum_{n=-\infty}^{\infty} f(n\tau)\,\delta(x - n\tau) \tag{3.75}$$

を定義する．

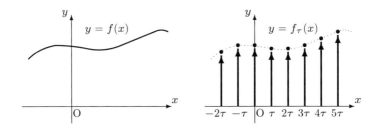

図 3.18 関数 $f(x)$ とサンプル値関数 $f_\tau(x)$

関数 $f_\tau(x)$ は

$$f_\tau(x) = \sum_{n=-\infty}^{\infty} f(x)\,\delta(x-n\tau) = f(x)\sum_{n=-\infty}^{\infty}\delta(x-n\tau) = f(x)\,\delta_\tau(x) \tag{3.76}$$

と周期的デルタ関数 $\delta_\tau(x)$ を用いて表せる．そこで，サンプル値関数 $f_\tau(x)$ をフーリエ変換すると，問題 6 と式 (3.67) を用いて

$$\mathcal{F}[f_\tau(x)] = \mathcal{F}[f(x)\,\delta_\tau(x)] = \frac{1}{2\pi}\,\mathcal{F}[f(x)] * \mathcal{F}[\delta_\tau(x)]$$

$$= F(\omega) * \left\{\frac{1}{\tau}\sum_{n=-\infty}^{\infty}\delta\left(\omega - \frac{2n\pi}{\tau}\right)\right\} = \frac{1}{\tau}\sum_{n=-\infty}^{\infty} F(\omega) * \delta\left(\omega - \frac{2n\pi}{\tau}\right)$$

$$= \frac{1}{\tau} \sum_{n=-\infty}^{\infty} \int_{-\infty}^{\infty} F(\omega - \xi) \delta \left(\xi - \frac{2n\pi}{\tau} \right) d\xi = \frac{1}{\tau} \sum_{n=-\infty}^{\infty} F \left(\omega - \frac{2n\pi}{\tau} \right) \quad (3.77)$$

となる.

■ サンプリング定理の証明の背景

さて，3.4 節で仮定したように，$f(x)$ は帯域制限信号であるとする．すなわち，$f(x)$ のフーリエ変換 $F(\omega)$ がある $W > 0$ に対して

$$F(\omega) = 0, \qquad |\omega| \geq W$$

を満たすとする．このとき，式 (3.77) より次のことがわかる（図 3.19）.

> 「サンプル値関数 $f_\tau(x)$ のフーリエ変換 $\mathcal{F}[f_\tau(x)]$ は，与えられた関数 $f(x)$ のフーリエ変換 $F(\omega)$ が角周波数 $2\pi/\tau$ の間隔で周期的に現れたものになっている.」

したがって，

> 「もし間隔 $2\pi/\tau$ が幅 $2W$ よりも大きい $(2\pi/\tau \geq 2W)$ ならば，$\mathcal{F}[f_\tau(x)]$ には信号 $f(x)$ のフーリエ変換 $F(\omega)$ そのものが重なることなく周期的に現れる．よって，この 1 周期分のフーリエ変換から逆フーリエ変換により，与えられた信号 $f(x)$ を完全に再現することができる.」

このことは定理 3.4.1（サンプリング定理（その 1））において実際に証明された.

他方，逆に $(2\pi/\tau < 2W)$ ならば，フーリエ変換 $\mathcal{F}[f_\tau(x)]$ の周期的な波形の隣どうしが重なり合って変形してしまう．この現象はエイリアシングと呼ばれていて，このとき $f(x)$ のフーリエ変換 $F(\omega)$ を取り出すことができない．エイリアシングが起こる境い目 "$2\pi/\tau = 2W$" すなわち $W = \pi/\tau$ は，3.4 節におけるサンプリング間隔 τ に対するナイキスト周波数に一致する.

注　$T > 0$ に対して，$f(x) = \sin(\pi x/T)$ は周期 $2T$ の周期関数であり，$x = 0, \pm T, \pm 2T, \pm 3T, \cdots$ で関数 $f(x)$ は 0 になる．したがって，サンプリ

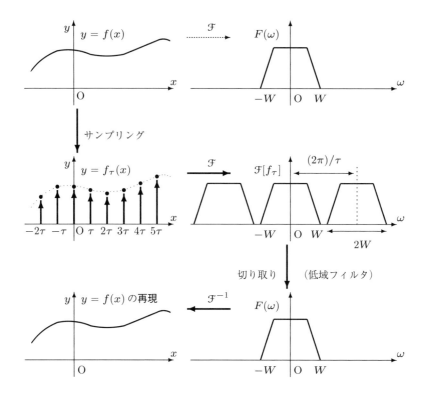

図 3.19 サンプル値関数 $f_\tau(x)$ のフーリエ変換 $\mathcal{F}[f_\tau(x)]$ からの $f(x)$ の再現

ング周期 T でサンプリング点 $\{x_n\} = \{nT\}$ をとると，この関数 $f(x)$ は関数 $g(x) \equiv 0$ とまったく区別ができない．この場合

$$F(\omega) = \mathcal{F}[f(x)] = i\pi \left\{ \delta\left(\omega + \frac{\pi}{T}\right) - \delta\left(\omega - \frac{\pi}{T}\right) \right\}$$

（3.5 節の公式 G を参照のこと）となり，$W > \pi/T$ ならば

$$F(\omega) = 0, \qquad |\omega| \geq W$$

である．よって，サンプリング周期 τ が

$$\tau = \frac{\pi}{W} < \frac{\pi}{\pi/T} = T$$

を満たせば，定理 3.4.1（サンプリング定理（その 1））によって，$f(x)$ がサンプル値 $\{f(n\tau)\}$ より完全に再現でき，関数 $g(x) \equiv 0$ と区別できる．他方，最初に述べたサンプリング周期 $\tau = T$ の場合は定理 3.4.1 の仮定を満たさないケースであり，定理 3.4.1 とは矛盾しない． ◾

3.8 偏微分方程式への応用

ここでフーリエ変換の偏微分方程式への応用について述べる．ここでは熱方程式の初期値問題について考えよう．すなわち，初期の温度分布 $f(x)$ が与えられたときの，時刻 $t(> 0)$ での無限に長い棒（あるいは針金）の温度分布 $u(t, x)$ を求めるという物理的な意味をもつ問題である．

▨ 熱方程式の初期値問題

k を正の定数とするとき，与えられた連続（で絶対可積分な）関数 $f(x)$ に対して

$$
\begin{cases}
\dfrac{\partial}{\partial t}\, u(t, x) \, = \, k\, \dfrac{\partial^2}{\partial x^2}\, u(t, x) & (-\infty < x < \infty,\ t > 0) \\[2mm]
(\text{初期条件}) \quad u(0, x) \, = \, f(x) & (-\infty < x < \infty)
\end{cases}
\tag{3.78}
$$

を満たす関数 $u(t, x)$ を求めよ．

この問題をフーリエ変換を用いて形式的に解いてみよう．まず，変数 t をパラメータと考え，偏微分方程式 (3.78) の両辺を変数 x についてフーリエ変換すると

$$
\frac{\partial}{\partial t}\, \mathcal{F}\left[u(t, x)\right](\omega) \, = \, k\, \mathcal{F}\left[\frac{\partial^2}{\partial x^2}\, u(t, x)\right](\omega)
\tag{3.79}
$$

となる．そこで

$$
U(t, \omega) \, = \, \mathcal{F}\left[u(t, x)\right](\omega)
$$

とおくと，等式 (3.79) に (3.29) を用いて

$$
\frac{d}{dt}\, U(t, \omega) \, = \, -k\omega^2\, U(t, \omega)
$$

という（パラメータ ω を有する）変数 t の常微分方程式を得る．これを解いて

$$U(t,\omega) \,=\, C\,e^{-k\omega^2 t} \tag{3.80}$$

となる．一方，初期条件をフーリエ変換すると

$$\mathcal{F}\left[u(0,x)\right](\omega) \,=\, \mathcal{F}\left[f(x)\right](\omega)$$

となるので，等式 (3.80) に $t = 0$ を代入して

$$U(0,\omega) \,=\, C \,=\, \mathcal{F}\left[f(x)\right](\omega)$$

である．よって

$$U(t,\omega) \,=\, e^{-k\omega^2 t}\,\mathcal{F}\left[f(x)\right](\omega) \tag{3.81}$$

となる．ただし，$t > 0$ である．また，練習問題 3.6 において $a = 1/(4kt)$ とおくと

$$e^{-kt\omega^2} \,=\, \mathcal{F}\left[\frac{1}{2\sqrt{\pi kt}}\,e^{-\frac{x^2}{4kt}}\right](\omega)$$

であるから

$$U(t,\omega) \,=\, \mathcal{F}\left[f(x)\right](\omega)\,\mathcal{F}\left[\frac{1}{2\sqrt{\pi kt}}\,e^{-\frac{x^2}{4kt}}\right](\omega)$$

と書くことができ，公式 (3.36) を用いると

$$U(t,\omega) \,=\, \mathcal{F}\left[f(x) * \left(\frac{1}{2\sqrt{\pi kt}}\,e^{-\frac{x^2}{4kt}}\right)\right](\omega)$$

となる．ここで，両辺のフーリエ逆変換をとると次の等式を得る．

$$
\begin{aligned}
u(t,x) \,=\, \mathcal{F}^{-1}\left[U\right](t,x) \,&=\, f(x) * \left(\frac{1}{2\sqrt{\pi kt}}\,e^{-\frac{x^2}{4kt}}\right)\\
&=\, \frac{1}{2\sqrt{\pi kt}}\int_{-\infty}^{\infty} f(y)\,e^{-\frac{(x-y)^2}{4kt}}\,dy
\end{aligned}
\tag{3.82}
$$

3.8 偏微分方程式への応用 　　　　　　　　　　99

　さて，式 (3.82) が初期値問題 (3.78) の解であることを確かめよう．まず，
式 (3.82) の両辺を t について偏微分すると

$$\frac{\partial}{\partial t}\, u(t,x) = -\, \frac{1}{4t\sqrt{\pi kt}} \int_{-\infty}^{\infty} f(y)\, e^{-\frac{(x-y)^2}{4kt}}\, dy$$
$$+\, \frac{1}{8kt^2\sqrt{\pi kt}} \int_{-\infty}^{\infty} (x-y)^2\, f(y)\, e^{-\frac{(x-y)^2}{4kt}}\, dy$$

となり，x について偏微分すると

$$\frac{\partial}{\partial x}\, u(t,x) = -\, \frac{1}{4kt\sqrt{\pi kt}} \int_{-\infty}^{\infty} (x-y)\, f(y)\, e^{-\frac{(x-y)^2}{4kt}}\, dy$$
$$\frac{\partial^2}{\partial x^2}\, u(t,x) = -\, \frac{1}{4kt\sqrt{\pi kt}} \int_{-\infty}^{\infty} f(y)\, e^{-\frac{(x-y)^2}{4kt}}\, dy$$
$$+\, \frac{1}{8k^2t^2\sqrt{\pi kt}} \int_{-\infty}^{\infty} (x-y)^2\, f(y)\, e^{-\frac{(x-y)^2}{4kt}}\, dy$$

となる．よって，偏微分方程式

$$\frac{\partial}{\partial t}\, u(t,x) = k\, \frac{\partial^2}{\partial x^2}\, u(t,x) \qquad (t>0)$$

が成り立つ．

　次に，式 (3.82) において $v = (x-y)/\sqrt{2kt}$ と変数変換すると

$$u(t,x) = \frac{1}{\sqrt{2\pi}} \int_{-\infty}^{\infty} f(x-\sqrt{2kt}\,v)\, e^{-\frac{v^2}{2}}\, dv \qquad (3.83)$$

となる．だから

$$u(0,x) = \lim_{t\to 0} u(t,x) = \lim_{t\to 0} \frac{1}{\sqrt{2\pi}} \int_{-\infty}^{\infty} f(x-\sqrt{2kt}\,v)\, e^{-\frac{v^2}{2}}\, dv$$
$$= \frac{1}{\sqrt{2\pi}} \int_{-\infty}^{\infty} \lim_{t\to 0} f(x-\sqrt{2kt}\,v)\, e^{-\frac{v^2}{2}}\, dv$$
$$= \frac{1}{\sqrt{2\pi}} \int_{-\infty}^{\infty} f(x)\, e^{-\frac{v^2}{2}}\, dv$$

$$= \frac{1}{\sqrt{2\pi}} \int_{-\infty}^{\infty} e^{-\frac{v^2}{2}} \, dv \cdot f(x) \, = \, f(x)$$

となり，初期条件が満たされることがわかる．ここで，公式

$$\frac{1}{\sqrt{2\pi}} \int_{-\infty}^{\infty} e^{-\frac{v^2}{2}} \, dv \, = \, 1 \tag{3.84}$$

を用いた．以上より次の結果が得られた．

定理 3.8.1 k を正の定数とする．$f(x)$ が区間 $(-\infty, \infty)$ 上の絶対可積分な連続関数ならば，熱方程式の初期値問題

$$\begin{cases} \dfrac{\partial}{\partial t} \, u(t,x) \, = \, k \, \dfrac{\partial^2}{\partial x^2} \, u(t,x) \\ u(0,x) \, = \, f(x) \qquad (\text{初期条件}) \end{cases} \tag{3.85}$$

に対して，次の $u(t,x)$ は解である．

$$u(t,x) \, = \, \frac{1}{2\sqrt{k\pi t}} \int_{-\infty}^{\infty} f(y) \, e^{-\frac{(x-y)^2}{4kt}} \, dy \tag{3.86}$$

例題 7 次の熱方程式の初期値問題の解を求めよ．

$$\begin{cases} \dfrac{\partial}{\partial t} \, u(t,x) \, = \, \dfrac{\partial^2}{\partial x^2} \, u(t,x) \\ u(0,x) \, = \, e^{-x^2} \qquad (\text{初期条件}) \end{cases}$$

（**解**） 定理 3.8.1 の公式 (3.86) より

$$\begin{aligned} u(t,x) \, &= \, \frac{1}{2\sqrt{\pi t}} \int_{-\infty}^{\infty} e^{-\frac{(x-y)^2}{4t}} \, e^{-y^2} \, dy \\ &= \, \frac{1}{2\sqrt{\pi t}} \int_{-\infty}^{\infty} e^{-\left(1+\frac{1}{4t}\right)\left(\frac{x}{4t+1}-y\right)^2} \, e^{-\frac{x^2}{4t+1}} \, dy \, . \end{aligned}$$

ここで

$$v \, = \, \sqrt{1 + \frac{1}{4t}} \, \left(y - \frac{x}{4t+1} \right)$$

と変数変換すると，公式 (3.84) より次を得る．

$$u(t,x) \;=\; \frac{1}{\sqrt{\pi(4t+1)}}\, e^{-\frac{x^2}{4t+1}} \int_{-\infty}^{\infty} e^{-v^2}\, dv \;=\; \frac{1}{\sqrt{4t+1}}\, e^{-\frac{x^2}{4t+1}} \qquad \blacksquare$$

[問　題]

9. 区間 $[0,\infty)$ 上の熱方程式の初期値境界値問題

$$\begin{cases} \dfrac{\partial}{\partial t}\, u(t,x) \;=\; k\, \dfrac{\partial^2}{\partial x^2}\, u(t,x) & (0 < x < \infty,\ t > 0) \\[2mm] (境界条件)\quad u(t,0) \;=\; 0 & (t > 0) \\[2mm] (初期条件)\quad u(0,x) \;=\; f(x) & (0 \le x < \infty) \end{cases} \qquad (3.87)$$

に関する次の問いに答えよ．ただし，k は正の定数とし，$f(x)$ は区間 $[0,\infty)$ 上の絶対可積分な連続関数で $f(0) = 0$ を満たすとする．

(1)　定理 3.8.1 の式 (3.86) に対応して，有界な解 $u(t,x)$ が次式で得られることを示せ．

$$u(t,x) \;=\; \frac{2}{\pi} \int_0^{\infty} dr \int_0^{\infty} f(y)\, e^{-kr^2 t} \sin rx \, \sin ry \, dy \qquad (3.88)$$

(2)　式 (3.88) の 2 重積分は次の（単）積分で表せることを示せ．

$$u(t,x) \;=\; \frac{1}{2\sqrt{k\pi t}} \int_0^{\infty} f(y) \left\{ e^{-\frac{(x-y)^2}{4kt}} - e^{-\frac{(x+y)^2}{4kt}} \right\} dy \qquad (3.89)$$

(3)　式 (3.88) を用いて，$f(x) = x\, e^{-x}$ $(x \ge 0)$ のときに解 $u(t,x)$ を求めよ（積分形で表せ）．

[練 習 問 題]

3.1　以下の空所に適するものを補え．

関数 $f(x)$ が $-\infty < x < \infty$ において区分的に滑らかで絶対可積分な連続関数とする．まず，$f(x)$ を区間 $[-L, L]$ に制限して考え，この区間における
　(1)　級数を用いると

$$f(x) \;=\; \sum_{n=-\infty}^{\infty} c_n\, e^{in\pi x/L}, \qquad c_n \;=\; \frac{1}{2L} \int_{-L}^{L} f(y)\, e^{-in\pi y/L}\, dy$$

つまり

$$f(x) = \sum_{n=-\infty}^{\infty} \left\{ \frac{1}{2L} \int_{-L}^{L} f(y)\, e^{-in\pi y/L}\, dy \right\} e^{in\pi x/L} \qquad (3.90)$$

が成り立つ．ここで

$$\omega_n = \frac{n\pi}{L}, \quad \Delta\omega = \omega_n - \omega_{n-1} = \boxed{(2)}$$

とおくと，式 (3.90) は

$$f(x) = \sum_{n=-\infty}^{\infty} \left\{ \frac{1}{2\pi} \int_{-L}^{L} f(y)\, e^{-i\omega_n y}\, dy \right\} e^{i\omega_n x}\, \Delta\omega$$

となる．この右辺の $L \longrightarrow \infty$ のときの極限を考えると，$\Delta\omega \longrightarrow \boxed{(3)}$ なので

$$f(x) = \frac{1}{2\pi} \int_{-\infty}^{\infty} e^{i\omega x} \left\{ \int_{-\infty}^{\infty} f(y)\, e^{-i\omega y}\, dy \right\} d\omega \qquad (3.91)$$

が成り立つ．そこで，ω の関数

$$F(\omega) = \mathcal{F}[f(x)] = \int_{-\infty}^{\infty} f(y)\, \boxed{(4)}\, dy$$

を $f(x)$ のフーリエ変換といい，x の関数

$$h(x) = \mathcal{F}^{-1}[F(\omega)] = \frac{1}{2\pi} \int_{-\infty}^{\infty} F(\omega)\, \boxed{(5)}\, d\omega$$

を $F(\omega)$ のフーリエ逆変換という．このとき，$f(x)$ が x で連続なので

$$h(x) = \mathcal{F}^{-1}[\mathcal{F}[f]](x) = \boxed{(6)}$$

が成り立つ．さらに，式 (3.91) より次を得る．

$$f(x) = \frac{1}{2\pi} \int_{-\infty}^{\infty} d\omega \left\{ \int_{-\infty}^{\infty} f(y)\, e^{i\omega(x-y)}\, dy \right\}$$

$$= \frac{1}{2\pi} \int_0^\infty d\omega \left\{ \int_{-\infty}^\infty f(y) \, e^{i\omega(x-y)} \, dy \right\}$$

$$+ \frac{1}{2\pi} \int_{-\infty}^0 d\omega \left\{ \int_{-\infty}^\infty f(y) \, e^{i\omega(x-y)} \, dy \right\}$$

$$= \frac{1}{\pi} \int_0^\infty d\omega \int_{-\infty}^\infty f(y) \left\{ \frac{1}{2} \left(e^{i\omega(x-y)} + e^{-i\omega(x-y)} \right) \right\} \, dy$$

$$= \frac{1}{\pi} \int_0^\infty d\omega \int_{-\infty}^\infty f(y) \boxed{} \, dy$$

3.2 以下の空所に適するものを補え.

[サンプリング定理] 区分的に滑らかで絶対可積分な連続関数 $f(x)$ の
フーリエ変換 $F(\omega)$ について, 条件

$$F(\omega) = 0, \qquad |\omega| \geq W \tag{3.92}$$

が満たされているとする. このとき $f(x)$ は, サンプリング間隔 $\tau = \boxed{(1)}$ のサンプル値 $\{f(n\tau)\} = \{f_n\}$ のみから次のように再現すること
ができる.

$$f(x) = \sum_{n=-\infty}^\infty f_n \frac{\sin\{W(x-n\tau)\}}{W(x-n\tau)} \tag{3.93}$$

この定理を証明してみよう. まず, 定理 3.1.1 より

$$f(x) = \frac{1}{2\pi} \int_{-\infty}^\infty F(\omega) \boxed{(2)} \, d\omega, \qquad F(\omega) = \int_{-\infty}^\infty f(y) \boxed{(3)} \, dy \tag{3.94}$$

他方, $F(\omega)$ は区間 $[-W, W]$ 上で次のように $\boxed{}$ に展開できる.

$$F(\omega) = \sum_{n=-\infty}^\infty c_n \, e^{in\pi\omega/W}, \quad c_n = \frac{1}{2W} \int_{-W}^W F(\omega) \, e^{-in\pi\omega/W} \, d\omega \tag{3.95}$$

ここで, 条件 (3.92) より区間 $[-W, W]$ の外では $F(\omega) = 0$ であるから

$$c_n = \frac{1}{2W} \int_{-\infty}^\infty F(\omega) \, e^{-in\pi\omega/W} \, d\omega = \boxed{(5)} \frac{1}{2\pi} \int_{-\infty}^\infty F(\omega) \, e^{i\omega \boxed{(6)}} \, d\omega$$

104　　　　　　　　　第 3 章　フーリエ変換

$$= \boxed{(7)} \, f\left(\boxed{(8)}\right) = \tau \, f_{-n} \quad (\text{とおく}) \tag{3.96}$$

だから，式 (3.95) の第 1 式から，$F(\omega)$ は区間 $[-W, W]$ 上では次のように表せる．

$$F(\omega) = \sum_{n=-\infty}^{\infty} \tau \, f_{-n} \, e^{in\pi\omega/W} = \tau \sum_{k=-\infty}^{\infty} f_k \, e^{-ik\pi\omega/W}$$

$$= \tau \sum_{k=-\infty}^{\infty} f_k \, e^{-ik\tau\omega} = \tau \sum_{k=-\infty}^{\infty} f_k \, e^{-ix_k\omega} \tag{3.97}$$

ここで，$k = -n$ とおき，$x_k = k\tau$ と表した．

さて再び，区間 $[-W, W]$ の外では $F(\omega) = 0$ であることを用いると，式 (3.94) の第 1 式と式 (3.97) より

$$f(x) = \frac{1}{2\pi} \int_{-W}^{W} F(\omega) \, e^{i\omega x} \, d\omega = \frac{1}{2\pi} \int_{-W}^{W} \left(\tau \sum_{n=-\infty}^{\infty} f_n \, e^{-ix_n\omega} \right) e^{i\omega x} \, d\omega$$

$$= \frac{\tau}{2\pi} \sum_{n=-\infty}^{\infty} f_n \int_{-W}^{W} e^{i(x-x_n)\omega} \, d\omega$$

$$= \frac{\tau}{2\pi} \sum_{n=-\infty}^{\infty} f_n \int_{-W}^{W} \{\cos(x - x_n)\omega + i\sin(x - x_n)\omega\} \, d\omega$$

$$= \frac{\tau}{\pi} \sum_{n=-\infty}^{\infty} f_n \int_{0}^{W} \boxed{(9)} \, d\omega$$

となる．ここで，オイラーの公式，余弦関数が $\boxed{(10)}$ 関数であること，正弦関数が $\boxed{(11)}$ 関数であることを用いた．したがって

$$f(x) = \frac{1}{W} \sum_{n=-\infty}^{\infty} f_n \left[\boxed{(12)} \right]_{0}^{W} = \sum_{n=-\infty}^{\infty} f_n \frac{\sin\{W(x - x_n)\}}{W(x - x_n)}$$

すなわち式 (3.93) を得る．

練習問題　　　　**105**

3.3　次の関数 $f(x)$ のフーリエ変換を求めよ.

(1) $f(x) = \begin{cases} -1 & (-1 < x < 0) \\ 1 & (0 < x < 1) \\ 0 & (x = 0,\, |x| \geq 1) \end{cases}$　　(2) $f(x) = \begin{cases} 1 - x^2 & (|x| \leq 1) \\ 0 & (|x| > 1) \end{cases}$

(3) $f(x) = \begin{cases} \cos x & (|x| \leq \pi/2) \\ 0 & (|x| > \pi/2) \end{cases}$

3.4　次の関数 $f(x)$ のフーリエ余弦変換とフーリエ正弦変換を求めよ.

(1) $f(x) = \begin{cases} 1 - x & (0 \leq x \leq 1) \\ 0 & (x > 1) \end{cases}$　　(2) $f(x) = x\,e^{-x} \quad (x \geq 0)$

(3) $f(x) = e^{-x} \cos x \quad (x \geq 0)$

3.5　$a > 0$ のとき, 次の問いに答えよ.

(1)　次の関数 $f(x)$ のフーリエ変換およびフーリエ余弦変換を求めよ.

$$f(x) = \begin{cases} 1 - \dfrac{|x|}{a} & (|x| \leq a) \\ 0 & (|x| > a) \end{cases}$$

(2)　次の等式を導け.

$$\frac{2}{\pi} \int_0^\infty \frac{2}{a} \frac{\sin^2\,(a\omega/2)}{\omega^2} \cos \omega x \, d\omega = \begin{cases} 1 - \dfrac{|x|}{a} & (0 \leq x \leq a) \\ 0 & (x > a) \end{cases}$$

(3)　次の等式を導け.

$$\int_0^\infty \left(\frac{\sin x}{x} \right)^2 dx = \frac{\pi}{2}$$

3.6　$a > 0$ に対して, 関数 $f(x) = e^{-ax^2}$ のフーリエ変換に関する次の公式を示せ.

$$\mathcal{F}\left[e^{-ax^2} \right] = \sqrt{\frac{\pi}{a}} e^{-\frac{\omega^2}{4a}}$$

106　　　　　　　　　　第3章　フーリエ変換

3.7　$f(x)$ が滑らかな絶対可積分関数であるとき，フーリエの反転公式（定理 3.1.1）を用いて次の等式を示せ．ただし，$a > 0$ とする．

(1)　$\dfrac{1}{2\pi} \displaystyle\lim_{L\to\infty} \int_{-L}^{L} F(\omega) \cos a\omega \, e^{i\omega x} \, d\omega = \dfrac{f(x+a)+f(x-a)}{2}$

(2)　$\dfrac{1}{2\pi} \displaystyle\lim_{L\to\infty} \int_{-L}^{L} \dfrac{F(\omega)}{\omega} \sin a\omega \, e^{i\omega x} \, d\omega = \dfrac{1}{2} \int_{x-a}^{x+a} f(y) \, dy$

3.8　フーリエ余弦変換とフーリエ正弦変換の逆変換を利用して次の積分方程式を解け．

(1)　$\displaystyle\int_{0}^{\infty} f(x) \sin \omega x \, dx = \begin{cases} 1 & (0 \le \omega \le 1) \\ 0 & (\omega > 1) \end{cases}$

(2)　$\displaystyle\int_{0}^{\infty} f(x) \cos \omega x \, dx = e^{-\omega} \qquad (\omega \ge 0)$

3.9　(1)　$a > 0$ のとき，関数

$$g(x) = \frac{\sin ax}{\pi x}$$

のフーリエ変換を求めよ．

(2)　関数 $f(x)$ が帯域制限されているとき，すなわち $F(\omega) = \mathcal{F}[f](\omega) = 0 \ (|\omega| > W)$ とすると，(1) で与えられた $g(x)$ について，$a > W$ を満たすすべての a に対して

$$(f * g)(x) = f(x)$$

となることを示せ．

3.10　$a > 0$, $b > 0$ のとき，2つの関数

$$f(x) = \begin{cases} |x| & (|x| < a) \\ 0 & (|x| \ge a) \end{cases}, \qquad g(x) = e^{-b|x|}$$

のたたみこみのフーリエ変換 $\mathcal{F}[f * g]$ を求めよ．

練 習 問 題　　　　**107**

3.11　$a > 0$ のとき，2つの関数

$$
f(x) = \begin{cases} 1 + x/a & (|x| < a) \\ 0 & (|x| \geq a) \end{cases}, \quad
g(x) = \begin{cases} 1 - x/a & (|x| < a) \\ 0 & (|x| \geq a) \end{cases}
$$

のフーリエ変換のたたみこみ $\mathcal{F}[f] * \mathcal{F}[g]$ を求めよ.

3.12　（**波動方程式**の初期値問題）　$c > 0$ とするとき，偏微分方程式

$$
\begin{cases} \dfrac{\partial^2}{\partial t^2}\, u(t, x) \,=\, c^2\, \dfrac{\partial^2}{\partial x^2}\, u(t, x) & (t > 0,\ -\infty < x < \infty) \\[2mm] （初期条件）\ u(0, x) \,=\, f(x)\,,\ \dfrac{\partial}{\partial t} u(0, x) \,=\, g(x) & (-\infty < x < \infty) \end{cases}
$$

にフーリエ変換を用いて，解 $u(t, x)$ が次の形（**ダランベールの解**）であることを導け.

$$
u(t, x) \,=\, \frac{f(x + ct) + f(x - ct)}{2} \,+\, \frac{1}{2c} \int_{x-ct}^{x+ct} g(y)\, dy
$$

4

離散フーリエ解析

　前章までは連続変量を想定し，それらに適した理論を取り扱ったが，この章では離散的な変量に適した方法である離散フーリエ解析について述べる．そして，連続信号の場合とほとんど同様な理論的枠組みと関係式が成り立つことを学ぶ．また，離散フーリエ変換を高速に計算する高速フーリエ変換について，そして実数データに対して実数の範囲内で処理ができ実用上便利な離散コサイン変換についても学ぶ．

110   第4章　離散フーリエ解析

4.1　離散フーリエ変換

■離散フーリエ変換

2.4 節において，周期 $T = 2\pi$ の信号（周期関数）$f(t)$ に対して，その（複素）フーリエ係数および（複素）フーリエ級数を次のように定義した．

$$f(t) = \sum_{k=-\infty}^{\infty} c_k\, e^{ikt}, \quad c_k = \frac{1}{2\pi} \int_0^{2\pi} f(t)\, e^{-ikt}\, dt \tag{4.1}$$

ここで，変数 t はもちろん実数であり，以下では「時間」とすると考えやすいので $0 \leqq t \leqq 2\pi$ とし，積分区間も $[0, 2\pi]$ とする．では信号が時間軸上の等間隔な離散的時刻でのみ 与えられるとしたら，上記のフーリエ級数に代わるものはどのようにして与えられるべきであろうか．周期 T がどんな値であろうとまったく一般的な議論が可能であるが，すでにフーリエ級数に関してみたように，$T = 2\pi$ のときが最も簡単になるので，以下では $T = 2\pi$ として考えよう．

さて，周期 2π をもつ周期関数 $f(t)$ に対して，その 1 周期 2π の中に N 個のサンプリング点

$$t_\ell = \ell \cdot \frac{2\pi}{N}, \quad \ell = 0, 1, 2, \cdots, N-1 \tag{4.2}$$

における関数 $f(t)$ の値 $f_\ell = f(t_\ell)$ すなわち数列 $\{f_\ell\}$：

$$f_0 = f(0),\, f_1 = f\left(\frac{2\pi}{N}\right),\, f_2 = f\left(\frac{4\pi}{N}\right), \cdots, f_{N-1} = f\left(\frac{(N-1)2\pi}{N}\right) \tag{4.3}$$

が与えられているとしよう．このとき式 (4.1) の第 2 式をまねて，数列 $\{F_k\}$ を

$$F_k = \frac{1}{N} \sum_{\ell=0}^{N-1} f_\ell\, e^{-i2\pi k\ell/N} \tag{4.4}$$

で定義する．そして，$\{F_k\}$ をデータ（列）$\{f_\ell\}$ の**離散フーリエ変換（DFT）**と呼ぶ．また，数列 $\{F_k\}$ に対して

$$y_\ell = \sum_{k=0}^{N-1} F_k \, e^{i2\pi k\ell/N} \tag{4.5}$$

により数列 $\{y_\ell\}$ を定義し，$\{y_\ell\}$ を $\{F_k\}$ の**離散フーリエ逆変換（IDFT）**と呼ぶ．ここで，データ列 $\{f_\ell\}$ に対する DFT$\{F_k\}$ は式 (4.3) の形のものに限らず，どんなデータ列に対しても式 (4.4) により定義できることを注意しておく．このとき

> 「（式 (4.3) の形のものに限らず一般の）データ列 $\{f_\ell\}$ を数列 $\{F_k\}$ に離散フーリエ変換し，それをさらに離散フーリエ逆変換すれば，実は最初のデータ列 $\{f_\ell\}$ に戻る．すなわち，$y_\ell = f_\ell \, (\ell = 0, 1, \cdots, N-1)$ が成り立つ」

ことが（後で定理 4.1.1 において）証明される．以下において，説明の都合上，データ f_ℓ の添字 $\ell = 0, 1, \cdots, N-1$ を**データ番号**，そして F_k の添字 $k = 0, 1, \cdots, N-1$ を**周波数番号**と呼ぶ．

例題 1 整数 m をパラメータとする数列 $\{f_\ell\} = \{e^{i2\pi m\ell/N}\}$ は次のような**直交性**を満たすことを示せ．

$$\frac{1}{N} \sum_{\ell=0}^{N-1} e^{i2\pi(m-n)\ell/N} = \begin{cases} 1 & m \equiv n \,(\mathrm{mod}\ N) \\ 0 & m \not\equiv n \,(\mathrm{mod}\ N) \end{cases} \tag{4.6}$$

ただし，$m \equiv n \,(\mathrm{mod}\ N)$（$N$ を法として**合同**であるという）は $m - n$ が N の倍数であることを表す．

（解） まず，$m \equiv n \,(\mathrm{mod}\ N)$ のときは，各 ℓ に対して $(m-n)\ell/N$ は整数であるので，オイラーの公式より

$$e^{i2\pi(m-n)\ell/N} = 1$$

となり

$$\frac{1}{N} \sum_{\ell=0}^{N-1} e^{i2\pi(m-n)\ell/N} = \frac{1}{N} \sum_{\ell=0}^{N-1} 1 = 1$$

が成り立つ．

次に，$m \not\equiv n \pmod{N}$ のときは，$e^{i2\pi(m-n)/N} \neq 1$ であるので，等比数列の和の公式より

$$\frac{1}{N} \sum_{\ell=0}^{N-1} \left(e^{i2\pi(m-n)/N} \right)^{\ell} = \frac{1}{N} \cdot \frac{1 - \left(e^{i2\pi(m-n)/N} \right)^N}{1 - e^{i2\pi(m-n)/N}}$$

$$= \frac{1}{N} \cdot \frac{1 - e^{i2\pi(m-n)}}{1 - e^{i2\pi(m-n)/N}} = \frac{1}{N} \cdot \frac{1-1}{1 - e^{i2\pi(m-n)/N}} = 0$$

が得られる. ▪

定理 4.1.1（離散フーリエ変換・逆変換） 任意の数列 $\{f_\ell\}$ $(\ell = 0, 1, \cdots, N-1)$ に対して次が成り立つ.

$$f_\ell = \sum_{k=0}^{N-1} F_k \, e^{i2\pi k\ell/N}, \qquad F_k = \frac{1}{N} \sum_{\ell=0}^{N-1} f_\ell \, e^{-i2\pi k\ell/N} \qquad (4.7)$$

（証明） 式 (4.7) の第 2 式を第 1 式の右辺に代入すれば

$$\sum_{k=0}^{N-1} F_k \, e^{i2\pi k\ell/N} = \sum_{k=0}^{N-1} \left(\frac{1}{N} \sum_{n=0}^{N-1} f_n \, e^{-i2\pi kn/N} \right) e^{i2\pi k\ell/N}$$

$$= \sum_{n=0}^{N-1} f_n \left(\frac{1}{N} \sum_{k=0}^{N-1} e^{i2\pi(\ell-n)k/N} \right)$$

となる. ここで，$0 \le \ell < N, 0 \le n < N$ の範囲では，$n = \ell$ のときのみ $n \equiv \ell \pmod{N}$ となり，$n \neq \ell$ ならば $n \not\equiv \ell \pmod{N}$ となることに注意して例題 1 を用いると

$$\sum_{k=0}^{N-1} F_k \, e^{i2\pi k\ell/N} = f_\ell$$

が成り立つ. これは，式 (4.7) の第 1 式であり，示された. ▪

例題 2 実数のデータ列 $\{f_\ell\}$ に対して，次の関係が成り立つ.

$$F_{-k} = \overline{F_k} \qquad (4.8)$$

$$4.1 \quad 離散フーリエ変換 \qquad \textbf{113}$$

（**解**）　式 (4.7) の第 2 式を実数列 $\{f_\ell\}$ に用いると

$$\overline{F_k} = \overline{\frac{1}{N} \sum_{\ell=0}^{N-1} f_\ell \, e^{-i2\pi k\ell/N}} = \frac{1}{N} \sum_{\ell=0}^{N-1} f_\ell \, e^{i2\pi k\ell/N}$$

$$= \frac{1}{N} \sum_{\ell=0}^{N-1} f_\ell \, e^{-i2\pi(-k)\ell/N} = F_{-k}$$

となる. ▪

（**参　考**）　ここで, データ列 $\{f_\ell\}$ が式 (4.3) の形のときに, 離散フーリエ変換がフーリエ級数 (4.1) の離散近似になっていることを確かめておこう. サンプリング点 $\{t_\ell\} = \{(2\pi\ell)/N\}$ の間隔を Δt と表すと

$$\Delta t = \frac{2\pi}{N}, \qquad t_\ell = \ell \, \Delta t$$

となるので, 式 (4.4) は

$$F_k = \frac{1}{2\pi} \sum_{\ell=0}^{N-1} f(t_\ell) \, e^{-ikt_\ell} \Delta t \tag{4.9}$$

と書ける. これはフーリエ係数 c_k の定義式（式 (4.1) の第 2 式）の積分に対する離散近似（リーマン和）になっている. よって, 次の表のようにまとめることができる. ▪

離散フーリエ変換・逆変換	フーリエ級数
$f_\ell = \displaystyle\sum_{k=0}^{N-1} F_k \, e^{ikt_\ell}$	$f(t) = \displaystyle\sum_{k=-\infty}^{\infty} c_k \, e^{ikt}$
$F_k = \dfrac{1}{2\pi} \displaystyle\sum_{\ell=0}^{N-1} f(t_\ell) \, e^{-ikt_\ell} \Delta t$	$c_k = \dfrac{1}{2\pi} \displaystyle\int_0^{2\pi} f(t) \, e^{-ikt} \, dt$

4.2　1のN乗根による表現

■ 離散フーリエ変換・逆変換の1のN乗根による表現

前節に定義した離散フーリエ変換・逆変換は，1のN乗根を用いることにより，簡単な行列で表すことができる．複素数ω_Nを

$$\omega_N = e^{i2\pi/N} \tag{4.10}$$

で定義すると，ω_Nは1の**原始N乗根**になる（図4.1）．すなわち

$$\omega_N^N = 1, \quad \omega_N^k \neq 1, \quad k = 1, 2, \cdots, N-1$$

を満たす．（つまり，ω_NはN乗して初めて1になる数である．）

そして，整数ℓに対して

$$\overline{\omega_N^\ell} = \overline{\omega_N}^\ell = \omega_N^{-\ell} = e^{-i2\pi\ell/N} \tag{4.11}$$

となるので，式(4.4)は

$$F_k = \frac{1}{N}\sum_{\ell=0}^{N-1} f_\ell \overline{\omega_N^{k\ell}} \tag{4.12}$$

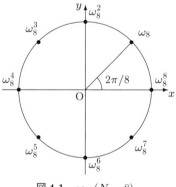

図 4.1　$\omega_N(N=8)$

という形になる．そこで，データ列$\{f_\ell\}$（以後，単にデータと呼ぼう）をベクトル$\boldsymbol{f} \in \mathbb{C}^N$（$N$次元複素数ベクトル全体），その離散フーリエ変換$\{F_k\}$をベクトル$\boldsymbol{F} \in \mathbb{C}^N$，つまり

$$\boldsymbol{f} = \begin{bmatrix} f_0 \\ f_1 \\ \vdots \\ f_{N-1} \end{bmatrix}, \quad \boldsymbol{F} = \begin{bmatrix} F_0 \\ F_1 \\ \vdots \\ F_{N-1} \end{bmatrix}$$

と表す. さらに, $N \times N$ フーリエ行列

$$
M_N = \begin{bmatrix}
1 & 1 & 1 & \cdots & 1 \\
1 & \omega_N & \omega_N^2 & \cdots & \omega_N^{N-1} \\
1 & \omega_N^2 & \omega_N^4 & \cdots & \omega_N^{2(N-1)} \\
\cdots & \cdots & \cdots & \cdots & \cdots \\
1 & \omega_N^{N-1} & \omega_N^{2(N-1)} & \cdots & \omega_N^{(N-1)^2}
\end{bmatrix}
\tag{4.13}
$$

を導入すれば, 等式 (4.12) は

$$
\boldsymbol{F} = \frac{1}{N} \overline{M_N} \, \boldsymbol{f}
\tag{4.14}
$$

と表される. フーリエ行列 M_N について, 次の性質が容易にわかる.

例題 3 N 次の単位行列 ($N \times N$ 行列) を I_N で表すとき, フーリエ行列 M_N に対して, 次式が成り立つことを示せ.

$$
M_N \overline{M_N} = \overline{M_N} \, M_N = N \, I_N
\tag{4.15}
$$

(解) 行列 $M_N \overline{M_N}$ の $(m+1, n+1)$ 成分は

$$
\sum_{\ell=0}^{N-1} \omega_N^{m\ell} \, \overline{\omega_N^{n\ell}} = \sum_{\ell=0}^{N-1} \omega_N^{m\ell} \, \omega_N^{-n\ell} = \sum_{\ell=0}^{N-1} \omega_N^{(m-n)\ell} = \sum_{\ell=0}^{N-1} e^{i2\pi(m-n)\ell/N}
$$

であり, 例題 1 より

$$
右辺 = \begin{cases} N & m \equiv n \,(\mathrm{mod}\, N) \\ 0 & m \not\equiv n \,(\mathrm{mod}\, N) \end{cases}
$$

となる. ここで, $0 \le m < N$, $0 \le n < N$ の範囲で $m \equiv n \,(\mathrm{mod}\, N)$ となるのは, $m = n$ のときのみである. したがって

$$
M_N \overline{M_N} = N \, I_N
$$

が成り立つ. また, この両辺の複素共役をとれば, もう一方の等式も得られる.

116　　　　　　　第4章　離散フーリエ解析

例題3より，$\overline{M_N}$ の逆行列が容易に求まるので，フーリエ逆変換の行列による表示が等式 (4.14) より

$$\boldsymbol{f} = M_N \boldsymbol{F} \tag{4.16}$$

として得られる．等式 (4.14) と (4.16) は定理 4.1.1 の等式 (4.7) を行列で表示したものであるので，次のような定理 4.1.1 の行列表示が得られる．

定理 4.2.1（離散フーリエ変換・逆変換（行列表示））　任意の $\boldsymbol{f} \in \mathbb{C}^N$ に対して次が成り立つ．
$$DFT : \boldsymbol{F} = \frac{1}{N} \overline{M_N} \boldsymbol{f} \tag{4.17}$$
$$IDFT : \boldsymbol{f} = M_N \boldsymbol{F} \tag{4.18}$$

注　式 (4.17) と (4.18) はまたそれぞれ次のようにも表される．

$$\boldsymbol{f} \xrightarrow{DFT} \boldsymbol{F}, \quad \boldsymbol{F} \xrightarrow{IDFT} \boldsymbol{f}$$

（例1）　$N = 2, 3, 4$ に対して，フーリエ行列 M_N はそれぞれ次のようになる（図 4.2）．

$$M_2 = \begin{bmatrix} 1 & 1 \\ 1 & \omega_2(=-1) \end{bmatrix}, \quad M_3 = \begin{bmatrix} 1 & 1 & 1 \\ 1 & \omega_3 & \omega_3^2 \\ 1 & \omega_3^2 & \omega_3^4 \end{bmatrix} = \begin{bmatrix} 1 & 1 & 1 \\ 1 & \frac{-1+\sqrt{3}i}{2} & \frac{-1-\sqrt{3}i}{2} \\ 1 & \frac{-1-\sqrt{3}i}{2} & \frac{-1+\sqrt{3}i}{2} \end{bmatrix},$$

$$M_4 = \begin{bmatrix} 1 & 1 & 1 & 1 \\ 1 & \omega_4 & \omega_4^2 & \omega_4^3 \\ 1 & \omega_4^2 & \omega_4^4 & \omega_4^6 \\ 1 & \omega_4^3 & \omega_4^6 & \omega_4^9 \end{bmatrix} = \begin{bmatrix} 1 & 1 & 1 & 1 \\ 1 & i & -1 & -i \\ 1 & -1 & 1 & -1 \\ 1 & -i & -1 & i \end{bmatrix}$$

（例2）　$N = 4$ の場合を考えよう．このとき，$\omega_4 = e^{i2\pi/4} = i$ となる．まず，

$$f_\ell = \begin{cases} 1 & (\ell = 0, 1) \\ 0 & (\ell = 2, 3) \end{cases}$$

4.2 1のN乗根による表現

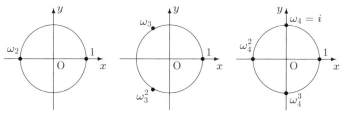

図 4.2 フーリエ行列 M_2, M_3, M_4 の成分を表す点

のときは

$$F = \frac{1}{4}\overline{M_4}f = \frac{1}{4}\begin{bmatrix} 1 & 1 & 1 & 1 \\ 1 & \overline{\omega_4} & \overline{\omega_4}^2 & \overline{\omega_4}^3 \\ 1 & \overline{\omega_4}^2 & \overline{\omega_4}^4 & \overline{\omega_4}^6 \\ 1 & \overline{\omega_4}^3 & \overline{\omega_4}^6 & \overline{\omega_4}^9 \end{bmatrix}\begin{bmatrix} 1 \\ 1 \\ 0 \\ 0 \end{bmatrix} = \frac{1}{4}\begin{bmatrix} 2 \\ 1+\overline{\omega_4} \\ 1+\overline{\omega_4}^2 \\ 1+\overline{\omega_4}^3 \end{bmatrix} = \frac{1}{4}\begin{bmatrix} 2 \\ 1-i \\ 0 \\ 1+i \end{bmatrix}$$

となる．つまり，次が得られる．

$$\begin{bmatrix} 1 \\ 1 \\ 0 \\ 0 \end{bmatrix} \xrightarrow{DFT} \frac{1}{4}\begin{bmatrix} 2 \\ 1-i \\ 0 \\ 1+i \end{bmatrix}$$

また

$$f_\ell = \begin{cases} 0 & (\ell = 0, 1) \\ 1 & (\ell = 2, 3) \end{cases}$$

のときは

$$F = \frac{1}{4}\overline{M_4}f = \frac{1}{4}\begin{bmatrix} 1 & 1 & 1 & 1 \\ 1 & \overline{\omega_4} & \overline{\omega_4}^2 & \overline{\omega_4}^3 \\ 1 & \overline{\omega_4}^2 & \overline{\omega_4}^4 & \overline{\omega_4}^6 \\ 1 & \overline{\omega_4}^3 & \overline{\omega_4}^6 & \overline{\omega_4}^9 \end{bmatrix}\begin{bmatrix} 0 \\ 0 \\ 1 \\ 1 \end{bmatrix} = \frac{1}{4}\begin{bmatrix} 2 \\ \overline{\omega_4}^2+\overline{\omega_4}^3 \\ \overline{\omega_4}^4+\overline{\omega_4}^6 \\ \overline{\omega_4}^6+\overline{\omega_4}^9 \end{bmatrix} = \frac{1}{4}\begin{bmatrix} 2 \\ -1+i \\ 0 \\ -1-i \end{bmatrix}$$

となる．つまり，次が得られる．

$$\begin{bmatrix} 0 \\ 0 \\ 1 \\ 1 \end{bmatrix} \xrightarrow{DFT} \frac{1}{4} \begin{bmatrix} 2 \\ -1+i \\ 0 \\ -1-i \end{bmatrix}$$

■ 周期的拡張

取り扱いの便宜上 $\{f_\ell\}\,(\ell = 0, 1, \cdots, N-1), \{F_k\}\,(k = 0, 1, \cdots, N-1)$ の値を周期的に拡張しておこう．たとえば，$f_N = f_0, f_{N+1} = f_1, f_{N+2} = f_2, \cdots$ であり，$f_{-1} = f_{N-1}, f_{-2} = f_{N-2}, f_{-3} = f_{N-3}, \cdots$ である．F_k についても同様である．つまり，$m \equiv n \pmod{N}$ に対して $f_m = f_n, F_m = F_n$ となるように定義する．このように周期的に拡張すれば，任意の整数 m に対して

$$e^{i2\pi k(\ell+mN)/N} = e^{i2\pi k\ell/N}, \quad e^{-i2\pi k(\ell+mN)/N} = e^{-i2\pi k\ell/N}$$

となるから，式 (4.7) の 2 つの等式は任意の k, ℓ で成立する．

■ 計算規則

$\boldsymbol{f}, \boldsymbol{g} \in \mathbb{C}^N$ とし，それらの離散フーリエ変換をそれぞれ $\boldsymbol{F}, \boldsymbol{G}$ とする．また，それらはすべて周期的に拡張されているとする．$\omega_N = e^{2\pi i/N}$ とするとき，任意の複素数 a, b と整数 n に対して次が成り立つ．ただし，データ $\{f_{\ell+n}\}$ は $\{f_n, f_{n+1}, \cdots, f_N, f_0, f_1, \cdots, f_{n-1}\}$ というように $\{f_\ell\}$ から順序が変更されたデータを意味する．

命題 4.2.2（離散フーリエ変換の基本性質）

(1) 線形性
$$a\boldsymbol{f} + b\boldsymbol{g} \xrightarrow{DFT} a\boldsymbol{F} + b\boldsymbol{G}$$

(2) 移動則
  (a) $\{f_{\ell+n}\} \xrightarrow{DFT} \{\omega_N^{kn} F_k\}$
  (b) $\{\omega_N^{\ell n} f_\ell\} \xrightarrow{DFT} \{F_{k-n}\}$

（証明） (1) は明らかであるので省略する．

（2）　(a) $\{h_\ell\}$ を $h_\ell = f_{\ell+n}$ と定義しよう．そうすれば $\{h_\ell\}$ の DFT$\{H_k\}$ は

$$H_k = \frac{1}{N} \sum_{\ell=0}^{N-1} h_\ell\, \omega_N^{-k\ell} = \frac{1}{N} \sum_{\ell=0}^{N-1} f_{\ell+n}\, \omega_N^{-k\ell}$$

ここで $\ell + n = j$ とおくと

$$H_k = \frac{1}{N} \sum_{j=n}^{N+n-1} f_j\, \omega_N^{-k(j-n)} = \omega_N^{kn} \cdot \frac{1}{N} \sum_{j=n}^{N+n-1} f_j\, \omega_N^{-kj} = \omega_N^{kn} F_k$$

ただし，$f_{N+j}\, \omega_N^{-k(N+j)} = f_j\, \omega_N^{-kj}$（周期性）を用いた．

　(b)

$$\frac{1}{N} \sum_{\ell=0}^{N-1} \omega_N^{\ell n} f_\ell\, \omega_N^{-k\ell} = \frac{1}{N} \sum_{\ell=0}^{N-1} f_\ell\, \omega_N^{-(k-n)\ell} = F_{k-n}$$

[問　題]

1.　例 2 において与えられた 2 種類の $\boldsymbol{f}$ に対して計算して得た $\boldsymbol{F}$ について，さらに $M_4\, \boldsymbol{F}$ を計算し，それが $\boldsymbol{f}$ に一致することを確かめよ．

2.　フーリエ行列 M_6 に関して，次の問いに答えよ．

（1）　M_6 を求めよ．

（2）　$\boldsymbol{f} = \{f_\ell\}\,(\ell = 0, 1, \cdots, 5)$ が

$$f_\ell = \begin{cases} 0 & (\ell = 0,\, 1,\, 2,\, 4) \\ 1 & (\ell = 3,\, 5) \end{cases}$$

で与えられるとき，$\boldsymbol{F} = \frac{1}{6}\overline{M_6}\,\boldsymbol{f}$ および $M_6\, \boldsymbol{F}$ を計算し，$M_6\, \boldsymbol{F}$ が $\boldsymbol{f}$ に一致することを確かめよ．

3.　フーリエ行列 M_8 に関して，次の問いに答えよ．

（1）　M_8 を求めよ．

（2）　$\boldsymbol{f} = \{f_\ell\}\,(\ell = 0, 1, \cdots, 7)$ が

$$f_\ell = \begin{cases} 0 & (\ell = 0,\, 1,\, 2,\, 3,\, 6,\, 7) \\ 1 & (\ell = 4,\, 5) \end{cases}$$

で与えられるとき，$\boldsymbol{F} = \frac{1}{8}\overline{M_8}\,\boldsymbol{f}$ および $M_8\,\boldsymbol{F}$ を計算し，$M_8\,\boldsymbol{F}$ が $\boldsymbol{f}$ に一致することを確かめよ．

4.3　高速フーリエ変換

N が2のべき乗であるとき，離散フーリエ変換・逆変換の計算の計算量を著しく減少させ，高速化する次の方法（**高速フーリエ変換**または **FFT** と呼ばれている）が1960年代にクーリーとテューキーにより考案された．

■ 高速フーリエ変換

ここでは，離散フーリエ変換（すなわち式 (4.12)）の計算法について述べる．この場合，前節で導入した $\omega_N = e^{i2\pi/N}$（つまり式 (4.10)）ではなく

$$W_N = e^{-i2\pi/N} \tag{4.19}$$

を用い

$$F_k = \frac{1}{N}\sum_{\ell=0}^{N-1} W_N{}^{k\ell} f_\ell \quad \text{すなわち} \quad \boldsymbol{F} = \frac{1}{N}\overline{M_N}\,\boldsymbol{f} \tag{4.20}$$

をできるだけ効率的に計算することを考える．

N を偶数と仮定し，$K = N/2$ としよう．与えられた長さ N のデータ $\{f_\ell\}$ より決まる N 次元ベクトル $\boldsymbol{f} = [f_0, f_1, \cdots, f_{N-1}]^T$ について考えよう．ここで，$\boldsymbol{v}^T$ はベクトル $\boldsymbol{v}$ の転置を表し，行列の転置も同様に表す．そして，ベクトル $\boldsymbol{v} \in \mathbb{C}^N$ の第 j 成分を $\boldsymbol{v}[j]$ と表そう．ただし，ここでは $j = 0, 1, \cdots, N-1$ で，最初の成分を第0成分ということにしよう．さて，$\boldsymbol{f}$ を添字が偶数（0も入れる）か奇数かに応じて次のように2つのベクトルに分割しよう．

$$\boldsymbol{g} := [f_0, f_2, \cdots, f_{N-2}]^T \in \mathbb{C}^K, \quad \boldsymbol{h} := [f_1, f_3, \cdots, f_{N-1}]^T \in \mathbb{C}^K \tag{4.21}$$

これを**間引き**と呼ぼう．等式 (4.20) は次のように書ける．

$$F_k = \frac{1}{N}\sum_{\ell=0}^{N-1} W_N{}^{k\ell} f_\ell = \frac{1}{N}\sum_{j=0}^{K-1} W_N{}^{k\,2j} f_{2j} + \frac{1}{N}\sum_{j=0}^{K-1} W_N{}^{k(2j+1)} f_{2j+1}$$

$$= \frac{1}{N} \sum_{j=0}^{K-1} \left(W_N{}^2\right)^{kj} \boldsymbol{g}[j] + \frac{1}{N} W_N{}^k \sum_{j=0}^{K-1} \left(W_N{}^2\right)^{kj} \boldsymbol{h}[j],$$

$$(k = 0, 1, 2, \cdots, N-1) \qquad (4.22)$$

ここでベクトル $\boldsymbol{F}$ を上半分と下半分に次のように分割する.

$$\boldsymbol{A} := [F_0, F_1, \cdots, F_{K-1}]^T \in \mathbb{C}^K, \quad \boldsymbol{B} := [F_K, F_{K+1}, \cdots, F_{N-1}]^T \in \mathbb{C}^K \qquad (4.23)$$

このとき

$$W_N{}^{k+K} = W_N{}^k W_N{}^K = -W_N{}^k \qquad (4.24)$$

が成り立つ（問題 4 (1) を参照）ので, 式 (4.22) は

$$\boldsymbol{A}[k] = \frac{1}{N} \sum_{j=0}^{K-1} \left(W_N{}^2\right)^{kj} \boldsymbol{g}[j] + \frac{1}{N} W_N{}^k \sum_{j=0}^{K-1} \left(W_N{}^2\right)^{kj} \boldsymbol{h}[j],$$

$$\boldsymbol{B}[k] = \frac{1}{N} \sum_{j=0}^{K-1} \left(W_N{}^2\right)^{kj} \boldsymbol{g}[j] - \frac{1}{N} W_N{}^k \sum_{j=0}^{K-1} \left(W_N{}^2\right)^{kj} \boldsymbol{h}[j],$$

$$(k = 0, 1, 2, \cdots, K-1)$$

となる. ただし, 下段 $\boldsymbol{B}[k]$ の k をとり直した. また

$$W_N{}^2 = W_K \qquad (4.25)$$

が成り立つ（問題 4 (2) を参照）ので式 (4.22) は

$$\boldsymbol{A} = \frac{1}{N} \overline{M_K} \, \boldsymbol{g} + \frac{1}{N} \operatorname{Diag}\left(1, W_N, \cdots, W_N{}^{K-1}\right) \overline{M_K} \, \boldsymbol{h} \quad (4.26)$$

$$\boldsymbol{B} = \frac{1}{N} \overline{M_K} \, \boldsymbol{g} - \frac{1}{N} \operatorname{Diag}\left(1, W_N, \cdots, W_N{}^{K-1}\right) \overline{M_K} \, \boldsymbol{h} \quad (4.27)$$

となる. ただし, $\operatorname{Diag}(\alpha_1, \alpha_2, \cdots, \alpha_p)$ は $\alpha_1, \alpha_2, \cdots, \alpha_p$ を対角成分とする対角行列である. したがって, $K \times K$ 行列 D_K を $D_K = \operatorname{Diag}(1, W_N, W_N{}^2, \cdots, W_N{}^{K-1})$ とおけば

$$\boldsymbol{F} = \begin{bmatrix} \boldsymbol{A} \\ \boldsymbol{B} \end{bmatrix} = \frac{1}{N} \begin{bmatrix} \overline{M_K} & D_K \overline{M_K} \\ \overline{M_K} & -D_K \overline{M_K} \end{bmatrix} \begin{bmatrix} \boldsymbol{g} \\ \boldsymbol{h} \end{bmatrix}$$

$$= \frac{1}{N} \begin{bmatrix} I & D_K \\ I & -D_K \end{bmatrix} \begin{bmatrix} \overline{M_K} & O \\ O & \overline{M_K} \end{bmatrix} \begin{bmatrix} \boldsymbol{g} \\ \boldsymbol{h} \end{bmatrix} \quad (4.28)$$

が得られる.

ここでさらに, $K = N/2$ もまた偶数であれば, 同じ手順を再び $\overline{M_K}\,\boldsymbol{g}$ およ び $\overline{M_K}\,\boldsymbol{h}$ に適用することができる. 特に, N が2のべき乗 $N = 2^m$ であれば, 上記の手順 (4.28) を $K = 2^0, 2^1, \cdots, 2^{m-1}$ の順に m 回繰り返すことができる. このアルゴリズムが高速フーリエ変換である.

■ 分割 (間引き) の繰り返しによる入れ換えとビット反転

上の手順をもう一度振り返ってみよう. 与えられた $N\,(=2^m)$ 次元ベクトル $\boldsymbol{f} = [f_0, f_1, \cdots, f_{N-1}]^T$ を添字が偶数 (0も入れる) か奇数かに応じて式 (4.21) のように (間引きにより) 2つのベクトルに分割したが, その $\boldsymbol{g}$ を $\boldsymbol{f}_g$ でまた $\boldsymbol{h}$ を $\boldsymbol{f}_h$ と表示し直そう. 2番目の分割 (間引き) では同様にして $\boldsymbol{f}_g$ は $\boldsymbol{f}_{gg}$ と $\boldsymbol{f}_{gh}$ に, $\boldsymbol{f}_h$ は $\boldsymbol{f}_{hg}$ と $\boldsymbol{f}_{hh}$ に分割される. これを繰り返し, 最後の m 番目の分割を行うと $\boldsymbol{f}_{a_1 a_2 \cdots a_m}$ (各 a_i は g か h) という形のただ1つの成分をもつ 2^m 個のベクトルが得られる. したがって, ベクトル $\boldsymbol{f}$ の各成分 $f_\ell\,(\ell = 0, 1, \cdots, N-1)$ に $\boldsymbol{f}_{a_1 a_2 \cdots a_m}$ の形の1次元ベクトルが1対1に対応する.

$$f_\ell \longleftrightarrow \boldsymbol{f}_{a_1 a_2 \cdots a_m}$$

(例1) データ $\{f_\ell\}\,(\ell = 0, 1, \cdots, 7)$ で決まる $\boldsymbol{f} = [f_0, f_1, \cdots, f_7]^T$ について上記の手順を考えよう. $N = 8 = 2^3$ だから分割は3回であるが, 初めの2回は"間引き"で, 3回目で分割が完了し, $\boldsymbol{f}_{a_1 a_2 a_3}$ との対応関係が得られる. 図4.3では簡略化のため, f_ℓ の代わりに番号 ℓ だけを表示してある.

図4.3から明らかなように, まず分割1 (間引き) では2進表示の1番右のビットが0のものは上に, 1のものは下に間引いている. 次に分割2 (間引き) では右から2番目のビットが0のものは上に, 1のものは下に間引いている. また, 分割操作の終了後にできたものは, ビット列を反転させたもの

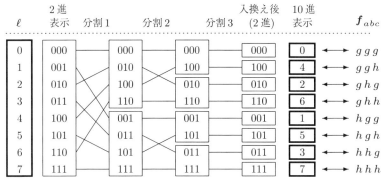

図4.3 分割の繰り返しによる入れ換えと f_{abc}

を上から小さい順に並べたものである．そして，f_ℓ に対応する $f_{a_1 a_2 \cdots a_m}$ の添字 $a_1 a_2 \cdots a_m$ はデータ f_ℓ の番号 ℓ から次のようにして容易に得られる．

「番号 ℓ を2進数で表したとき，そのビットの並びを反転した2進数の表す番号のデータに置き換え（これは**ビット反転**と呼ばれる），その後でそれぞれの0を g で1を h で置き換える．」

（例2） $N = 8 = 2^3$ のとき，ℓ の2進表示と $f_{a_1 a_2 a_3}$ との対応関係をビット反転を用いることにより求めてみよう．図4.4では，f_3, f_4 を例にとって考えている．まず，f_3 のときは，$\ell = 3$ の2進表示は011であり，これをビット反転した110に対して g と h による置き換えをすると添字 hhg になり，結局 f_3 には f_{hhg} が対応する．また，f_4 のときは，$\ell = 4$ の2進表示は100であり，これをビット反転した001に対して g と h による置き換えをすると添字 ggh になり，結局 f_4 には f_{ggh} が対応する．さらに $N = 16 = 2^4$ のとき，f_5, f_7 の例を右側に示す．

ℓ	2進表示	ビット反転	f_{abc}	‖	ℓ	2進表示	ビット反転	f_{abcd}
3 →	011 →	110 →	f_{hhg}	‖	5 →	0101 →	1010 →	f_{hghg}
4 →	100 →	001 →	f_{ggh}	‖	7 →	0111 →	1110 →	f_{hhhg}

図4.4 ビット反転と $f_{\cdots}$ との対応（$N = 2^3$ の場合（左）と $N = 2^4$ の場合（右））

124　　　　　　　第4章　離散フーリエ解析

　（例3） $N = 8 = 2^3$ のとき，$\boldsymbol{f}$ に高速フーリエ変換 (4.28)（を繰り返したもの）の具体的な形を求めてみよう．例1でみたように，まず1回目の分割（間引き）により

$$\boldsymbol{f}_g = [f_0, f_2, f_4, f_6]^T \in \mathbb{C}^4, \quad \boldsymbol{f}_h = [f_1, f_3, f_5, f_7]^T \in \mathbb{C}^4$$

を定義し，式 (4.28) を用いると

$$\boldsymbol{F} = \frac{1}{8} \begin{bmatrix} \overline{M_4} & D_4\overline{M_4} \\ \overline{M_4} & -D_4\overline{M_4} \end{bmatrix} \begin{bmatrix} \boldsymbol{f}_g \\ \boldsymbol{f}_h \end{bmatrix} = \frac{1}{8} \begin{bmatrix} I & D_4 \\ I & -D_4 \end{bmatrix} \begin{bmatrix} \overline{M_4}\,\boldsymbol{f}_g \\ \overline{M_4}\,\boldsymbol{f}_h \end{bmatrix} \quad (4.29)$$

が得られる．ここで，$D_4 = \mathrm{Diag}\,(1, W_8, W_8{}^2, W_8{}^3)$ である．つまり，$\overline{M_8}\,\boldsymbol{f}$ を $\overline{M_4}\,\boldsymbol{f}_g$ と $\overline{M_4}\,\boldsymbol{f}_h$ で表すことができた．

　$\boldsymbol{f}_g$ と $\boldsymbol{f}_h$ に2回目の分割（間引き）を行うと，$\boldsymbol{f}_g$ は

$$\boldsymbol{f}_{gg} = [f_0, f_4]^T \in \mathbb{C}^2, \quad \boldsymbol{f}_{gh} = [f_2, f_6]^T \in \mathbb{C}^2$$

に分割され，$\boldsymbol{f}_h$ は

$$\boldsymbol{f}_{hg} = [f_1, f_5]^T \in \mathbb{C}^2, \quad \boldsymbol{f}_{hh} = [f_3, f_7]^T \in \mathbb{C}^2$$

に分割される．そして

$$\overline{M_4}\,\boldsymbol{f}_g = \begin{bmatrix} \overline{M_2} & D_2\overline{M_2} \\ \overline{M_2} & -D_2\overline{M_2} \end{bmatrix} \begin{bmatrix} \boldsymbol{f}_{gg} \\ \boldsymbol{f}_{gh} \end{bmatrix} = \begin{bmatrix} I & D_2 \\ I & -D_2 \end{bmatrix} \begin{bmatrix} \overline{M_2}\,\boldsymbol{f}_{gg} \\ \overline{M_2}\,\boldsymbol{f}_{gh} \end{bmatrix} \quad (4.30)$$

$$\overline{M_4}\,\boldsymbol{f}_h = \begin{bmatrix} \overline{M_2} & D_2\overline{M_2} \\ \overline{M_2} & -D_2\overline{M_2} \end{bmatrix} \begin{bmatrix} \boldsymbol{f}_{hg} \\ \boldsymbol{f}_{hh} \end{bmatrix} = \begin{bmatrix} I & D_2 \\ I & -D_2 \end{bmatrix} \begin{bmatrix} \overline{M_2}\,\boldsymbol{f}_{hg} \\ \overline{M_2}\,\boldsymbol{f}_{hh} \end{bmatrix} \quad (4.31)$$

が得られる．ここで，$D_2 = \mathrm{Diag}\,(1, W_4)$ である．

　さらに，上の2式の右辺のベクトルに式 (4.28) を用いると，$M_1 = D_1 = 1$ なので

$$\overline{M_2}\,\boldsymbol{f}_{gg} = \begin{bmatrix} \overline{M_1} & D_1\overline{M_1} \\ \overline{M_1} & -D_1\overline{M_1} \end{bmatrix} \begin{bmatrix} \boldsymbol{f}_{ggg} \\ \boldsymbol{f}_{ggh} \end{bmatrix} = \begin{bmatrix} 1 & 1 \\ 1 & -1 \end{bmatrix} \begin{bmatrix} \boldsymbol{f}_{ggg} \\ \boldsymbol{f}_{ggh} \end{bmatrix} \left(= \begin{bmatrix} \beta_0 \\ \beta_1 \end{bmatrix} \right)$$

$$\overline{M_2}\,\boldsymbol{f}_{gh} = \begin{bmatrix} \overline{M_1} & D_1\overline{M_1} \\ \overline{M_1} & -D_1\overline{M_1} \end{bmatrix} \begin{bmatrix} \boldsymbol{f}_{ghg} \\ \boldsymbol{f}_{ghh} \end{bmatrix} = \begin{bmatrix} 1 & 1 \\ 1 & -1 \end{bmatrix} \begin{bmatrix} \boldsymbol{f}_{ghg} \\ \boldsymbol{f}_{ghh} \end{bmatrix} \left(= \begin{bmatrix} \beta_2 \\ \beta_3 \end{bmatrix} \right)$$

$$\overline{M_2}\,\boldsymbol{f}_{hg} = \begin{bmatrix} \overline{M_1} & D_1\overline{M_1} \\ \overline{M_1} & -D_1\overline{M_1} \end{bmatrix} \begin{bmatrix} \boldsymbol{f}_{hgg} \\ \boldsymbol{f}_{hgh} \end{bmatrix} = \begin{bmatrix} 1 & 1 \\ 1 & -1 \end{bmatrix} \begin{bmatrix} \boldsymbol{f}_{hgg} \\ \boldsymbol{f}_{hgh} \end{bmatrix} \left(= \begin{bmatrix} \beta_4 \\ \beta_5 \end{bmatrix} \right)$$

$$\overline{M_2}\,\boldsymbol{f}_{hh} = \begin{bmatrix} \overline{M_1} & D_1\overline{M_1} \\ \overline{M_1} & -D_1\overline{M_1} \end{bmatrix} \begin{bmatrix} \boldsymbol{f}_{hhg} \\ \boldsymbol{f}_{hhh} \end{bmatrix} = \begin{bmatrix} 1 & 1 \\ 1 & -1 \end{bmatrix} \begin{bmatrix} \boldsymbol{f}_{hhg} \\ \boldsymbol{f}_{hhh} \end{bmatrix} \left(= \begin{bmatrix} \beta_6 \\ \beta_7 \end{bmatrix} \right)$$

が得られる．ここで，これらのベクトルの成分を括弧内のように順に β_i ($i = 0, 1, 2, \cdots, 7$) で表す．したがって，式 (4.30) と (4.31) より

$$\overline{M_4}\,\boldsymbol{f}_g = \begin{bmatrix} I & D_2 \\ I & -D_2 \end{bmatrix} \begin{bmatrix} \beta_0 \\ \beta_1 \\ \beta_2 \\ \beta_3 \end{bmatrix} \left(= \begin{bmatrix} \gamma_0 \\ \gamma_1 \\ \gamma_2 \\ \gamma_3 \end{bmatrix} \quad \text{とおく} \right)$$

$$\overline{M_4}\,\boldsymbol{f}_h = \begin{bmatrix} I & D_2 \\ I & -D_2 \end{bmatrix} \begin{bmatrix} \beta_4 \\ \beta_5 \\ \beta_6 \\ \beta_7 \end{bmatrix} \left(= \begin{bmatrix} \gamma_4 \\ \gamma_5 \\ \gamma_6 \\ \gamma_7 \end{bmatrix} \quad \text{とおく} \right)$$

となる．そこで

$$[\alpha_0, \alpha_1, \alpha_2, \cdots, \alpha_7]^T = \left[\boldsymbol{f}_{ggg}, \boldsymbol{f}_{ggh}, \boldsymbol{f}_{ghg}, \cdots, \boldsymbol{f}_{hhh} \right]^T$$

とおいて，以上の手順を次の表にまとめることができる．

	ビット反転	$K=1$	$K=2$	$K=4$
f_0	$\alpha_0 = f_0 \ \left(\boldsymbol{f}_{ggg}\right)$	$\beta_0 = \alpha_0 + W_8{}^0 \alpha_1$	$\gamma_0 = \beta_0 + W_8{}^0 \beta_2$	$F_0{}^* = \gamma_0 + W_8{}^0 \gamma_4$
f_1	$\alpha_1 = f_4 \ \left(\boldsymbol{f}_{ggh}\right)$	$\beta_1 = \alpha_0 - W_8{}^0 \alpha_1$	$\gamma_1 = \beta_1 + W_8{}^2 \beta_3$	$F_1{}^* = \gamma_1 + W_8{}^1 \gamma_5$
f_2	$\alpha_2 = f_2 \ \left(\boldsymbol{f}_{ghg}\right)$	$\beta_2 = \alpha_2 + W_8{}^0 \alpha_3$	$\gamma_2 = \beta_0 - W_8{}^0 \beta_2$	$F_2{}^* = \gamma_2 + W_8{}^2 \gamma_6$
f_3	$\alpha_3 = f_6 \ \left(\boldsymbol{f}_{ghh}\right)$	$\beta_3 = \alpha_2 - W_8{}^0 \alpha_3$	$\gamma_3 = \beta_1 - W_8{}^2 \beta_3$	$F_3{}^* = \gamma_3 + W_8{}^3 \gamma_7$
f_4	$\alpha_4 = f_1 \ \left(\boldsymbol{f}_{hgg}\right)$	$\beta_4 = \alpha_4 + W_8{}^0 \alpha_5$	$\gamma_4 = \beta_4 + W_8{}^0 \beta_6$	$F_4{}^* = \gamma_0 - W_8{}^0 \gamma_4$
f_5	$\alpha_5 = f_5 \ \left(\boldsymbol{f}_{hgh}\right)$	$\beta_5 = \alpha_4 - W_8{}^0 \alpha_5$	$\gamma_5 = \beta_5 + W_8{}^2 \beta_7$	$F_5{}^* = \gamma_1 - W_8{}^1 \gamma_5$
f_6	$\alpha_6 = f_3 \ \left(\boldsymbol{f}_{hhg}\right)$	$\beta_6 = \alpha_6 + W_8{}^0 \alpha_7$	$\gamma_6 = \beta_4 - W_8{}^0 \beta_6$	$F_6{}^* = \gamma_2 - W_8{}^2 \gamma_6$
f_7	$\alpha_7 = f_7 \ \left(\boldsymbol{f}_{hhh}\right)$	$\beta_7 = \alpha_6 - W_8{}^0 \alpha_7$	$\gamma_7 = \beta_5 - W_8{}^2 \beta_7$	$F_7{}^* = \gamma_3 - W_8{}^3 \gamma_7$

最後に

$$F_k = F_k{}^*/8$$

とすれば，$\boldsymbol{F}\left(= \overline{M_8}\,\boldsymbol{f}/8\right)$ が得られる. ▮

（**参　考**）　高速フーリエ変換（FFT）の計算量について　離散フーリエ変換の式 (4.20) の掛け算の回数は，複素数 $W_N{}^{k\ell}$ の計算のための掛け算の回数を無視すれば，N^2 回で加減算も N^2 回である．ここで，$W_N{}^0 = 1$ なので，これによる掛け算は不要で，実際には多少少なくなる．

　一方，$N = 2^m$ のとき FFT については，表の上段の計算のためには，計算し記憶させておいた $N/2$ 個の複素数 $W_N{}^0, W_N{}^1, \cdots, W_N{}^{(n/2)-1}$ との $(N/2) \cdot m = (N/2) \cdot \log_2 N$ 回の複素数の掛け算が必要である．ここでも，$W_N{}^0 = 1$ による掛け算は不要なので，実際にはもっと少なくてよい．（また，下段の掛け算は上段と同じなので不要である．）そして，加減算も $N \cdot m = N \cdot \log_2 N$ 回となる．このように，FFT により計算量を著しく低減することができる． ▮

　[問　題]

4. N が偶数のとき，次の問いに答えよ．ただし，$K = N/2$ とする.

(1)　等式

$$W_N{}^K = -1$$

が成り立つことを示し，式 (4.24) を証明せよ.

$$4.4 \quad 離散コサイン変換 \qquad \mathbf{127}$$

(2) 等式

$$W_N{}^2 = W_K$$

が成り立つことを示せ.

5. $N = 16 = 2^4$ のとき, f_{10}, f_{11} に対応する $\boldsymbol{f}_{a_1 a_2 a_3 a_4}$ をビット反転によりそれぞれ求めよ.

4.4 離散コサイン変換

離散フーリエ変換においては, その定義 (4.7) において複素数との積を用いるので, 元々のデータ $\{f_\ell\}$ が実数列であっても $\{F_k\}$ は一般には複素数列になってしまう. これを避ける一つの方法が次に述べる離散コサイン変換である. まず, 与えられた実数データ $\{f_\ell\}$ $(\ell = 0, 1, 2, \cdots, N-1)$ に対して, 次のように反転させたものを左側につけ加えて左右対称になった長さ $2N$ の数列を考えよう.

$$f_{N-1}, f_{N-2}, \cdots, f_2, f_1, f_0, f_0, f_1, f_2, \cdots, f_{N-2}, f_{N-1} \qquad (4.32)$$

これを $\left\{\tilde{f}_\ell\right\}$ で表す. つまり

$$\tilde{f}_\ell = \begin{cases} f_\ell, & \ell = 0, 1, 2, \cdots, N-1 \\ f_{-\ell-1}, & \ell = -N, -N+1, \cdots, -1 \end{cases} \qquad (4.33)$$

である. そして, データ $\left\{\tilde{f}_\ell\right\}$ に対して離散フーリエ変換を行えば

$$\tilde{f}_\ell = \sum_{k=-N}^{N-1} \tilde{F}_k \, e^{i 2\pi k \ell/(2N)}, \quad \tilde{F}_k = \frac{1}{2N} \sum_{\ell=-N}^{N-1} \tilde{f}_\ell \, e^{-i 2\pi k \ell/(2N)} \qquad (4.34)$$

となる. (式 (4.34) は式 (4.7) と同様に示すことができる.)

例題 4 $\left\{\tilde{F}_k\right\}$ について, 次のことを示せ.

$$\tilde{F}_{-k} = \overline{\tilde{F}_k}, \qquad \tilde{F}_{-N} = 0 \qquad (4.35)$$

（解） まず，式 (4.34) の第 2 式における $\left\{\tilde{f}_\ell\right\}$ が実数であるから

$$\overline{\tilde{F}_k} = \frac{1}{2N} \sum_{\ell=-N}^{N-1} \overline{\tilde{f}_\ell}\, e^{i2\pi k\ell/(2N)} = \frac{1}{2N} \sum_{\ell=-N}^{N-1} \tilde{f}_\ell\, e^{-i2\pi(-k)\ell/(2N)}$$

$$= \tilde{F}_{-k}$$

すなわち，式 (4.35) の第 1 式が得られた．

次に，式 (4.34) の第 2 式において $k = -N$ とすれば

$$\tilde{F}_{-N} = \frac{1}{2N} \sum_{\ell=-N}^{N-1} \tilde{f}_\ell\, e^{i\pi\ell} = \frac{1}{2N} \sum_{\ell=-N}^{N-1} \left(e^{i\pi}\right)^\ell \tilde{f}_\ell = \frac{1}{2N} \sum_{\ell=-N}^{N-1} (-1)^\ell\, \tilde{f}_\ell$$

$$= \frac{1}{2N} \sum_{\ell=0}^{N-1} (-1)^\ell\, \tilde{f}_\ell + \frac{1}{2N} \sum_{\ell=-N}^{-1} (-1)^\ell\, \tilde{f}_\ell$$

$$= \frac{1}{2N} \sum_{\ell=0}^{N-1} (-1)^\ell\, f_\ell + \frac{1}{2N} \sum_{r=0}^{N-1} (-1)^{r+1}\, f_r = 0$$

すなわち (4.35) の第 2 式が得られた．ただし，$r = -\ell - 1$ とおいた．

次に，$k = 0, 1, 2, \cdots, N-1$ に対して，

$$F_k = 2\, e^{-i\pi k/(2N)}\, \tilde{F}_k \tag{4.36}$$

と定義しよう．

例題 5 次の等式が $k = 0, 1, 2, \cdots, N-1$ に対して成り立つことを示せ．

$$F_k = \frac{2}{N} \sum_{\ell=0}^{N-1} f_\ell \cos \frac{\pi k(2\ell+1)}{2N} \tag{4.37}$$

（解） 式 (4.34) の第 2 式より

$$\tilde{F}_k = \frac{1}{2N} \sum_{\ell=0}^{N-1} \tilde{f}_\ell\, e^{-i\pi k\ell/N} + \frac{1}{2N} \sum_{\ell=-N}^{-1} \tilde{f}_\ell\, e^{-i\pi k\ell/N}$$

$$= \frac{1}{2N} \sum_{\ell=0}^{N-1} \tilde{f}_\ell \, e^{-i\pi k\ell/N} + \frac{1}{2N} \sum_{r=0}^{N-1} \tilde{f}_{-r-1} \, e^{-i\pi k(-r-1)/N}$$

が成り立つ. ただし, 第2項で $r = -\ell - 1$ とおいた. したがって

$$\tilde{F}_k = \frac{1}{2N} \sum_{\ell=0}^{N-1} f_\ell \, e^{-i\pi k(\ell+1/2)/N} \, e^{i\pi k/(2N)}$$

$$+ \frac{1}{2N} \sum_{r=0}^{N-1} f_r \, e^{i\pi k(r+1/2)/N} \, e^{i\pi k/(2N)}$$

$$= \frac{e^{i\pi k/(2N)}}{N} \sum_{\ell=0}^{N-1} f_\ell \, \frac{e^{i\pi k(\ell+1/2)/N} + e^{-i\pi k(\ell+1/2)/N}}{2}$$

$$= \frac{e^{i\pi k/(2N)}}{N} \sum_{\ell=0}^{N-1} f_\ell \, \cos \frac{\pi k(\ell+1/2)}{N}$$

となり, 定義 (4.36) より式 (4.37) が得られる. ただし, 最後の等式において
オイラーの公式を用いた.

さて, データ $\{f_\ell\}$ が式 (4.36) で定義された $\{F_k\}$ の1次結合で書き表せる
ことを次に示す.

定理 4.4.1 任意の実数データ $\{f_\ell\}$ と式 (4.36) により定義された
$\{F_k\}$ に対して, 次の2つの等式が成り立つ.

$$f_\ell = \frac{F_0}{2} + \sum_{k=1}^{N-1} F_k \cos \frac{\pi k(2\ell+1)}{2N}, \ \ \ell = 0, 1, 2, \cdots, N-1 \quad (4.38)$$

$$F_k = \frac{2}{N} \sum_{\ell=0}^{N-1} f_\ell \cos \frac{\pi k(2\ell+1)}{2N}, \ \ k = 0, 1, 2, \cdots, N-1 \quad (4.39)$$

$\{F_k\}$ をデータ $\{f_\ell\}$ の**離散コサイン変換**と呼ぶ.

(証明) 式 (4.39) は例題5においてすでに示されたので, 式 (4.38) を示せ
ばよい. $\ell = 0, 1, 2, \cdots, N-1$ のとき $\tilde{f}_\ell = f_\ell$ なので, 式 (4.35) と (4.36) を
用いると式 (4.34) の第1式より

$$f_\ell = \tilde{F}_0 + \sum_{k=1}^{N-1} \tilde{F}_k \, e^{i\pi k\ell/N} + \sum_{k=-N}^{-1} \tilde{F}_k \, e^{i\pi k\ell/N}$$

$$= \tilde{F}_0 + \sum_{k=1}^{N-1} \tilde{F}_k \, e^{i\pi k\ell/N} + \sum_{k=1}^{N-1} \tilde{F}_{-k} \, e^{-i\pi k\ell/N}$$

$$= \tilde{F}_0 + \sum_{k=1}^{N-1} \tilde{F}_k \, e^{i\pi k\ell/N} + \sum_{k=1}^{N-1} \overline{\tilde{F}_k} \, e^{-i\pi k\ell/N}$$

$$= \frac{F_0}{2} + \frac{1}{2}\sum_{k=1}^{N-1} e^{i\pi k/(2N)} F_k \, e^{i\pi k\ell/N} + \frac{1}{2}\sum_{k=1}^{N-1} \overline{e^{i\pi k/(2N)} F_k} \, e^{-i\pi k\ell/N}$$

となる. また例題 5 の式 (4.37) より, F_k も実数であるから

$$f_\ell = \frac{F_0}{2} + \sum_{k=1}^{N-1} F_k \, \frac{e^{i\pi k(\ell+1/2)/N} + e^{-i\pi k(\ell+1/2)/N}}{2}$$

$$= \frac{F_0}{2} + \sum_{k=1}^{N-1} F_k \, \cos\frac{\pi k(\ell+1/2)}{N}$$

すなわち, 式 (4.38) が得られた. ▉

(**参　考**)　この節では N 個の実数データ $\{f_\ell\}$ から折り返し式 (4.32) を使い, 対称な $2N$ 個のデータ $\{\tilde{f}_\ell\}$ (式 (4.33) を参照) を定義し, その離散フーリエ変換 $\{\tilde{F}_k\}$ を経由して離散コサイン変換 $\{F_k\}$ を得た. しかし, $\{f_\ell\}$ の折り返しの代わりに符号を変えた折り返し

$$-f_{N-1}, \, -f_{N-2}, \cdots, -f_2, \, -f_1, \, -f_0, \, f_0, f_1, f_2, \cdots, f_{N-2}, f_{N-1} \tag{4.40}$$

で $\{\tilde{f}_\ell\}$ を定義し直して, 同様な手順を施すことにより, **離散サイン変換**が得られる. ▉

[練習問題]

4.1 以下の空所に適するものを補え.

周期 2π の区分的に滑らかな周期関数 $f(t)$ に対して, その複素フーリエ級数および複素フーリエ係数 c_k はそれぞれ

$$\sum_{k=-\infty}^{\infty} c_k \boxed{(1)}, \qquad c_k = \frac{1}{2\pi}\int_0^{2\pi} f(t)\boxed{(2)}\, dt \qquad (4.41)$$

であり, この無限級数は ($f(t)$ の連続点において) $f(t)$ に収束する. c_k は区間 $[0, 2\pi]$ 上の積分であるので, その離散近似を考えよう. $[0, 2\pi]$ を等分点 $\{t_\ell\} = \{(2\pi\ell)/N\}$ $(\ell = 0, 1, \cdots, N)$ により N 個の小区間に分割することができる. この小区間の幅 Δt は $\boxed{(3)}$ であり, 等分点 t_ℓ は $\boxed{(4)}\,\Delta t$ と表すことができる. したがって, $[0, 2\pi]$ 上の積分 c_k は

$$\frac{1}{2\pi}\sum_{\ell=0}^{N-1} f(t_\ell)\, e^{-ikt_\ell}\, \Delta t = \boxed{(5)}\sum_{\ell=0}^{N-1} f_\ell\, e^{-i2\pi k\ell/\boxed{(6)}} = F_k \ (\text{とおく})$$

$$(4.42)$$

で近似できる. ここで, $f_\ell = f(t_\ell)$ とおいた. さらに, 複素フーリエ級数を有限部分和

$$\sum_{k=0}^{N-1} F_k\, e^{ikt_\ell} = \sum_{k=0}^{N-1} F_k\, e^{i2\pi k\ell/\boxed{(7)}} \qquad (4.43)$$

で置き換えよう. するとこの有限部分和は $f(t)$ の $t = t_\ell$ における値に一致することを示すことができる.

> 「つまり, $\{t_\ell\}$ における N 個のデータ $\{f_\ell\}$ のみに興味があれば, 式 (4.41) を用いる必要がなく式 (4.42), (4.43) で十分であることがわかる.」

すなわち, 次の結果が得られる.

132　　第 4 章　離散フーリエ解析

(命題)（離散フーリエ変換・逆変換）　N 個のデータ $\{f_\ell\}$ に対して

$$F_k = \boxed{(8)} \sum_{\ell=0}^{N-1} f_\ell\, e^{-i2\pi k\ell/\boxed{(9)}} \qquad (k = 0, 1, \cdots, N-1) \quad (4.44)$$

で定められた $\{F_k\}$ を $\{f_\ell\}$ の離散フーリエ変換といい，

$$y_\ell = \sum_{k=0}^{N-1} F_k\, e^{i2\pi k\ell/\boxed{(10)}} \qquad (\ell = 0, 1, \cdots, N-1) \quad (4.45)$$

で定められた $\{y_\ell\}$ を $\{F_k\}$ の離散フーリエ逆変換という．そして実際に

$$y_\ell = f_\ell \qquad (\ell = 0, 1, \cdots, N-1)$$

が成り立つ．

この命題を証明するために，まず次の補題を示す．

(補題)　整数 m をパラメータとする数列 $\{f_\ell\} = \left\{ e^{i2\pi m\ell/N} \right\}$ は次のような直交性を満たす．

$$\frac{1}{N} \sum_{\ell=0}^{N-1} e^{i2\pi(m-n)\ell/N} = \begin{cases} \boxed{(11)} & m \equiv n \,(\mathrm{mod}\ N) \\[2mm] \boxed{(12)} & m \not\equiv n \,(\mathrm{mod}\ N) \end{cases}$$

（補題の証明）

まず，$m \equiv n \,(\mathrm{mod}\ N)$ のときは，各 ℓ に対して $(m-n)\ell/N$ は整数であるので，オイラーの公式より

$$e^{i2\pi(m-n)\ell/N} = \boxed{(13)}$$

となり

$$\frac{1}{N} \sum_{\ell=0}^{N-1} e^{i2\pi(m-n)\ell/N} = \frac{1}{N} \sum_{\ell=0}^{N-1} \boxed{(14)} = \boxed{(15)}$$

が成り立つ．

次に，$m \not\equiv n \,(\mathrm{mod}\ N)$ のときは，$e^{i2\pi(m-n)/N} \neq 1$ であるので，等比数列の和の公式より

$$\frac{1}{N} \sum_{\ell=0}^{N-1} \left(e^{i2\pi(m-n)/N} \right)^{\ell} = \frac{1}{N} \cdot \frac{1 - \left(e^{i2\pi(m-n)/N} \right)^{\boxed{(16)}}}{1 - e^{i2\pi(m-n)/N}}$$

$$= \frac{1}{N} \cdot \frac{1 - \boxed{(17)}}{1 - e^{i2\pi(m-n)/N}} = \boxed{(18)}$$

が得られる.

（命題の証明）　式 (4.45) の右辺に式 (4.44) を代入すれば

$$\sum_{k=0}^{N-1} F_k \, e^{i2\pi k\ell/N} = \sum_{k=0}^{N-1} \left(\frac{1}{N} \sum_{n=0}^{N-1} f_n \, e^{-i2\pi kn/N} \right) e^{i2\pi k\ell/N}$$

$$= \sum_{n=0}^{N-1} f_n \left(\frac{1}{N} \sum_{k=0}^{N-1} e^{i2\pi(\ell-n)k/N} \right) \qquad (4.46)$$

となる. ここで, $0 \le \ell < N, \, 0 \le n < N$ の範囲では, $\ell = n$ のときのみ $\ell \equiv n \, (\mathrm{mod}\, N)$ となり, $\ell \neq n$ ならば $\ell \not\equiv n \, (\mathrm{mod}\, N)$ となるので補題より

$$\text{式 (4.46) の右辺} = \sum_{n=0}^{N-1} f_n \, \delta_{\ell,n} = \boxed{(19)}$$

である.

4.2　$f(t)$ を周期 2π の連続関数とし, $\{F_k\}$ を区間 $[0, 2\pi]$ の N 等分のサンプリングより得られる離散フーリエ変換とする. そして $f(t)$ のフーリエ係数 c_k が

$$c_k = 0 \quad \left(|k| \geq \frac{N}{2} \right)$$

を満たすとする. このとき, $f(t)$ は**帯域制限**されているという. この条件のもとで, 次の等式が成り立つことを示せ.

$$F_k = c_k \quad \left(|k| < \frac{N}{2} \right)$$

4.3　（**周期関数のサンプリング定理**）　周期 2π の連続関数 $f(t)$ のフーリエ係数 c_k が帯域制限されていて問題 4.2 の条件を満たすとする. このと

き，$f(t)$ は区間 $[0, 2\pi]$ を N 等分して得られるサンプリング値 $f_\ell = f(t_\ell) = f(2\pi\ell/N)$ から次のように再現できることを示せ.

$$f(t) = \sum_{\ell=0}^{N-1} f_\ell \, \phi_N(t - t_\ell)$$

ここで，関数 ϕ_N は次式で定義される**補間関数**である.

$$\phi_N(t) = \frac{1}{N} \sum_{-N/2 < k < N/2} e^{ikt} = \frac{1}{N} \left(1 + 2 \sum_{0 < k < N/2} \cos kt \right)$$

4.4 $N = 16 = 2^4$ のとき，f_{13}, f_{14} に対応する $\boldsymbol{f}_{a_1 a_2 a_3 a_4}$ をビット反転によりそれぞれ求めよ.

4.5 データ $\{f_\ell\}$ ($\ell = 0, 1, 2, 3$) に対する高速フーリエ変換の具体的な形を求めよ. そして，$\boldsymbol{F} = \dfrac{1}{4} \overline{M_4}$ と同じ形になることを確かめよ.

5

ラプラス変換

この章では（右側）半直線すなわち区間 $[0, \infty)$ 上の関数に対してラプラス変換を定義し，その基本的性質について述べる．ラプラス変換は，負べきの指数関数を掛けて積分するので，フーリエ変換と違って，多項式のように絶対可積分でない多くの関数に対して定義することができる．また，ラプラス変換は，関数の微分・積分をそれぞれ変数の乗法・除法に変換するので，微分方程式を解くのに非常に有効である．

136　　　　　　　　　　第5章　ラプラス変換

5.1　ラプラス変換の基本的性質 (1)

■ ラプラス変換

　この章では，区間 $[0, \infty)$（あるいは $(0, \infty)$）上の区分的に連続な関数 $f(t)$ について考える．複素数 s に対して，関数 $f(t)$ の広義積分

$$\int_0^\infty e^{-st} f(t)\, dt = \lim_{T \to \infty} \int_0^T e^{-st} f(t)\, dt$$

あるいは

$$= \lim_{T \to \infty} \lim_{\varepsilon \to +0} \int_\varepsilon^T e^{-st} f(t)\, dt$$

が収束するとき，この値は s に依存するので $F(s)$ と表す．関数 $f(t)$ に関数 $F(s)$ を対応させる"対応づけ"のことをラプラス変換と呼び

$$\mathcal{L} : f(t) \longrightarrow F(s) = \int_0^\infty e^{-st} f(t)\, dt \qquad (5.1)$$

と表す．そして，$F(s)$ を $\mathcal{L}[f(t)]$（あるいは $\mathcal{L}[f]$, $\mathcal{L}[f](s)$ など）と表し，やはり $f(t)$ のラプラス変換という．ただし，$F(s)$ は上記の広義積分が収束する変数に対してのみ定義されていると考える．ここで，複素数 s の実部，虚部をそれぞれ $\Re(s)$, $\Im(s)$ で表すが，$s = a + ib$ と書くと a は s の実部 $\Re(s)$，b は s の虚部 $\Im(s)$ を表すとする．

　注　関数 $f(t)$ のラプラス変換が $s_0 = a_0 + ib_0$ で求められたとすると，$s = a + ib\,(a > a_0)$ なる s については，$t > 0$ に対して

$$\left| e^{-st} \right| = e^{-at} < e^{-a_0 t} = \left| e^{-s_0 t} \right|$$

となるので，そのような s についてもラプラス変換が収束することが予想されるが，実際次を満たす σ_0（実数または $\pm\infty$）がただ1つ定まる（詳しくは山本 [15], [16] を参照されたい）．

5.1 ラプラス変換の基本的性質 (1) **137**

$$\Re(s) > \sigma_0 \implies \mathcal{L}[f](s) \text{ が定義され,}$$

$$\Re(s) < \sigma_0 \implies \mathcal{L}[f](s) \text{ が定義されない.}$$

この σ_0 をラプラス変換の**収束座標**といい,半平面 $\{s \in \mathbb{C} \mid \Re(s) > \sigma_0\}$ を**収束領域**という. $\sigma_0 = -\infty$ はすべての s についてラプラス変換が収束する場合で,$\sigma_0 = \infty$ はすべての s でラプラス変換が発散する場合である. ■

▓ 基本的な関数のラプラス変換

以下では,次の等式(練習問題5.1を参照)を繰り返し用いる.

$$\lim_{t\to\infty} e^{-st}\, t^k = 0 \quad (\Re(s) > 0) \qquad (k = 0, 1, 2, \dots)$$

$$(1) \qquad\qquad \mathcal{L}[\, 1\,] = \frac{1}{s} \quad (\text{収束領域} \quad \Re(s) > 0)$$

なぜならば

$$1 \longrightarrow \mathcal{L}[\, 1\,] = \int_0^\infty e^{-st} \cdot 1\, dt = \left[-\frac{e^{-st}}{s} \right]_0^\infty = -\frac{1}{s} \lim_{t\to\infty} e^{-st} + \frac{1}{s} = 0 + \frac{1}{s}$$

$$(2) \qquad\qquad \mathcal{L}[\, t^n\,] = \frac{n!}{s^{n+1}} \quad (\text{収束領域} \quad \Re(s) > 0)$$

なぜならば

$$t^n \longrightarrow \mathcal{L}[\, t^n\,] = \int_0^\infty e^{-st} t^n dt = \left[\left(-\frac{e^{-st}}{s} \right) t^n \right]_0^\infty - \int_0^\infty \left(-\frac{e^{-st}}{s} \right) n t^{n-1} dt$$

$$= 0 + \frac{n}{s} \int_0^\infty e^{-st}\, t^{n-1} dt = \cdots = \frac{n(n-1)}{s^2} \int_0^\infty e^{-st}\, t^{n-2}\, dt$$

$$= \cdots\cdots = \frac{n!}{s^{n+1}}$$

$$(3) \qquad\qquad \mathcal{L}[\, e^{at}\,] = \frac{1}{s-a} \quad (\text{収束領域} \quad \Re(s) > a)$$

138　　　　　　第5章　ラプラス変換

なぜならば

$$e^{at} \longrightarrow \mathcal{L}[e^{at}] = \int_0^\infty e^{-st} e^{at}\, dt = \int_0^\infty e^{-(s-a)t}\, dt$$

$$= \left[-\frac{e^{-(s-a)t}}{s-a} \right]_0^\infty = 0 + \frac{1}{s-a}$$

---

(4)　　　　$\mathcal{L}[\sin \omega t] = \dfrac{\omega}{s^2 + \omega^2}$　（収束領域　$\Re(s) > 0$）

---

(5)　　　　$\mathcal{L}[\cos \omega t] = \dfrac{s}{s^2 + \omega^2}$　（収束領域　$\Re(s) > 0$）

---

(4), (5) については，まとめて示そう．$\Re(s) > 0$ のとき

$$\mathcal{L}[\sin \omega t] = \int_0^\infty e^{-st} \sin \omega t\, dt = \left[\frac{e^{-st}}{-s} \sin \omega t \right]_0^\infty - \int_0^\infty \frac{e^{-st}}{-s}\, (\omega \cos \omega t)\, dt$$

$$= 0 + \frac{\omega}{s} \int_0^\infty e^{-st} \cos \omega t\, dt = \frac{\omega}{s} \mathcal{L}[\cos \omega t] \qquad (5.2)$$

$$\mathcal{L}[\cos \omega t] = \int_0^\infty e^{-st} \cos \omega t\, dt = \left[\frac{e^{-st}}{-s} \cos \omega t \right]_0^\infty - \int_0^\infty \frac{e^{-st}}{-s}\, (-\omega \sin \omega t)\, dt$$

$$= \frac{1}{s} - \frac{\omega}{s} \int_0^\infty e^{-st} \sin \omega t\, dt = \frac{1}{s} - \frac{\omega}{s} \mathcal{L}[\sin \omega t] \qquad (5.3)$$

となるので，この連立方程式を解いて，公式 (4)，(5) を得る．

また，次の公式は (1)〜(5) の公式と直接組み合わせると有用である．

---

(6)　　　　$\mathcal{L}[e^{at} f(t)] = F(s-a)$　（ただし，　$F(s) = \mathcal{L}[f(t)]$）

なぜならば

$$\mathcal{L}[e^{at} f(t)] = \int_0^\infty e^{-st} e^{at} f(t)\, dt = \int_0^\infty e^{-(s-a)t} f(t)\, dt = F(s-a)$$

いままでに証明された公式 (1)〜(6) を表にまとめれば，次のようになる．

5.1 ラプラス変換の基本的性質 (1)

$f(t)$	$F(s) = \mathcal{L}[f(t)]$	$e^{at} f(t)$	$F(s-a)$
1	$\dfrac{1}{s}$	e^{at}	$\dfrac{1}{s-a}$
t	$\dfrac{1}{s^2}$	$e^{at} t$	$\dfrac{1}{(s-a)^2}$
t^2	$\dfrac{2}{s^3}$	$e^{at} t^2$	$\dfrac{2}{(s-a)^3}$
$\cdots$	$\cdots$	$\cdots$	$\cdots$
t^n	$\dfrac{n!}{s^{n+1}}$	$e^{at} t^n$	$\dfrac{n!}{(s-a)^{n+1}}$
$\sin \omega t$	$\dfrac{\omega}{s^2 + \omega^2}$	$e^{at} \sin \omega t$	$\dfrac{\omega}{(s-a)^2 + \omega^2}$
$\cos \omega t$	$\dfrac{s}{s^2 + \omega^2}$	$e^{at} \cos \omega t$	$\dfrac{s-a}{(s-a)^2 + \omega^2}$

■ ラプラス変換の基本法則

関数 $f(t)$, $g(t)$ のラプラス変換をそれぞれ $F(s)$, $G(s)$ とする.

A. 線形性

任意の複素数 a, b に対して
$$\mathcal{L}[a\,f(t) + b\,g(t)] = a\,F(s) + b\,G(s) \tag{5.4}$$

B. 相似性

任意の正数 c に対して
$$\mathcal{L}[f(c\,t)] = \frac{1}{c}\,F\!\left(\frac{s}{c}\right) \tag{5.5}$$

なぜならば, 次式の右辺において $u = ct$ と変数変換することにより

$$\mathcal{L}[f(c\,t)] = \int_0^\infty e^{-st}\,f(ct)\,dt = \int_0^\infty e^{-su/c}\,f(u)\,(1/c)\,du = \frac{1}{c}\,F\!\left(\frac{s}{c}\right)$$

140　　　　　　　　第5章　ラプラス変換

C. 微　分

関数 $f(t)$ が $t > 0$ において連続ならば,
$$\mathcal{L}[f'(t)] = s\,F(s) - f(+0) \tag{5.6}$$

ただし, $f(+0) = \lim_{\varepsilon \to +0} f(\varepsilon)$ である. 同様に次の公式も得られる.

D. 高階微分

$f(t), f'(t), \cdots, f^{(n-1)}(t)$ が $t > 0$ において連続ならば
$$\mathcal{L}[f^{(n)}(t)] = s^n F(s) - s^{n-1}f(+0) - s^{n-2}f'(+0) - \cdots - f^{(n-1)}(+0) \tag{5.7}$$

式 (5.6) については, 部分積分を用いて

$$\mathcal{L}[f'(t)] = \int_0^\infty e^{-st} f'(t)\,dt = \left[e^{-st} f(t)\right]_0^\infty - \int_0^\infty \left(-se^{-st}\right) f(t)\,dt$$

$$= -f(+0) + s\int_0^\infty e^{-st} f(t)\,dt = sF(s) - f(+0)$$

また, 部分積分を繰り返し返すことにより, 式 (5.7) が得られる.

E. 積　分

$$\mathcal{L}\left[\int_0^t f(\tau)\,d\tau\right] = \frac{1}{s}\,F(s) \tag{5.8}$$

なぜならば, $g(t) = \int_0^t f(\tau)\,d\tau$ とおけば, $g'(t) = f(t), g(0) = 0$ となり, 式 (5.6) より

$$F(s) = \mathcal{L}[f(t)] = \mathcal{L}[g'(t)] = s\,G(s) - g(0) = s\,G(s)$$

すなわち, 式 (5.8) が得られた.

F. 像の微分

$$\mathcal{L}[(-t)^n f(t)] = F^{(n)}(s) \tag{5.9}$$

5.1 ラプラス変換の基本的性質 (1)　　　**141**

なぜならば

$$F'(s) = \frac{d}{ds} \int_0^\infty e^{-st} f(t)\,dt = \int_0^\infty \left(\frac{\partial\, e^{-st}}{\partial s} \right) f(t)\,dt$$

$$= \int_0^\infty (-t)\, e^{-st} f(t)\,dt = \mathcal{L}[(-t)\,f(t)]$$

ここで，広義積分と微分の順序交換をした．この操作を繰り返せば，式 (5.9) が得られる．

例題 1　次の関数のラプラス変換を求めよ．

(1)　$(t-1)^2$　　　(2)　$e^{2t}(t^2+3)$　　　(3)　$\sin 3t + e^{-2t} \cos t$

（解）

(1)　$\mathcal{L}[(t-1)^2] = \mathcal{L}\left[t^2 - 2t + 1 \right] = \mathcal{L}\left[t^2 \right] - 2\,\mathcal{L}\left[t \right] + \mathcal{L}\left[1 \right]$

$\qquad = \dfrac{2}{s^3} - 2 \cdot \dfrac{1}{s^2} + \dfrac{1}{s} = \dfrac{2}{s^3} - \dfrac{2}{s^2} + \dfrac{1}{s}$

(2)　$\mathcal{L}[e^{2t}(t^2+3)] = \mathcal{L}\left[e^{2t}t^2 \right] + 3\,\mathcal{L}[e^{2t}] = \dfrac{2}{(s-2)^3} + \dfrac{3}{s-2}$

(3)　$\mathcal{L}[\sin 3t + e^{-2t} \cos t] = \mathcal{L}[\sin 3t] + \mathcal{L}[e^{-2t} \cos t]$

$\qquad\qquad\qquad = \dfrac{3}{s^2+9} + \dfrac{s+2}{(s+2)^2+1}$

例題 2　三角関数のラプラス変換の公式 (4), (5)，すなわち

$$\mathcal{L}[\sin \omega t] = \frac{\omega}{s^2 + \omega^2}, \qquad \mathcal{L}[\cos \omega t] = \frac{s}{s^2 + \omega^2}$$

をオイラーの公式と公式 (3) を用いて導け．

（解）

$$\mathcal{L}[\sin \omega t] = \mathcal{L}\left[\frac{e^{i\omega t} - e^{-i\omega t}}{2i} \right] = \frac{1}{2i} \left(\mathcal{L}[e^{i\omega t}] - \mathcal{L}[e^{-i\omega t}] \right)$$

$$= \frac{1}{2i} \left(\frac{1}{s - i\omega} - \frac{1}{s + i\omega} \right) = \frac{2i\omega}{2i(s^2 + \omega^2)} = \frac{\omega}{s^2 + \omega^2}$$

$$\mathcal{L}[\cos \omega t] = \mathcal{L}\left[\frac{e^{i\omega t} + e^{-i\omega t}}{2}\right] = \frac{1}{2}\left(\mathcal{L}[e^{i\omega t}] + \mathcal{L}[e^{-i\omega t}]\right)$$

$$= \frac{1}{2}\left(\frac{1}{s - i\omega} + \frac{1}{s + i\omega}\right) = \frac{2s}{2(s^2 + \omega^2)} = \frac{s}{s^2 + \omega^2}$$

[問　題]

1. 次の関数のラプラス変換を求めよ.

(1) $2t^2 - 3t + 1$ (2) $\left(t^2 + t\right)^2$ (3) $e^{-t}\left(e^{2t} + e^{-t}\right)$

(4) $\left(e^{2t} + e^{-2t}\right)^2$ (5) $\sin 2t - \cos \sqrt{2}t$ (6) $\sin^2 t$

(7) $\cos\left(t - \frac{\pi}{3}\right)$ (8) $2\cos t\left(\sin t + \cos t\right)$

2. 次の関数のラプラス変換を求めよ.

(1) $\left(t^3 - t^2\right)e^{2t}$ (2) $e^{-3t}\cos t$ (3) $t\sin 2t$

(4) $2t\sin^2 t$ (5) $2e^{-t}\cos^2 t$ (6) $2e^t\sin(t + \frac{\pi}{4})$

3. 次のラプラス変換を求めよ.

(1) $\mathcal{L}\left[\int_0^t \left(u^2 + u\right)e^{-u}\,du\right]$ (2) $\mathcal{L}\left[\int_0^t u\cos^2 u\,du\right]$

5.2　ラプラス逆変換

■ ラプラス逆変換

ラプラス変換は関数 $f(t)$ に関数 $F(s) = \mathcal{L}[f(t)]$ を対応させる変換である. 逆に, 関数 $F(s)$ が与えられたとき, $\mathcal{L}[f(t)] = F(s)$ を満たす関数 $f(t)$ がただ1つかどうかが問題であるが, これに関して次の結果が知られている. (5.4 節のラプラス変換の反転公式を参照されたい.)

5.2 ラプラス逆変換

ラプラス逆変換の一意性

区間 $[0, \infty)$ 上の区分的に連続な関数 $f_1(t)$ と $f_2(t)$ について,そのラプラス変換が存在して

$$\mathcal{L}[f_1(t)](s) = \mathcal{L}[f_2(t)](s)$$

を満たすならば,$f_1(t)$ と $f_2(t)$ はそれらの不連続点を除いて一致する.

したがって,$\mathcal{L}[f(t)] = F(s)$ を満たす関数 $f(t)$ が $F(s)$ より(上記の意味で)一意的に定まるので,この $f(t)$ を $F(s)$ の**ラプラス逆変換**といい

$$f(t) = \mathcal{L}^{-1}[F(s)]$$

で表す.

多くの例でラプラス逆変換は,反転公式(定理 5.4.1)にあるような積分の計算などを実際に行う必要がなく,上記の一意性に基づき 5.1 節のラプラス変換の表を利用して求めることができる.しかし表から直接わからないものについては,2 つの計算法がよく用いられる.1 つは部分分数に展開する方法で,もう 1 つは留数の定理に基づく方法である.ここでは,部分分数展開法について述べる.

■ 部分分数展開法

$F(s)$ が有理関数

$$F(s) = \frac{b_m s^m + b_{m-1} s^{m-1} + \cdots + b_1 s + b_0}{a_n s^n + a_{n-1} s^{n-1} + \cdots + a_1 s + a_0}$$

であるとする.ただし,$a_n \neq 0$ で $n > m$ とする.このとき,$F(s)$ は

$$\frac{A_1}{s-a}, \frac{A_2}{(s-a)^2}, \cdots, \frac{A_k}{(s-a)^k}$$

および

$$\frac{B_1 s + C_1}{(s-p)^2 + q^2}, \frac{B_2 s + C_2}{\{(s-p)^2 + q^2\}^2}, \cdots, \frac{B_j s + C_j}{\{(s-p)^2 + q^2\}^j}$$

144　　　　　　　　　　第5章　ラプラス変換

の形の分数式の和で表されることが知られている．有理関数をこのような分数式の和に分解することを**部分分数展開**という．上記の各分数式のラプラス逆変換は 5.1 節のラプラス変換の表や基本法則を用いることにより得られるので，それらの和をとればよい．

例題3　次の関数 $F(s)$ のラプラス逆変換を求めよ．

(1) $F(s) = \dfrac{1}{s^2} + \dfrac{1}{2s-4}$　　(2) $F(s) = \dfrac{1}{(s+2)^3}$　　(3) $F(s) = \dfrac{2}{s^2-1}$

(4) $F(s) = \dfrac{9}{s^3-3s^2}$　　　　(5) $F(s) = \dfrac{s+1}{s^2-2s+3}$

(解)

(1) $\mathcal{L}^{-1}\left[\,F(s)\,\right] = \mathcal{L}^{-1}\left[\dfrac{1}{s^2} + \dfrac{1}{2s-4}\right] = \mathcal{L}^{-1}\left[\dfrac{1}{s^2}\right] + \dfrac{1}{2}\mathcal{L}^{-1}\left[\dfrac{1}{s-2}\right]$

$\qquad\qquad = t + \dfrac{1}{2}e^{2t}$

(2) $\mathcal{L}^{-1}\left[\,F(s)\,\right] = \mathcal{L}^{-1}\left[\dfrac{1}{2}\dfrac{2!}{(s+2)^3}\right] = \dfrac{1}{2}t^2 e^{-2t}$

(3) $\mathcal{L}^{-1}\left[\,F(s)\,\right] = \mathcal{L}^{-1}\left[\dfrac{2}{s^2-1}\right] = \mathcal{L}^{-1}\left[\dfrac{1}{s-1} - \dfrac{1}{s+1}\right]$

$\qquad\qquad = \mathcal{L}^{-1}\left[\dfrac{1}{s-1}\right] - \mathcal{L}^{-1}\left[\dfrac{1}{s+1}\right] = e^t - e^{-t}$

(4) $\mathcal{L}^{-1}\left[\,F(s)\,\right] = \mathcal{L}^{-1}\left[\dfrac{9}{s^3-3s^2}\right] = \mathcal{L}^{-1}\left[\dfrac{9}{s^2(s-3)}\right]$

$\qquad\qquad = \mathcal{L}^{-1}\left[\dfrac{1}{s-3} - \dfrac{1}{s} - \dfrac{3}{s^2}\right] = e^{3t} - 1 - 3t$

(5) $\mathcal{L}^{-1}\left[\,F(s)\,\right] = \mathcal{L}^{-1}\left[\dfrac{s+1}{s^2-2s+3}\right] = \mathcal{L}^{-1}\left[\dfrac{(s-1)+2}{(s-1)^2+2}\right]$

$\qquad\qquad = \mathcal{L}^{-1}\left[\dfrac{s-1}{(s-1)^2+(\sqrt{2})^2}\right] + \sqrt{2}\,\mathcal{L}^{-1}\left[\dfrac{\sqrt{2}}{(s-1)^2+(\sqrt{2})^2}\right]$

$\qquad\qquad = e^t \cos\sqrt{2}\,t + \sqrt{2}\,e^t \sin\sqrt{2}\,t$　　　　　■

（参　考）　(3)〜(5) において関数 $F(s)$ に部分分数展開法を用いたが，それが簡単にできないときは，以下のように**未定係数法**を使う．たとえば (4)

5.2 ラプラス逆変換　145

については

$$F(s) = \frac{9}{s^2(s-3)} = \frac{A}{s-3} + \frac{B}{s} + \frac{C}{s^2}$$

とおき，右辺の係数（実際にこの表し方では"分子"）A, B, C を決定しよう．
まず右辺を通分すると

$$\frac{As^2 + Bs(s-3) + C(s-3)}{s^2(s-3)} = \frac{(A+B)s^2 - (3B-C)s - 3C}{s^2(s-3)}$$

となり，この分子と $F(s)$ の分子を比較して

$$9 = (A+B)s^2 - (3B-C)s - 3C$$

となる．この等式がすべての s について成り立つための条件として，連立方
程式

$$\begin{cases} A + B = 0 \\ 3B - C = 0 \\ -3C = 9 \end{cases}$$

が得られる．これを解いて，$C = -3, B = -1, A = 1$ となる．すなわち

$$\frac{9}{s^2(s-3)} = \frac{1}{s-3} - \frac{1}{s} - \frac{3}{s^2}$$

が得られる．

例題 4　次の関数 $F(s)$ のラプラス逆変換を求めよ．

(1)　$F(s) = \dfrac{1}{s(s^2+1)}$ 　　　　(2)　$F(s) = \dfrac{s}{(s^2+1)^2}$

（解）

(1)　$\mathcal{L}^{-1}\left[\dfrac{1}{s^2+1}\right] = \sin t$ なので公式 (5.8) を用いると

$$\mathcal{L}^{-1}\left[\frac{1}{s(s^2+1)}\right] = \int_0^t \sin u \, du = \left[-\cos u\right]_0^t = 1 - \cos t$$

146   第5章　ラプラス変換

(2) $F(s) = -\dfrac{1}{2}\dfrac{d}{ds}\left(\dfrac{1}{s^2+1}\right)$ となるので公式 (5.9) を用いると

$$\mathcal{L}^{-1}\left[\,F(s)\,\right] = -\frac{1}{2}\,\mathcal{L}^{-1}\left[\frac{d}{ds}\left(\frac{1}{s^2+1}\right)\right] = -\frac{1}{2}(-t)\,\mathcal{L}^{-1}\left[\frac{1}{s^2+1}\right]$$

$$= \frac{1}{2}\,t\,\sin t$$

[問　　題]

4. 次の関数のラプラス逆変換を求めよ.

(1) $\dfrac{1}{2s-1}+\dfrac{1}{(3s+2)^2}$ (2) $\dfrac{s}{s^2+4s-5}$ (3) $\dfrac{s+6}{s^2+5s+6}$

(4) $\dfrac{2}{(s^2+1)(s^2+3)}$ (5) $\dfrac{s^2-5s+3}{(s-1)(s-2)^2}$ (6) $\dfrac{2s^2-1}{s(s^2-1)}$

(7) $\dfrac{5s+4}{(s-1)(s^2+2)}$ (8) $\dfrac{s-1}{s^2+2s+5}$ (9) $\dfrac{s}{s^2-4s+8}$

5. 次の関数のラプラス逆変換を求めよ.

(1) $\dfrac{1}{s(s+3)^2}$ (2) $\dfrac{1}{s(s^2-1)}$ (3) $\dfrac{4s}{(2s^2+4)^2}$

5.3　ラプラス変換の線形常微分方程式への応用

■ 線形常微分方程式のラプラス変換

　ラプラス変換を利用して, 定数係数線形常微分方程式を解くことを考えよう. 記述を簡単にするため, 2階微分方程式について述べる.

　関数 $f(t)$ が与えられたとき, 未知関数 $y(t)$ についての微分方程式

$$a\,y''(t) + b\,y'(t) + c\,y(t) = f(t) \tag{5.10}$$

と初期条件

$$y(0) = d_0\,, \qquad y'(0) = d_1 \tag{5.11}$$

を満たす解 $y(t)$ を求めよう. $y(t)$ のラプラス変換を $Y(s)$, すなわち $Y(s) = \mathcal{L}\left[\,y(t)\,\right]$ とおく. $y(t)$ は 2 回微分可能であるので, $y(t)$ および $y'(t)$ は連続

5.3 ラプラス変換の線形常微分方程式への応用

関数になり，5.1節の公式 (5.6), (5.7) を用いると，次の 2 式が得られる.

$$\mathcal{L}\left[y'(t)\right] = sY(s) - d_0 \tag{5.12}$$

$$\mathcal{L}\left[y''(t)\right] = s^2 Y(s) - d_0 s - d_1 \tag{5.13}$$

さて，微分方程式 (5.10) の両辺のラプラス変換をとれば

$$a\mathcal{L}\left[y''(t)\right] + b\mathcal{L}\left[y'(t)\right] + c\mathcal{L}\left[y(t)\right] = F(s) \tag{5.14}$$

となる．ただし，$F(s) = \mathcal{L}[f(t)]$ とおいた．式 (5.12), (5.13) を (5.14) に代入すれば

$$a\left(s^2 Y(s) - d_0 s - d_1\right) + b\left(sY(s) - d_0\right) + cY(s) = F(s)$$

となる．これを Y について解けば

$$Y = \frac{(as + b)d_0 + a\,d_1}{a\,s^2 + b\,s + c} + \frac{F(s)}{a\,s^2 + b\,s + c} \tag{5.15}$$

となり，そのラプラス逆変換をとると次の等式が得られる.

$$y = \mathcal{L}^{-1}\left[\frac{(as + b)d_0 + a\,d_1}{a\,s^2 + b\,s + c}\right] + \mathcal{L}^{-1}\left[\frac{F(s)}{a\,s^2 + b\,s + c}\right] \tag{5.16}$$

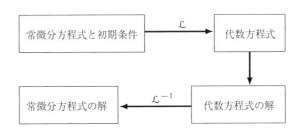

図 5.1　ラプラス変換の線形常微分方程式への応用

式 (5.16) の右辺の形からわかるように，通常は有理関数（分数関数）のラプラス逆変換を計算することにより，微分方程式 (5.10) が解ける．（図 5.1 を参照せよ.）

148　　　　　第 5 章　ラプラス変換

例題 5　次の微分方程式を [　] 内の初期条件のもとで解け.

(1)　$y' - 3y = e^t$　$[y(0) = 0]$　　(2) $y'' - y = \sin t$　$[y(0) = 1,\ y'(0) = 0]$

（**解**）　(1)　両辺のラプラス変換をとると

$$(sY - d_0) - 3Y = \mathcal{L}\left[e^t\right] \qquad \text{より}$$

$$sY - 3Y = \frac{1}{s-1} \qquad \text{よって,} \qquad Y = \frac{1}{(s-1)(s-3)}$$

したがって

$$y = \mathcal{L}^{-1}[Y] = \mathcal{L}^{-1}\left[\frac{1}{(s-1)(s-3)}\right] = \mathcal{L}^{-1}\left[\frac{1}{2}\frac{1}{s-3} - \frac{1}{2}\frac{1}{s-1}\right]$$

$$= \frac{1}{2}\mathcal{L}^{-1}\left[\frac{1}{s-3}\right] - \frac{1}{2}\mathcal{L}^{-1}\left[\frac{1}{s-1}\right] = \frac{1}{2}e^{3t} - \frac{1}{2}e^t$$

(2)　両辺のラプラス変換をとると

$$\left(s^2 Y - d_0 s - d_1\right) - Y = \mathcal{L}\left[\sin t\right] \qquad \text{より}$$

$$\left(s^2 Y - s\right) - Y = \frac{1}{s^2 + 1} \qquad \text{よって,} \quad Y = \frac{s}{s^2 - 1} + \frac{1}{(s^2 - 1)(s^2 + 1)}$$

したがって

$$y = \mathcal{L}^{-1}[Y] = \mathcal{L}^{-1}\left[\frac{s}{s^2 - 1} + \frac{1}{(s^2 - 1)(s^2 + 1)}\right]$$

$$= \mathcal{L}^{-1}\left[\frac{1}{2}\frac{1}{s-1} + \frac{1}{2}\frac{1}{s+1} + \frac{1}{4}\frac{1}{s-1} - \frac{1}{4}\frac{1}{s+1} - \frac{1}{2}\frac{1}{s^2+1}\right]$$

$$= \frac{3}{4}\mathcal{L}^{-1}\left[\frac{1}{s-1}\right] + \frac{1}{4}\mathcal{L}^{-1}\left[\frac{1}{s+1}\right] - \frac{1}{2}\mathcal{L}^{-1}\left[\frac{1}{s^2+1}\right]$$

$$= \frac{3}{4}e^t + \frac{1}{4}e^{-t} - \frac{1}{2}\sin t$$

[問　題]

6. 次の微分方程式を [　] 内の初期条件のもとで解け.

(1) $y' - 2y = e^t$　　　　　　　　　$[y(0) = 1]$
(2) $y' + 2y = e^{-2t}$　　　　　　　$[y(0) = 3]$
(3) $y'' - 2y' - 3y = 0$　　　　　　$[y(0) = 1,\ y'(0) = 2]$
(4) $y'' + y' - 2y = 0$　　　　　　　$[y(0) = 2,\ y'(0) = 1]$

7. 次の連立微分方程式を [　] 内の初期条件のもとで解け.

(1) $\begin{cases} y_1' - 3y_2 = 0 \\ y_2' - 3y_1 = 0 \end{cases}$　　　　$[y_1(0) = 1,\ y_2(0) = 3]$

(2) $\begin{cases} y_1' - \frac{5}{2}y_1 + \frac{1}{2}y_2 = 0 \\ y_2' + \frac{1}{2}y_1 - \frac{5}{2}y_2 = 0 \end{cases}$　　　$[y_1(0) = 0,\ y_2(0) = 2]$

5.4　ラプラス変換の基本的性質 (2)

ここでは, 5.1 節で扱われなかった関数のラプラス変換やラプラス変換の基本的性質について述べる.

■単位関数のラプラス変換

ラプラス変換の理論で重要な関数

$$U_a(t) = \begin{cases} 0 & (t < a) \\ 1 & (t \geq a) \end{cases} \quad (5.17)$$

を考える. 図 5.2 から明らかなように, ラプラス変換に関しては, $a \geq 0$ としてよい. 明らかに

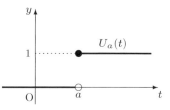

図 5.2　単位関数 $U_a(t)$

$$U_a(t) = U_0(t - a) \quad (5.18)$$

が成り立つので $U_0(t)$ があれば十分であるが，これは第3章の問題2で定義されたヘビサイド関数（単位関数ともいう）$U(t)$ と一致する．以後は，この単位関数 $U(t)$ を用いよう．単位関数のラプラス変換は次のようになる．

$$\mathcal{L}[U(t-a)] = \frac{e^{-as}}{s} \qquad (\Re(s) > 0) \qquad (5.19)$$

なぜならば

$$\mathcal{L}[U(t-a)] = \int_0^\infty e^{-st} U(t-a)\, dt = \int_a^\infty e^{-st}\, dt = \frac{e^{-as}}{s}$$

さて，区間 $[0,\infty)$ 上で定義された関数 $f(t)$ と定数 $a > 0$ に対して，新たに関数 $U(t-a)f(t-a)$ を考えると

$$U(t-a)f(t-a) = \begin{cases} 0 & (0 \leq t < a) \\ f(t-a) & (t \geq a) \end{cases}$$

であるから，2つの関数のグラフの関係は図5.3のようである．$F(s) = \mathcal{L}[f(t)]$ とするとき，次の公式が成り立つ．

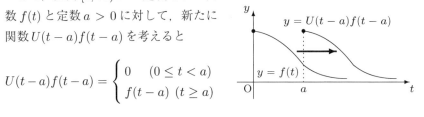

図5.3　関数 $U(t-a)f(t-a)$

$$\mathcal{L}[U(t-a)f(t-a)] = e^{-as} F(s) \qquad (5.20)$$
$$\mathcal{L}^{-1}[e^{-as} F(s)] = U(t-a)f(t-a) \qquad (5.21)$$

（証明）

$$\mathcal{L}[U(t-a)f(t-a)] = \int_0^\infty e^{-st} U(t-a)f(t-a)\, dt$$
$$= \int_a^\infty e^{-st} f(t-a)\, dt = e^{-as} \int_0^\infty e^{-s\tau} f(\tau)\, d\tau = e^{-as} \mathcal{L}[f(t)]$$
$$= e^{-as} F(s)$$

つまり式 (5.20) が得られる．ただし，$\tau = t - a$ とおいて置換積分した．また，この両辺の逆変換をとれば，式 (5.21) が得られる． ∎

$$5.4 \quad \text{ラプラス変換の基本的性質 (2)} \qquad \textbf{151}$$

(**例**)　(1)　公式 (5.20) より

$$\mathcal{L}\left[\,U(t-a)\,e^{t-a}\,\right] = e^{-as}\,\mathcal{L}\left[\,e^{t}\,\right] = \frac{e^{-as}}{s-1}$$

(2)　公式 (5.21) より

$$\mathcal{L}^{-1}\left[\,\frac{e^{-as}}{s^{n}}\,\right] = U(t-a)\,\frac{(t-a)^{n-1}}{(n-1)!}$$

例題 6　2 つの異なる単位関数の差で与えられる関数 $g_{\varepsilon}(t)$

$$g_{\varepsilon}(t) = U(t-a) - U\left(t-(a+\varepsilon)\right) \tag{5.22}$$

は，ε が小さいとき**パルス**を表すと考えられるが，そのラプラス変換 $\mathcal{L}\left[\,g_{\varepsilon}(t)\,\right]$ を求めよ．

（**解**）

$$\mathcal{L}\left[\,g_{\varepsilon}(t)\,\right] = \mathcal{L}\left[\,U(t-a) - U\left(t-(a+\varepsilon)\right)\right]$$

$$= \frac{e^{-as}}{s} - \frac{e^{-(a+\varepsilon)s}}{s} = e^{-as}\cdot\frac{1-e^{-\varepsilon s}}{s}$$

例題 7　例題 6 で定義した関数 $g_{\varepsilon}(t)$ を $1/\varepsilon$ 倍した関数を $h_{\varepsilon}(t)$ とするとき，等式

$$\lim_{\varepsilon\to +0}\mathcal{L}\left[\,h_{\varepsilon}(t)\,\right] = \lim_{\varepsilon\to +0}\mathcal{L}\left[\,\frac{g_{\varepsilon}(t)}{\varepsilon}\,\right] = e^{-as} \tag{5.23}$$

が成り立つことを示せ．

（**解**）　例題 6 より

$$\mathcal{L}\left[\,h_{\varepsilon}(t)\,\right] = \frac{1}{\varepsilon}\,\mathcal{L}\left[\,g_{\varepsilon}(t)\,\right] = -e^{-as}\cdot\frac{e^{-\varepsilon s}-1}{\varepsilon s}$$

となる．ここで，$\varepsilon \longrightarrow +0$ とすれば

$$\lim_{\varepsilon\to +0}\mathcal{L}\left[\,h_{\varepsilon}(t)\,\right] = -e^{-as}\lim_{\varepsilon s\to +0}\frac{e^{-\varepsilon s}-e^{-0}}{\varepsilon s}$$

152　　　第5章　ラプラス変換

$$= -e^{-as} \left(\frac{d}{d\tau} e^{-\tau} \right)_{\tau=0} = e^{-as}$$

となる．ただし，$\tau = \varepsilon s$ とおいた．

　関数 $h_\varepsilon(t)$ は 3.5 節における $p_\varepsilon(x)$（図 3.9 を参照）のように，幅 ε で面積が 1 の棒状部分を有する関数で，$\varepsilon \to 0$ のときの極限は，デルタ関数 $\delta(t-a)$ であると考えられる．他方，$\delta(t-a)$ のラプラス変換については，$a \geq 0$ のとき式 (3.55) より

$$\mathcal{L}[\delta(t-a)] = \int_0^\infty e^{-st}\, \delta(t-a)\, dt = e^{-as}$$

すなわち

$$\boxed{\quad \mathcal{L}[\delta(t)] = 1 \qquad \mathcal{L}[\delta(t-a)] = e^{-as} \qquad (5.24) \quad}$$

が成り立つ．よって，式 (5.23) は当然予想された結果であるといえる．
　また，式 (5.19) と (5.24) より

$$\mathcal{L}[\delta(t-a)] = s\,\mathcal{L}[U(t-a)]$$

が得られる．これと 5.1 節の等式 (5.6) を比較すれば，<u>形式的に</u>等式

$$\frac{d}{dt} U(t-a) = \delta(t-a) \qquad (5.25)$$

が成り立つと考えられるであろう．

■ たたみこみ

　区間 $[0, \infty)$ 上で定義された関数 $f(t)$, $g(t)$ に対して

$$h(t) = \int_0^t f(t-\tau)\, g(\tau)\, d\tau \quad (t \geq 0) \qquad (5.26)$$

で定義される関数 $h(t)$ を $f(t)$ と $g(t)$ の**たたみこみ**または**合成積**といい

$$h = f * g \qquad (5.27)$$

5.4 ラプラス変換の基本的性質 (2) **153**

で表す. 積分 (5.26) において, 置換 $t - \tau = u$ を行えば

$$\int_0^t f(t-\tau)\,g(\tau)\,d\tau = \int_t^0 f(u)\,g(t-u)\,(-du) = \int_0^t g(t-u)\,f(u)\,du$$

となるので, 交換法則

$$f * g = g * f \tag{5.28}$$

が成り立つ.

　注　3.3 節において, 全区間 $(-\infty, \infty)$ で定義された関数 $\varphi(t)$, $\psi(t)$ のたたみこみ $\varphi * \psi$ が

$$(\varphi * \psi)(t) = (\psi * \varphi)(t) = \int_{-\infty}^{\infty} \varphi(t-\tau)\,\psi(\tau)\,d\tau \tag{5.29}$$

で定義されたが, これは上記の定義 (5.26) とは矛盾しない. なぜならば, 区間 $[0, \infty)$ 上で定義された関数 $f(t)$, $g(t)$ を, 全区間 $(-\infty, \infty)$ 上の関数 $\tilde{f}(t)$, $\tilde{g}(t)$ に

$$\tilde{f}(t) = \begin{cases} f(t) & (t \geq 0) \\ 0 & (t < 0) \end{cases}, \qquad \tilde{g}(t) = \begin{cases} g(t) & (t \geq 0) \\ 0 & (t < 0) \end{cases}$$

で自然に拡張できる. 定義 (5.29) において $\varphi(t) = \tilde{f}(t)$, $\psi(t) = \tilde{g}(t)$ とおけば, $\tilde{g}(t) = 0\,(\tau < 0)$ で $\tilde{f}(t-\tau) = 0\,(\tau > t)$ なので

$$(\tilde{f}*\tilde{g})(t) = \int_{-\infty}^{\infty} \tilde{f}(t-\tau)\,\tilde{g}(\tau)\,d\tau = \int_0^t \tilde{f}(t-\tau)\,\tilde{g}(\tau)\,d\tau = \int_0^t f(t-\tau)\,g(\tau)\,d\tau$$

を得る. これは定義 (5.26) に一致する.

　たたみこみのラプラス変換は, 3.3 節のフーリエ変換の場合と同様に, それぞれのラプラス変換の積になる.

$$\mathcal{L}[f * g] = \mathcal{L}[f]\,\mathcal{L}[g] \tag{5.30}$$

154　　　第 5 章　ラプラス変換

（証明）

$$\mathcal{L}[f]\mathcal{L}[g] = \left(\int_0^\infty e^{-su} f(u)\,du\right)\left(\int_0^\infty e^{-sv} g(v)\,dv\right)$$

$$= \int_0^\infty \int_0^\infty e^{-s(u+v)} f(u)\,g(v)\,dudv \qquad (5.31)$$

この積分は uv 平面の第 1 象限での重積分である．変数変換 $u+v = t,\ v = \tau$ を行えば，$u = t-\tau$ なので "$u \geq 0, v \geq 0 \Longleftrightarrow t-\tau \geq 0, \tau \geq 0$" であり，変換のヤコビアンが

$$\frac{\partial(u,v)}{\partial(t,\tau)} = \begin{vmatrix} 1 & -1 \\ 0 & 1 \end{vmatrix} = 1$$

であるから

$$\text{式}\,(5.31)\,\text{の右辺} = \int_0^\infty e^{-st}\left(\int_0^t f(t-\tau)\,g(\tau)\,d\tau\right) dt$$

$$= \int_0^\infty e^{-st}\,(f*g)\,(t)\,dt = \mathcal{L}[f*g]$$

が成り立つ．　　　　　　　　　　　　　　　　　　　　　　　　　　　　■

また，等式 (5.30) にラプラス逆変換を行えば次が得られる．

$$\boxed{\begin{array}{c} \mathcal{L}^{-1}[F(s)] = f(t), \qquad \mathcal{L}^{-1}[G(s)] = g(t) \quad \text{のとき} \\[2mm] \mathcal{L}^{-1}[F(s)\,G(s)] = (f*g)(t) = \displaystyle\int_0^t f(t-\tau)\,g(\tau)\,d\tau \qquad (5.32) \end{array}}$$

例題 8　$[0,\infty]$ 上の 2 つの関数 $f(t) = e^t$, $g(t) = t$ について，次のものを求めよ．

(1)　$h(t) = (f*g)(t)$ 　　　　　(2)　$\mathcal{L}[h(t)]$

（解）

(1)　$h(t) = \displaystyle\int_0^t f(t-\tau)\,g(\tau)\,d\tau = \int_0^t e^{t-\tau}\,\tau\,d\tau = e^t \int_0^t e^{-\tau}\,\tau\,d\tau$

$$= e^t \left\{ \left[-e^{-\tau}\tau \right]_0^t + \int_0^t e^{-\tau}\,d\tau \right\} = e^t \left\{ -e^{-t}\,t + \left[-e^{-\tau} \right]_0^t \right\}$$

$$= e^t \left(-e^{-t}\,t + 1 - e^{-t} \right) = e^t - t - 1$$

(2)　$\mathcal{L}[\,e^t\,] = \dfrac{1}{s-1}$, 　$\mathcal{L}[\,t\,] = \dfrac{1}{s^2}$　であるから，公式 (5.30) より

$$\mathcal{L}[\,h(t)\,] = \mathcal{L}[(f * g)(t)] = \mathcal{L}[\,f(t)\,]\,\mathcal{L}[\,g(t)\,] = \dfrac{1}{s-1} \cdot \dfrac{1}{s^2}$$

$$= \dfrac{1}{s^2(s-1)}$$

例題 9　次のラプラス逆変換を求めよ．

$$\mathcal{L}^{-1}\left[\dfrac{s}{(s^2+1)^2} \right]$$

（解）　公式 (5.32) より

$$\mathcal{L}^{-1}\left[\dfrac{s}{(s^2+1)^2} \right] = \mathcal{L}^{-1}\left[\dfrac{s}{s^2+1} \cdot \dfrac{1}{s^2+1} \right] = \cos t * \sin t$$

$$= \int_0^t \sin \tau \, \cos(t - \tau)\,d\tau = \dfrac{1}{2}\int_0^t \{ \sin t + \sin(2\tau - t) \}\,d\tau$$

$$= \dfrac{1}{2}\left[\tau \sin t - \dfrac{1}{2}\cos(2\tau - t) \right]_0^t = \dfrac{1}{2}\,t\,\sin t - \dfrac{1}{4}\cos t + \dfrac{1}{4}\cos(-t)$$

$$= \dfrac{1}{2}\,t\,\sin t$$

を得る．ここで，三角関数の積を和・差に直す公式を用いた．

　注　この問題は 5.2 節の例題 4(2) において，別の公式 (5.9) を用いて解かれた．

■ラプラス逆変換公式

　ラプラス変換の定義について再考してみよう．$f(t)$ は $t > 0$ で定義された区分的に滑らかな関数であるとする．$f(t)$ のラプラス変換 $F(s) = \mathcal{L}[f(t)]$

156　　　第5章　ラプラス変換

は複素数 s に対して

$$F(s) = \int_0^\infty e^{-st} f(t)\, dt \qquad (5.33)$$

で定義される．ここで，$t \le 0$ に対して $f(t) = 0$ と定めて，関数 $f(t)$ の定義域を実数全体に拡張しておく．そして，複素数 s は

$$s = \sigma + i\tau \qquad (\sigma, \tau \text{ は実数})$$

であるとすると，等式 (5.33) は

$$F(s) = \int_{-\infty}^\infty e^{-\sigma t} f(t)\, e^{-i\tau t}\, dt \qquad (5.34)$$

と表せる．つまりラプラス変換は，$(\sigma > 0 \text{ のとき}) \ t \longrightarrow \infty$ で非常に速く 0 に収束する指数関数 $e^{-\sigma t}$ を $f(t)$ に掛けたものをフーリエ変換するのである．したがって，フーリエの積分定理（フーリエの反転公式）を使えば，ラプラス逆変換を計算できることが期待できる．実際，次の結果が得られる．

定理 5.4.1（ラプラス逆変換公式）　$[0, \infty)$ 上の区分的に滑らかな関数 $f(t)$ が連続であるとする．さらにある実数 β が存在して，$\Re(s) > \beta$ を満たす任意の複素数 s に対して

$$\int_0^\infty \left| e^{-st} f(t) \right| dt < \infty \qquad (5.35)$$

とする．このとき，$\sigma > \beta$ を満たす σ に対して，次が成り立つ．

$$f(t) = \lim_{\tau \to \infty} \frac{1}{2\pi i} \int_{\sigma - i\tau}^{\sigma + i\tau} e^{st} F(s)\, ds \qquad (5.36)$$

（証明）　上記の条件を満たす $s = \sigma + i\tau$ に対して，等式 (5.34) より

$$F(s) = \int_{-\infty}^\infty e^{-i\tau t} \left(e^{-\sigma t} f(t) \right) dt = \mathcal{F}\left[e^{-\sigma t} f(t) \right]$$

と書ける．そこでフーリエの積分定理（フーリエの反転公式（定理 3.1.1））を適用すれば

$$e^{-\sigma t} f(t) = \frac{1}{2\pi} \int_{-\infty}^{\infty} e^{i\tau t} F(\sigma + i\tau) \, d\tau$$

となる．したがって，指数関数 $e^{-\sigma t}$ を右辺に移すと

$$f(t) = \frac{1}{2\pi} \int_{-\infty}^{\infty} e^{(\sigma + i\tau)t} F(\sigma + i\tau) \, d\tau \tag{5.37}$$

となり，等式 (5.36) のように書ける．

[問　題]

8. 次のラプラス変換を求めよ．

$$(1) \quad \mathcal{L}\left[\int_0^t \sin\tau \, \sin(t-\tau) \, d\tau\right] \qquad (2) \quad \mathcal{L}\left[\int_0^t e^{t-\tau} \cos 2\tau \, d\tau\right]$$

9. $a(>0), b$ を定数とするとき，次のラプラス逆変換を求めよ．

$$(1) \quad \mathcal{L}^{-1}\left[\frac{1}{(s^2 + a^2)(s-b)}\right] \qquad (2) \quad \mathcal{L}^{-1}\left[\frac{1}{(s^2 + a^2)^2}\right]$$

[練 習 問 題]

5.1 以下の空所に適するものを補え．

$f(t)$ は区間 $(0, \infty)$ 上の区分的に連続な関数とする．複素数 s （通常は $\Re(s) > 0$ を満たす）に対して，広義積分

$$\int_0^{\infty} f(t) \, e^{-st} \, dt = \lim_{T \to \infty} \lim_{\varepsilon \to +0} \int_{\varepsilon}^{T} f(t) \, e^{-st} \, dt$$

が収束するとき，この値は s に依存するので $F(s)$ または $\mathcal{L}[f(t)]$ と表し，$f(t)$ の $\boxed{(1)}$ という．基本的な関数 $f(t)$ の $\mathcal{L}[f(t)]$ を求めるのに次の結果が用いられる．

$$(i) \quad \lim_{t \to \infty} e^{-st} = \boxed{(2)} \qquad (\Re(s) > 0)$$

$$(ii) \quad \lim_{t \to \infty} e^{-st} t^n = \boxed{(3)} \qquad (\Re(s) > 0) \quad (n = 1, 2, \cdots)$$

158　　　第5章　ラプラス変換

これらは次のように証明できる. まず, $s = a + ib$（a, b は実数）と表すと, $\Re(s) > 0$ より $a > 0$ である. そして, $\left| e^{-ibt} \right| = \boxed{(4)}$ なので

$$\lim_{t \to \infty} \left| e^{-st} \right| = \lim_{t \to \infty} \left| e^{-at} e^{-ibt} \right| = \lim_{t \to \infty} \frac{1}{e^{at}} = \boxed{(5)}$$

より

$$\lim_{t \to \infty} e^{-st} = \boxed{(6)}$$

つまり (i) が得られる.

次に (ii) について, たとえば $n = 2$ として証明しよう.

$$\lim_{t \to \infty} \left| e^{-st} t^2 \right| = \lim_{t \to \infty} \left| e^{-at} e^{-ibt} \right| t^2 = \lim_{t \to \infty} \frac{t^2}{e^{at}} \tag{5.38}$$

ここで, この右辺が不定形であることに注意し, ロピタルの定理を用いると

$$\text{式 (5.38) の右辺} = \lim_{t \to \infty} \frac{(t^2)'}{(e^{at})'} = \lim_{t \to \infty} \frac{2t}{a\, e^{at}}$$

となり, この右辺も不定形なので再びロピタルの定理を用いて

$$\text{式 (5.38) の右辺} = \lim_{t \to \infty} \frac{(2t)'}{(a\, e^{at})'} = \lim_{t \to \infty} \frac{2}{a^2\, e^{at}} = \boxed{(7)}$$

となる. したがって,

$$\lim_{t \to \infty} e^{-st} t^2 = \boxed{(8)}$$

つまり (ii) が得られる.

5.2　以下の空所に適するものを補え.

ラプラス変換の基本公式を導こう.

(i)　$\mathcal{L}[\, e^{at} f(t)\,] = \int_0^\infty e^{-st} e^{at} f(t)\, dt = \int_0^\infty e^{\boxed{(1)}} f(t)\, dt$

$$= F\left(\boxed{(2)} \right) \qquad \text{（ただし, } \Re(s) > a \text{ とする.）}$$

(ii)　$f(t)$ が連続ならば, 部分積分により

$$\mathcal{L}[\, f'(t)\,] = \int_0^\infty e^{-st} f'(t)\, dt = \left[\; \boxed{} \;\right]_0^\infty - \int_0^\infty \boxed{}\, dt$$

$$= \lim_{t \to \infty} e^{-st} f(t) - f(+0) + \boxed{(5)} \mathcal{L}[f(t)] = \boxed{(6)}$$

(iii)　$\mathcal{L}[\int_0^t f(\tau)\,d\tau]$ を求めよう.

$$g(t) = \int_0^t f(\tau)\,d\tau$$

とおけば

$$g'(t) = f(t), \quad g(0) = 0$$

であるので (ii) より

$$\mathcal{L}[g'(t)] = \boxed{(7)} \mathcal{L}[g(t)] - g(0) = \boxed{(8)} \mathcal{L}\left[\int_0^t f(\tau)\,d\tau\right]$$

したがって

$$\mathcal{L}\left[\int_0^t f(\tau)\,d\tau\right] = \boxed{(9)} \mathcal{L}[f(t)]$$

(iv)　等式

$$F(s) = \int_0^\infty e^{-st} f(t)\,dt$$

を変数 s について微分するとき, 積分との順序交換ができれば

$$-\frac{d\,F(s)}{ds} = -\frac{d}{ds} \int_0^\infty e^{-st} f(t)\,dt = -\int_0^\infty \frac{\partial}{\partial s}\left\{e^{-st} f(t)\right\}\,dt$$

$$= \int_0^\infty \boxed{(10)} e^{-st} f(t)\,dt = \mathcal{L}\left[\,\boxed{(11)}\,\right]$$

5.3　以下の空所に適するものを補え.

常微分方程式の初期値問題

$$y'' - 2\,y' + 5\,y = 0 \qquad [(\text{初期条件}) \quad y(0) = 1,\ y'(0) = 0]$$

を解こう. まず, 両辺のラプラス変換をとり

$$\mathcal{L}[y'' - 2\,y' + 5\,y] = \mathcal{L}[y''] - 2\,\mathcal{L}[y'] + 5\,\mathcal{L}[y] = 0$$

160　　　　　　第 5 章　ラプラス変換

として，$\mathcal{L}[y(t)] = Y(s)$ とおくと，この等式は導関数のラプラス変換の公式
より

$$\left\{ s^2\, Y(s) - s\, y(0) - y'(0) \right\} - 2\left\{ s\, Y(s) - y(0) \right\} + 5\, Y(s) = 0$$

となる．だから

$$Y(s) = \frac{\boxed{(1)}}{s^2 - 2\,s + 5}$$

である．よって，両辺のラプラス逆変換をとって

$$y(t) = \mathcal{L}^{-1}\left[Y(s)\right] = \mathcal{L}^{-1}\left[\frac{s + \boxed{(2)}}{\left(s + \boxed{(3)}\right)^2 + \boxed{(4)}} + \frac{\boxed{(5)}}{\left(s + \boxed{(6)}\right)^2 + \boxed{(7)}} \right]$$

$$= \boxed{\qquad (8) \qquad}$$

が得られる．

5.4　次の関数のラプラス変換を求めよ．

(1) $(t-2)^2 + \left(e^t - e^{-t}\right)^2$　(2) $t\,e^t + t^2\,e^{2t} + t^3\,e^{3t}$　(3) $\left(t^2 + e^{-t}\right)^2$

(4) $\left(e^{2t} + e^{-2t}\right)^2 \cos 3t$　(5) $(t+3)\,(\sin t + \cos t)$　(6) $\displaystyle\int_0^t u^2\,e^{-u}\,du$

(7) $\displaystyle\int_0^t (u+1)\,\sin 2u\,du$　(8) $e^{-t} * \cos 2t$　(9) $t^2 * \sin t$

5.5　次の公式を証明せよ．ただし，$\Re(s) > |\omega|$ とする．

(1)　$\mathcal{L}[\sinh \omega t] = \dfrac{\omega}{s^2 - \omega^2}$　　　　　(2)　$\mathcal{L}[\cosh \omega t] = \dfrac{s}{s^2 - \omega^2}$

ここで，$\sinh t$ と $\cosh t$ は双曲線関数と呼ばれる関数で，次の式で定義される．

$$\sinh t = \frac{1}{2}\left(e^t - e^{-t}\right), \qquad \cosh t = \frac{1}{2}\left(e^t + e^{-t}\right)$$

5.6　次の関数のラプラス逆変換を求めよ．

練習問題　　　　　　**161**

(1) $\dfrac{s}{s^2 - s - 6}$　　　　(2) $\dfrac{1}{2s^2 - s - 6}$　　　　(3) $\dfrac{s+4}{s^2 + 4s + 8}$

(4) $\dfrac{2}{s(s+1)(s+2)}$　　(5) $\dfrac{1}{s^4 + 3s^2 + 2}$　　(6) $\dfrac{4s}{(s^2 + 2)^2}$

(7) $\dfrac{1}{s(s+1)^2}$　　　　(8) $\log\left(\dfrac{s+1}{s}\right)$　　(9) $\log\left(\dfrac{s^2 + 4}{s^2}\right)$

5.7　次の微分方程式を [　] 内の初期条件のもとで解け.

(1) $y'' - 6y' + 9y = 0$　　　　　　　　$[y(0) = 1,\ y'(0) = 0]$

(2) $y'' - 4y' + 4y = e^{2t}$　　　　　　　$[y(0) = 0,\ y'(0) = 1]$

(3) $y'' - 2y' + 2y = 0$　　　　　　　　$[y(0) = 1,\ y'(0) = 2]$

(4) $y'' + 2y' + y = t\,e^{-t}$　　　　　　$[y(0) = 1,\ y'(0) = -1]$

(5) $y'' + 4y' + 5y = 0$　　　　　　　　$[y(0) = 1,\ y'(0) = 0]$

(6) $y'' + y' - 2y = 3\,e^t$　　　　　　　$[y(0) = 1,\ y'(0) = 1]$

(7) $y'' - 2y' = \cos t$　　　　　　　　$[y(0) = 0,\ y'(0) = 0]$

(8) $y'' - y' - 2y = e^t$　　　　　　　　$[y(0) = 1,\ y'(0) = 2]$

5.8　次の連立微分方程式を [　] 内の初期条件のもと解け.

(1) $\begin{cases} {y_1}' - 2y_1 + 2y_2 = 0 \\ {y_2}' + y_1 - 3y_2 = 0 \end{cases}$　　　　$[y_1(0) = 1,\ y_2(0) = 2]$

(2) $\begin{cases} {y_1}' - y_1 - 4y_2 = 0 \\ {y_2}' - 2y_1 - 3y_2 = 0 \end{cases}$　　　　$[y_1(0) = -1,\ y_2(0) = 2]$

(3) $\begin{cases} {y_1}' - y_2 = t \\ {y_2}' + y_1 = t \end{cases}$　　　　　　　$[y_1(0) = 2,\ y_2(0) = 3]$

(4) $\begin{cases} {y_1}' + {y_2}' - y_1 = 1 \\ 2{y_1}' - {y_2}' - 2y_2 = 2 - 4t \end{cases}$　　$[y_1(0) = 0,\ y_2(0) = 0]$

5.9　次の積分方程式, 積分微分方程式を解け. ただし, a は定数である.

(1) $y(t) = \sin 2t + 4 \displaystyle\int_0^t y(\tau)\,\cos 2(t - \tau)\,d\tau$

162   第5章　ラプラス変換

(2)　$y(t) - \displaystyle\int_0^t (t-\tau)\,y(\tau)\,d\tau = 2\,(\cos t + \sin t)$

(3)　$y'(t) - 2\displaystyle\int_0^t e^{t-\tau}\,y(\tau)\,d\tau = 6 \qquad [\,y(0)=0\,]$

(4)　$y'(t) + y(t) + \displaystyle\int_0^t e^{t-\tau}\,y(\tau)\,d\tau = a \qquad [\,y(0)=0\,]$

5.10　2つの関数 $f(t) = e^{-t}$, $g(t) = t^2$ について，次のものを求めよ.

(1)　$h(t) = (f*g)(t)$ 　　　　　(2)　$\mathcal{L}[\,h(t)\,]$

5.11　$x>0$ に対し，**ガンマ関数** $\Gamma(x)$ を

$$\Gamma(x) = \int_0^\infty e^{-t}\,t^{x-1}\,dt$$

で定義する．次の等式を証明せよ．ただし，$p>0$ とする．

(1)　$\Gamma(1) = 1$ 　　　　　(2)　$\Gamma(x+1) = x\,\Gamma(x)$

(3)　$\Gamma(n+1) = n!$ 　　　　　(4)　$\Gamma\left(\dfrac{1}{2}\right) = \sqrt{\pi}$

(5)　$\mathcal{L}[\,t^{p-1}\,](s) = \dfrac{\Gamma(p)}{s^p}$

5.12　$p>0,\,q>0$ に対し，**ベータ関数** $B(p,q)$ を

$$B(p,q) = \int_0^1 t^{p-1}\,(1-t)^{q-1}\,dt$$

で定義する．ベータ関数について，次の等式を証明せよ．ただし，$f_p(t) = t^{p-1}$ とおく．

(1)　$(f_p * f_q)(t) = t^{p+q-1}\,B(p,q)$ 　　　　　(2)　$B(p,q) = \dfrac{\Gamma(p)\,\Gamma(q)}{\Gamma(p+q)}$

6

補　　　章

　ここでは，基本的な定理の証明など，応用を主目的とする立場からは
必要でないことや，高度な数学を必要としたり面倒な式変形が続くなど，
講義ではカバーしずらいことなどを集めた．また，知っていると理解の
助けになると思われる事柄なども述べたので，必要に応じて参考にして
いただきたい．

6.1 周期，周波数，角周波数

時間 t[sec] を変数とする周期的振動を表す関数

$$\psi(t) = A\sin(2\pi ft)$$

を考えよう．ただし，$A > 0, f > 0$ とする．A をこの振動の振幅といい，f を**周波数**または**振動数**という．周波数の単位はヘルツ [Hz]=1/[sec] である．たとえば，$f = 1$ のとき $\psi(t) = A\sin(2\pi t)$ は1秒間に1回振動し，$f = 2$ のとき $\psi(t) = A\sin(2\pi \cdot 2 \cdot t)$ は1秒間に2回振動する．そして，$T = 1/f$[sec] は**周期**を表す．

また，$\omega = 2\pi f$ を**角周波数**という．単位は [rad]/[sec] である．すなわち，周波数（または振動数）では1秒間の振動の個数（回数）を1個（回），2個（回）と数えるが，角周波数では1秒間に 2π の何倍の角度を回るかを数える．そして，角周波数を用いると簡単に

$$\psi(t) = A\sin(\omega t)$$

と書ける．またフーリエ変換の定義については，通常次の2つの形

$$\int_{-\infty}^{\infty} f(t)\,e^{-i\xi t}\,dt, \qquad \int_{-\infty}^{\infty} f(t)\,e^{-2\pi i\xi t}\,dt$$

が用いられる．前者は角周波数の関数であり，後者は周波数の関数である．本書の第3章では前者を採用し，変数 ξ を（角周波数であるので）ω とした．

6.2 オイラーの公式の証明

微積分学におけるマクローリンの定理により，関数 $e^x, \sin x, \cos x$ はそれぞれ次のようにべき級数に展開できる．

$$e^x = 1 + x + \frac{x^2}{2!} + \frac{x^3}{3!} + \frac{x^4}{4!} + \frac{x^5}{5!} + \cdots + \frac{x^n}{n!} + \cdots$$

$$\sin x = x - \frac{x^3}{3!} + \frac{x^5}{5!} - \cdots + (-1)^{n-1}\frac{x^{2n-1}}{(2n-1)!} + \cdots$$

$$\cos x = 1 - \frac{x^2}{2!} + \frac{x^4}{4!} - \cdots + (-1)^n \frac{x^{2n}}{(2n)!} + \cdots$$

ここで実変数 x の代わりに複素変数 z としても，右辺のべき級数は常に収束することが知られている．したがって，これらのべき級数によって複素変数 z の指数関数 e^z，三角関数 $\sin z, \cos z$ を定義することができる．

さて，指数関数 e^z において $z = it$（ここで t は実数とする）の場合を考えると

$$e^{it} = 1 + it - \frac{t^2}{2!} - \frac{it^3}{3!} + \frac{t^4}{4!} + \frac{it^5}{5!} - \cdots$$

$$= \left(1 - \frac{t^2}{2!} + \frac{t^4}{4!} - \cdots \right) + i \left(t - \frac{t^3}{3!} + \frac{t^5}{5!} - \cdots \right)$$

$$= \cos t + i \sin t$$

となり，**オイラーの公式**

$$e^{it} = \cos t + i \sin t$$

が得られる．また，これより

$$e^{-it} = \cos t - i \sin t$$

も成り立つ．そして上記の 2 式の和と差をそれぞれとることにより

$$\cos t = \frac{1}{2} \left(e^{it} + e^{-it} \right) , \qquad \sin t = \frac{1}{2i} \left(e^{it} - e^{-it} \right)$$

が得られる．

6.3　フーリエ級数の収束証明（定理 2.1.1 の証明）

定理 2.1.1 を証明するために，ディリクレ核と呼ばれる関数

$$D_n(x) = \frac{1}{2} + \cos x + \cos 2x + \cdots + \cos nx \tag{6.1}$$

166　　　　　　　第6章　補　　章

を考える.

補題 6.3.1　関数 $D_n(x)$ は次の性質を満たす.

(1)　$D_n(-x) = D_n(x)$

(2)　$\dfrac{1}{\pi} \displaystyle\int_{-\pi}^{\pi} D_n(x)\,dx = 1$

(3)　$2\sin(x/2)\,D_n(x) = \sin(n+1/2)\,x$

（証明）　(1)　余弦関数は偶関数であるので，$D_n(x)$ も偶関数である.

(2)

$$\frac{1}{\pi} \int_{-\pi}^{\pi} D_n(x)\,dx$$

$$= \frac{1}{\pi} \left(\int_{-\pi}^{\pi} \frac{1}{2}\,dx + \int_{-\pi}^{\pi} \cos x\,dx + \cdots + \int_{-\pi}^{\pi} \cos nx\,dx \right)$$

$$= \frac{1}{\pi} \left(\pi + \big[\sin x\big]_{-\pi}^{\pi} + \cdots + \left[\frac{1}{n}\sin nx\right]_{-\pi}^{\pi} \right) = 1$$

(3)　公式

$$2\cos kx\,\sin(x/2) = \sin(k+1/2)x - \sin(k-1/2)x$$

を用いると

$$\left(\frac{1}{2} + \cos x + \cos 2x + \cdots + \cos nx \right) \cdot \sin(x/2)$$

$$= \frac{1}{2}\big[\sin(x/2) + \{\sin(3x/2) - \sin(x/2)\} + \cdots$$
$$+ \{\sin(n+1/2)x - \sin(n-1/2)x\} \big]$$

$$= \frac{1}{2}\sin(n+1/2)x$$

が得られる.　　　　　　　　　　　　　　　　　　　　　　　　■

さて，$f(x)$ のフーリエ級数の第 n 部分和 $S_n(x)$ は

6.3 フーリエ級数の収束証明（定理 2.1.1 の証明）　　**167**

$$S_n(x) = \frac{a_0}{2} + \sum_{k=1}^{n} (a_k \cos kx + b_k \sin kx)$$

$$= \frac{1}{2\pi} \int_{-\pi}^{\pi} f(t)\, dt$$

$$+ \sum_{k=1}^{n} \frac{1}{\pi} \int_{-\pi}^{\pi} f(t)\, (\cos kt \cos kx + \sin kt \sin kx)\, dt$$

$$= \frac{1}{\pi} \left\{ \frac{1}{2} \int_{-\pi}^{\pi} f(t)\, dt + \int_{-\pi}^{\pi} f(t) \sum_{k=1}^{n} \cos(x-t)\, dt \right\}$$

$$= \frac{1}{\pi} \int_{-\pi}^{\pi} f(t)\, D_n(x-t)\, dt$$

と書けるので，定理 2.1.1 を証明するには次の定理を証明すればよい．

定理 6.3.1　関数 $f(x)$ が周期 2π の区分的に滑らかな関数であるとき，各点 x_0 において次の等式が成り立つ．

$$\lim_{n \to \infty} \frac{1}{\pi} \int_{-\pi}^{\pi} f(t)\, D_n(x_0 - t)\, dt = \frac{1}{2} \{ f(x_0 + 0) + f(x_0 - 0) \} \quad (6.2)$$

（証明）　(a)　<u>$f(x)$ が x_0 で連続である場合</u>

まずこの場合，式 (6.2) の右辺は $f(x_0)$ に等しい．また，$f(x)$，$D_n(x)$ がともに周期 2π をもつので，変数変換により

$$\int_{-\pi}^{\pi} f(t)\, D_n(x_0 - t)\, dt = \int_{-\pi}^{\pi} f(x_0 + t)\, D_n(t)\, dt \quad (6.3)$$

となる．式 (6.3) と補題 6.3.1 の (2) より

$$\frac{1}{\pi} \int_{-\pi}^{\pi} f(t)\, D_n(x_0 - t)\, dt - f(x_0)$$

$$= \frac{1}{\pi} \int_{-\pi}^{\pi} f(x_0 + t)\, D_n(t)\, dt - \frac{1}{\pi} \int_{-\pi}^{\pi} f(x_0)\, D_n(t)\, dt$$

$$= \frac{1}{\pi} \int_{-\pi}^{\pi} \{ f(x_0 + t) - f(x_0) \}\, D_n(t)\, dt$$

168　　　　　　　　第6章　補　　章

が成り立つので，式 (6.2) を証明するには

$$\lim_{n\to\infty} \frac{1}{\pi} \int_{-\pi}^{\pi} \{f(x_0 + t) - f(x_0)\}\, D_n(t)\, dt = 0 \tag{6.4}$$

を示せばよい．そこで

$$F(t) = \frac{f(x_0 + t) - f(x_0)}{2\pi \sin(t/2)}$$

とおくと，補題 6.3.1 の (3) より

$$\frac{1}{\pi} \int_{-\pi}^{\pi} \{f(x_0 + t) - f(x_0)\}\, D_n(t)\, dt = \int_{-\pi}^{\pi} F(t)\, \sin(n+1/2)t\, dt \tag{6.5}$$

と書ける．ここで，関数 $F(t)$ の区分的連続性を調べよう．$t \neq 0$ で $F(t)$ が区分的に連続であることは明らかである．$t = 0$ においては

$$\lim_{t\to\pm 0} F(t) = \frac{1}{\pi} \lim_{t\to\pm 0} \frac{t/2}{\sin(t/2)} \frac{f(x_0 + t) - f(x_0)}{t} = \frac{1}{\pi} f'(x_0 \pm 0)$$

である．よって，$F(t)$ は区分的に連続な関数である．したがって，2.5 節のリーマン・ルベーグの定理を適用すれば

$$\lim_{n\to\infty} \int_{-\pi}^{\pi} F(t)\, \sin(n + 1/2)t\, dt = 0$$

となり，式 (6.5) より式 (6.4) が示された．

　(b)　<u>$f(x)$ が x_0 で不連続である場合</u>

　関数 $g(x)$ を（点 x_0 を基準にして）変数 t の関数として

$$g(x_0 + t) = \begin{cases} \{f(x_0 + t) + f(x_0 - t)\}/2 & (t \neq 0) \\ \{f(x_0 + 0) + f(x_0 - 0)\}/2 & (t = 0) \end{cases}$$

で定義すると，$g(x)$ は区分的に滑らかで，x_0 で連続である．ゆえに，(a) を適用できて

$$\lim_{n\to\infty} \frac{1}{\pi} \int_{-\pi}^{\pi} g(x_0 + t)\, D_n(t)\, dt = g(x_0) \tag{6.6}$$

が成り立つ. しかるに, $g(x)$ の定義より

$$g(x_0) = \frac{1}{2} \left\{ f(x_0 + 0) + f(x_0 - 0) \right\} \tag{6.7}$$

であるので, 補題 6.3.1 の (1) を用いると

$$\frac{1}{\pi} \int_{-\pi}^{\pi} g(x_0 + t) \, D_n(t) \, dt = \frac{1}{2\pi} \int_{-\pi}^{\pi} \left\{ f(x_0 + t) + f(x_0 - t) \right\} D_n(t) \, dt$$

$$= \frac{1}{2\pi} \int_{-\pi}^{\pi} f(x_0 + t) \, D_n(t) \, dt + \frac{1}{2\pi} \int_{-\pi}^{\pi} f(x_0 + u) \, D_n(-u) \, du$$

$$= \frac{1}{2\pi} \int_{-\pi}^{\pi} f(x_0 + t) \, D_n(t) \, dt + \frac{1}{2\pi} \int_{-\pi}^{\pi} f(x_0 + u) \, D_n(u) \, du$$

$$= \frac{1}{\pi} \int_{-\pi}^{\pi} f(x_0 + t) \, D_n(t) \, dt \tag{6.8}$$

となる. ここで変数変換 $u = -t$ も用いた. 等式 (6.3) が $g(x)$ についても成り立つことに注意して, 式 (6.6), (6.7) および (6.8) を使うと式 (6.2) が得られる.

6.4 各点収束と一様収束

関数 $f(x)$ と関数列 $\{f_n(x)\}$ が区間 $I = [a, b]$ 上で定義されているとする. 関数列 $\{f_n(x)\}$ が区間 I で関数 $f(x)$ に**各点収束**するとは

I 上の各点 x について

$$f_n(x) \longrightarrow f(x) \qquad (n \longrightarrow \infty)$$

成り立つことをいう. 定理 2.1.1 におけるフーリエ級数の関数 $f(x)$ への収束は, この意味での収束である. これに対してもう少し強い収束の定義として, 一様収束がある. 次の条件を満たす数列 $\{M_n\}$ が選べるときに, 関数列 $\{f_n(x)\}$ が区間 I において関数 $f(x)$ に**一様収束**するという.

$$\text{(i)} \quad |f_n(x) - f(x)| \le M_n \,, \quad x \in I \qquad (n = 1, 2, \cdots)$$

（ii）　　$M_n \longrightarrow 0$　　　　$(n \longrightarrow \infty)$

すなわち，各点 x に依存しない (i) を満たす数列 $\{M_n\}$ の存在と，$\{M_n\}$ の
0 への収束を仮定する．一様収束する関数列に関して，次の有用な性質が
ある．

定理 6.4.1 （1）　関数列 $\{f_n(x)\}$ が区間 $I = [a, b]$ において関数 $f(x)$
に一様収束するとする．このとき，$f_n(x)$ が I において連続ならば，
$f(x)$ も I において連続である．また，I に含まれる任意の閉区間
$c \le x \le d$ に対して

$$\lim_{n \to \infty} \int_c^d f_n(x)\, dx = \int_c^d f(x)\, dx \tag{6.9}$$

が成り立つ．

（2）　I 上の連続関数の列 $\{f_n(x)\}$ の無限和 $\sum_{n=0}^{\infty} f_n(x)$ が I において
一様収束するならば，その和は I において連続である．またこのとき，
I に含まれる任意の閉区間 $c \le x \le d$ に対して

$$\sum_{n=0}^{\infty} \int_c^d f_n(x)\, dx = \int_c^d \sum_{n=0}^{\infty} f_n(x)\, dx \tag{6.10}$$

が成り立つ．左辺を関数 $\sum_{n=0}^{\infty} f_n(x)$ の**項別積分**という．

（証明）　（1）は微積分学の本を参照されたい．（2）については，$F_n(x) = \sum_{k=0}^{n} f_k(x)$ とおき，関数列 $\{F_n(x)\}$ に対して（1）を適用すればよい．　　■

最後に，フーリエ級数の各点収束に関する定理 2.1.1 よりも強い（一様収
束性に関する）次の結果が知られていることを注意する．（証明は長瀬，斉
藤 [7] を参照されたい．）

定理 6.4.2　関数 $f(x)$ は区間 $[-\pi, \pi]$ で区分的に滑らかで，周期 2π を
もつ周期関数とする．さらに $f(x)$ が区間 $I = [a, b](\subset [-\pi, \pi])$ で連続
ならば，そのフーリエ級数の第 n 部分和 $S_n(x)$ は I において $f(x)$ に一
様収束する．

6.5 第 n 部分和 $S_n(x)$ が最良近似であること（定理 2.5.1 の証明）

関数 $f(x)$ と有限三角級数 $T_n(x)$ の平均 2 乗誤差 (2.38) を展開して

$$
J = \int_{-\pi}^{\pi} \{f(x) - T_n(x)\}^2 \, dx
$$

$$
= \int_{-\pi}^{\pi} \{f(x)\}^2 \, dx - 2 \int_{-\pi}^{\pi} f(x) \, T_n(x) \, dx + \int_{-\pi}^{\pi} \{T_n(x)\}^2 \, dx \quad (6.11)
$$

となる．右辺の第 2 項については

$$
\int_{-\pi}^{\pi} f(x) \, T_n(x) \, dx = \int_{-\pi}^{\pi} f(x) \left\{ \frac{\alpha_0}{2} + \sum_{k=1}^{n} \left(\alpha_k \, \cos kx + \beta_k \, \sin kx \right) \right\} \, dx
$$

$$
= \frac{\alpha_0}{2} \int_{-\pi}^{\pi} f(x) \, dx + \sum_{k=1}^{n} \left\{ \alpha_k \int_{-\pi}^{\pi} f(x) \cos kx \, dx + \beta_k \int_{-\pi}^{\pi} f(x) \sin kx \, dx \right\}
$$

$$
= \pi \left\{ \frac{a_0 \, \alpha_0}{2} + \sum_{k=1}^{n} \left(a_k \, \alpha_k + b_k \, \beta_k \right) \right\} \quad (6.12)
$$

となり，右辺の第 3 項については

$$
\int_{-\pi}^{\pi} \{T_n(x)\}^2 \, dx = \int_{-\pi}^{\pi} \left\{ \frac{\alpha_0}{2} + \sum_{k=1}^{n} \left(\alpha_k \, \cos kx + \beta_k \, \sin kx \right) \right\}^2 \, dx
$$

$$
= \int_{-\pi}^{\pi} \left(\frac{\alpha_0}{2} \right)^2 \, dx + 2 \cdot \frac{\alpha_0}{2} \sum_{k=1}^{n} \int_{-\pi}^{\pi} \left(\alpha_k \, \cos kx + \beta_k \, \sin kx \right) \, dx
$$

$$
+ \int_{-\pi}^{\pi} \left\{ \sum_{k=1}^{n} \left(\alpha_k \, \cos kx + \beta_k \, \sin kx \right) \right\}^2 \, dx
$$

$$
= \pi \left\{ \frac{\alpha_0^2}{2} + \sum_{k=1}^{n} \left(\alpha_k^2 + \beta_k^2 \right) \right\} \quad (6.13)
$$

となる．ここで，「三角関数系の直交性に関する公式」とフーリエ係数の定義 (2.4)〜(2.6) を用いた．そこで，式 (6.12) と (6.13) を式 (6.11) に代入すれば

$$J = \int_{-\pi}^{\pi} \{f(x)\}^2 \, dx - 2\pi \left\{ \frac{a_0 \, \alpha_0}{2} + \sum_{k=1}^{n} \left(a_k \, \alpha_k + b_k \, \beta_k \right) \right\}$$

$$+ \pi \left\{ \frac{\alpha_0^2}{2} + \sum_{k=1}^{n} \left(\alpha_k^2 + \beta_k^2 \right) \right\}$$

$$= \int_{-\pi}^{\pi} \{f(x)\}^2 \, dx - \pi \left\{ \frac{a_0^2}{2} + \sum_{k=1}^{n} \left(a_k^2 + b_k^2 \right) \right\}$$

$$+ \pi \left[\frac{(\alpha_0 - a_0)^2}{2} + \sum_{k=1}^{n} \left\{ (\alpha_k - a_k)^2 + (\beta_k - b_k)^2 \right\} \right] \tag{6.14}$$

を得る．ここで，式 (6.14) の右辺の第 1 項と第 2 項は変数 α_0, α_k, β_k によらない定数である．したがって，式 (6.14) の右辺を最小にするには，その第 3 項を最小にすればよい．しかるに，第 3 項は変数 α_0, α_k, β_k の 2 次式であり，平方完成されているので

$$\alpha_0 = a_0 \,, \qquad \alpha_k = a_k \,, \qquad \beta_k = b_k \tag{6.15}$$

となるときに最小となる．すなわち，係数 α_0, α_k, β_k がそれぞれフーリエ係数 a_0, a_k, b_k に一致するときに，平均 2 乗誤差 J が最小となる．

6.6　項別微分の証明（定理 2.5.4 の証明）

区分的に滑らかで連続な周期 2π の周期関数 $f(x)$ とその導関数 $f'(x)$ のフーリエ級数をそれぞれ

$$f(x) = \frac{a_0}{2} + \sum_{n=1}^{\infty} \left(a_n \, \cos nx + b_n \, \sin nx \right) \qquad \text{（等号は連続性より）}$$

$$f'(x) \sim \frac{\alpha_0}{2} + \sum_{n=1}^{\infty} \left(\alpha_n \, \cos nx + \beta_n \, \sin nx \right)$$

とする．ここで，フーリエ係数の定義から

$$\alpha_n = \frac{1}{\pi} \int_{-\pi}^{\pi} f'(x) \cos nx \, dx \,, \quad \beta_n = \frac{1}{\pi} \int_{-\pi}^{\pi} f'(x) \sin nx \, dx$$

である．さて，$f'(x)$ の不連続点（が存在するとして，それら）を $-\pi = x_0 < x_1 < \cdots < x_\ell = \pi$ とすると

$$
\begin{aligned}
\int_{-\pi}^{\pi} f'(x) \cos nx \, dx &= \sum_{j=1}^{\ell} \int_{x_{j-1}}^{x_j} f'(x) \cos nx \, dx \\
&= \sum_{j=1}^{\ell} \left\{ \left[f(x) \cos nx \right]_{x_{j-1}}^{x_j} + n \int_{x_{j-1}}^{x_j} f(x) \sin nx \, dx \right\} \\
&= f(x_\ell) \cos nx_\ell - f(x_0) \cos nx_0 + n \int_{x_0}^{x_\ell} f(x) \sin nx \, dx \\
&= f(\pi) \cos n\pi - f(-\pi) \cos(-n\pi) + n \int_{-\pi}^{\pi} f(x) \sin nx \, dx \\
&= n \int_{-\pi}^{\pi} f(x) \sin nx \, dx
\end{aligned}
$$

となり，$\alpha_n = n \, b_n$ を得る．ここで，$f(x)$ が各 x_j で連続で，周期 2π の周期関数であることを用いた．同様に $\beta_n = -n \, a_n$ を示すことができる．また

$$
\begin{aligned}
\alpha_0 &= \frac{1}{\pi} \int_{-\pi}^{\pi} f'(x) \, dx = \sum_{j=1}^{\ell} \int_{x_{j-1}}^{x_j} f'(x) \, dx = \sum_{j=1}^{\ell} \left[f(x) \right]_{x_{j-1}}^{x_j} \\
&= f(x_\ell) - f(x_0) = f(\pi) - f(-\pi) = 0
\end{aligned}
$$

が得られる．したがって，次式が成り立つ．

$$
f'(x) \sim \sum_{n=1}^{\infty} \left(-na_n \sin nx + nb_n \cos nx \right)
$$

6.7 項別積分の証明（定理 2.5.5 の証明）

区分的に滑らかな周期 2π の周期関数 $f(x)$ に対して，関数 $F(x)$ を

$$
F(x) = \int_0^x \left(f(t) - \frac{a_0}{2} \right) dt, \quad x \in (-\pi, \pi]
$$

で定義すると，$F(x)$ は区分的に滑らかな連続関数である．また

$$F(\pi) - F(-\pi) = \int_0^\pi \left(f(x) - \frac{a_0}{2} \right) dx - \int_0^{-\pi} \left(f(x) - \frac{a_0}{2} \right) dx$$

$$= \int_{-\pi}^\pi \left(f(x) - \frac{a_0}{2} \right) dx = \pi\, a_0 - \frac{a_0}{2} \cdot 2\pi = 0$$

となるので，$F(x)$ も周期 2π の周期関数に拡張できる．連続関数 $F(x)$ のフーリエ係数を A_n, B_n とすると

$$F(x) = \frac{A_0}{2} + \sum_{n=1}^\infty \left(A_n\, \cos nx + B_n\, \sin nx \right)$$

さらに，定理 2.5.4 より $F'(x)$ のフーリエ級数は

$$F'(x) \sim \sum_{n=1}^\infty \left(-nA_n\, \sin nx + nB_n\, \cos nx \right)$$

となる．ここで，$F'(x) = f(x) - a_0/2$ なので

$$-n\, A_n = b_n, \qquad n\, B_n = a_n$$

が成り立つ．さらに

$$F(0) = \frac{A_0}{2} + \sum_{n=1}^\infty A_n = 0$$

であるので

$$F(x) = \sum_{n=1}^\infty \left\{ A_n\, (\cos nx - 1) + B_n\, \sin nx \right\}$$

$$= \sum_{n=1}^\infty \left\{ \frac{b_n}{n}\, (1 - \cos nx) + \frac{a_n}{n}\, \sin nx \right\}$$

となる．したがって

$$\int_0^x f(t)\, dt = \frac{a_0}{2}\, x + \sum_{n=1}^\infty \left\{ \frac{a_n}{n}\, \sin nx + \frac{b_n}{n}\, (1 - \cos nx) \right\}$$

を得る．最後に，この右辺は

$$\frac{a_0}{2} \int_0^x dt + \int_0^x (a_n \cos nt + b_n \sin nt)\, dt$$

と書き直せることに注意すればよい．

6.8　1階および2階の線形常微分方程式の解

1階および2階の線形常微分方程式の解の具体的な形が，フーリエ級数の偏微分方程式への応用に際して必要であるので，それらをここでまとめておこう．（証明は（常）微分方程式の本を参照されたい．）

命題 6.8.1　(1)　1階線形常微分方程式

$$y'(x) + k\,y(x) = 0 \quad (k \text{ は実定数}) \tag{6.16}$$

の一般解は，次の形に書ける．

$$y(x) = C\,e^{-kx} \quad (C \text{ は任意定数}) \tag{6.17}$$

(2)　2階線形常微分方程式

$$y''(x) + p\,y'(x) + q\,y(x) = 0 \quad (p,\, q \text{ は実定数}) \tag{6.18}$$

において，式 (6.18) の補助方程式

$$\lambda^2 + p\,\lambda + q = 0 \tag{6.19}$$

の解が

(a)　異なる実数解 $\alpha,\, \beta$ ならば，式 (6.18) の一般解は

$$y(x) = A\,e^{\alpha x} + B\,e^{\beta x} \quad (A,\, B \text{ は任意定数}) \tag{6.20}$$

(b)　重解 α ならば，式 (6.18) の一般解は

$$y(x) = e^{\alpha x}\,(A\,x + B) \quad (A,\, B \text{ は任意定数}) \tag{6.21}$$

(c)　虚数解 $\sigma \pm i\tau$（$\sigma,\, \tau$ は実数）ならば，式 (6.18) の一般解は

$$y(x) = e^{\sigma x}\,(A \cos \tau x + B \sin \tau x) \quad (A,\, B \text{ は任意定数}) \tag{6.22}$$

問題・練習問題解答

第1章 準　備

[問　題]

1. 与えられた関数を y と表す.

(1) $y' = 3(x^2 + x + 1)^2 (x^2 + x + 1)' = 3(x^2 + x + 1)^2 (2x + 1)$

(2) $y' = \left\{ (x^2 + 2)^{-\frac{1}{2}} \right\}' = -\dfrac{1}{2}(x^2 + 2)^{-\frac{3}{2}} \cdot (x^2 + 2)' = -\dfrac{x}{\sqrt{(x^2 + 2)^3}}$

(3) $y' = (x^2)' \sin \dfrac{1}{x} + x^2 \cdot \left(\sin \dfrac{1}{x} \right)' = 2x \sin \dfrac{1}{x} + x^2 \cos \dfrac{1}{x} \cdot \left(\dfrac{1}{x} \right)'$

$\qquad = 2x \sin \dfrac{1}{x} + x^2 \cdot \left(-\dfrac{1}{x^2} \right) \cos \dfrac{1}{x} = 2x \sin \dfrac{1}{x} - \cos \dfrac{1}{x}$

(4) $y' = 4(e^x - e^{-x})^3 (e^x - e^{-x})' = 4(e^x - e^{-x})^3 (e^x + e^{-x})$

(5) $y' = (e^{ax})' (\sin bx + \cos bx) + e^{ax} (\sin bx + \cos bx)'$

$\qquad = ae^{ax} (\sin bx + \cos bx) + e^{ax} (b \cos bx - b \sin bx)$

$\qquad = e^{ax} \{ (a - b) \sin bx + (a + b) \cos bx \}$

(6) $y' = \dfrac{(ax + b)' \left(x^2 + c^2 \right) - (ax + b) \left(x^2 + c^2 \right)'}{\left(x^2 + c^2 \right)^2}$

$\qquad = \dfrac{a \left(x^2 + c^2 \right) - (ax + b) \cdot 2x}{\left(x^2 + c^2 \right)^2} = \dfrac{ac^2 - 2bx - ax^2}{\left(x^2 + c^2 \right)^2}$

(7) $y' = \dfrac{(\sin x - \cos x)'(\sin x + \cos x) - (\sin x - \cos x)(\sin x + \cos x)'}{(\sin x + \cos x)^2}$

$$= \frac{(\sin x + \cos x)^2 + (\sin x - \cos x)^2}{(\sin x + \cos x)^2} = \frac{2(\sin^2 x + \cos^2 x)}{(\sin x + \cos x)^2}$$

$$= \frac{2}{(\sin x + \cos x)^2} = \frac{2}{1 + 2\sin x \cos x} = \frac{2}{1 + \sin 2x}$$

(8) $y = \log u,\ u = \log x$ より, $\dfrac{dy}{dx} = \dfrac{dy}{du} \cdot \dfrac{du}{dx} = \dfrac{1}{u} \cdot \dfrac{1}{x} = \dfrac{1}{x \log x}$

(9) $y = \log |u|,\ u = x + \sqrt{x^2 + A}$ より, $\dfrac{du}{dx} = 1 + \dfrac{x}{\sqrt{x^2 + A}}$. よって,

$$\frac{dy}{dx} = \frac{dy}{du} \cdot \frac{du}{dx} = \frac{1}{x + \sqrt{x^2 + A}} \left(1 + \frac{x}{\sqrt{x^2 + A}} \right) = \frac{1}{\sqrt{x^2 + A}}$$

2. 部分積分法による.

(1) $\displaystyle \int x^n\, e^x\, dx = \int x^n\, (e^x)'\, dx = x^n\, e^x - \int (x^n)'\, e^x\, dx$

$$= x^n\, e^x - n \int x^{n-1}\, e^x\, dx$$

(2) $\displaystyle \int (\log x)^n\, dx = \int 1 \cdot (\log x)^n\, dx = x(\log x)^n - \int x \left\{ (\log x)^n \right\}'\, dx$

$$= x(\log x)^n - \int x \cdot n(\log x)^{n-1} \cdot \frac{1}{x}\, dx = x(\log x)^n - n \int (\log x)^{n-1} dx$$

3. 部分積分法による.

(1) $\displaystyle I = \int e^{ax} \sin bx\, dx = \frac{1}{a} e^{ax} \sin bx - \frac{b}{a} \int e^{ax} \cos bx\, dx$

$$= \frac{1}{a} e^{ax} \sin bx - \frac{b}{a} \left(\frac{1}{a} e^{ax} \cos bx + \frac{b}{a} \int e^{ax} \sin bx\, dx \right)$$

$$= \frac{e^{ax}}{a^2} \left(a \sin bx - b \cos bx \right) - \frac{b^2}{a^2} I .$$

$$\therefore \quad I = \frac{a \sin bx - b \cos bx}{a^2 + b^2}\, e^{ax}$$

第 1 章 準　備　　　　**179**

(2)
$$I = \int e^{ax} \cos bx \, dx = \frac{1}{a} e^{ax} \cos bx - \frac{b}{a} \int e^{ax} (-\sin bx) \, dx$$

$$= \frac{1}{a} e^{ax} \cos bx + \frac{b}{a} \left(\frac{1}{a} e^{ax} \sin bx - \frac{b}{a} \int e^{ax} \cos bx \, dx \right)$$

$$= \frac{e^{ax}}{a^2} (a \cos bx + b \sin bx) - \frac{b^2}{a^2} I .$$

$$\therefore \quad I = \frac{a \cos bx + b \sin bx}{a^2 + b^2} e^{ax}$$

4.

(1)　$f(x), g(x)$ がともに偶関数（奇関数）のとき，$f(-x) = f(x)$（$f(-x) = -f(x)$）および $g(-x) = g(x)$（$g(-x) = -g(x)$）を満たすので

$$f(-x) \, g(-x) \, = \, f(x) \, g(x)$$

よって，このとき積は偶関数である．他の場合も同様に示せる．

(2)　まず
$$\int_{-\pi}^{\pi} f(x) \, dx = \int_{-\pi}^{0} f(x) \, dx + \int_{0}^{\pi} f(x) \, dx$$

となるが，右辺の第 1 項において $x = -t$ とおけば，$f(x)$ が偶関数であれば

$$\int_{-\pi}^{0} f(x) \, dx = \int_{\pi}^{0} f(-t) \, (-1) \, dt = \int_{\pi}^{0} f(t) \, (-1) \, dt = \int_{0}^{\pi} f(t) \, dt$$

$$\therefore \quad \int_{-\pi}^{\pi} f(x) \, dx = 2 \int_{0}^{\pi} f(x) \, dx$$

次に $f(x)$ が奇関数であれば，同様にして

$$\int_{-\pi}^{0} f(x) \, dx = \int_{\pi}^{0} f(-t) \, (-1) \, dt = \int_{\pi}^{0} -f(t) \, (-1) \, dt = -\int_{0}^{\pi} f(t) \, dt$$

$$\therefore \quad \int_{-\pi}^{\pi} f(x) \, dx \, = \, -\int_{0}^{\pi} f(t) \, dt + \int_{0}^{\pi} f(x) \, dx = 0$$

(3)　まず，$f_e(x) + f_o(x) = f(x)$ は明らかに成り立つ．そして

$$f_e(-x) = \{f(-x) + f\left(-(-x)\right)\} /2 = \{f(-x) + f(x)\} /2 = f_e(x)$$

$$f_o(-x) = \{f(-x) - f(-(-x))\}/2 = \{f(-x) - f(x)\}/2 = -f_o(x)$$

なので，$f_e(x)$ は偶関数，$f_o(x)$ は奇関数となる．

5.

$$\int_{-\pi}^{\pi} x^m \cos nx \, dx = \int_{-\pi}^{\pi} x^m \left(\frac{1}{n}\sin nx\right)' dx$$

$$= \left[x^m \left(\frac{1}{n}\sin nx\right)\right]_{-\pi}^{\pi} - \int_{-\pi}^{\pi} m\, x^{m-1}\left(\frac{1}{n}\sin nx\right) dx$$

$$= -\frac{m}{n}\int_{-\pi}^{\pi} x^{m-1}\sin nx\, dx$$

6. オイラーの公式より

$$\int_{-\pi}^{\pi} e^{inx}\sin ax\, dx = \int_{-\pi}^{\pi}(\cos nx + i\sin nx)\sin ax\, dx$$

$$= \int_{-\pi}^{\pi}\cos nx\,\sin ax\, dx + i\int_{-\pi}^{\pi}\sin nx\,\sin ax\, dx$$

右辺の第 1 項の被積分関数は奇関数なのでその定積分の値は 0，また第 2 項の被積分関数が偶関数であることに注意して計算を進めると

$$与式 = 2i\int_0^{\pi}\sin nx\,\sin ax\, dx = -i\int_0^{\pi}\{\cos(n+a)x - \cos(n-a)x\}\, dx$$

$$= -i\left[\frac{\sin(n+a)x}{n+a} - \frac{\sin(n-a)x}{n-a}\right]_0^{\pi} = -i\left\{\frac{\sin(n+a)\pi}{n+a} - \frac{\sin(n-a)\pi}{n-a}\right\}$$

$$= -i\left\{\frac{\sin n\pi \cos a\pi + \cos n\pi \sin a\pi}{n+a} - \frac{\sin n\pi \cos a\pi - \cos n\pi \sin a\pi}{n-a}\right\}$$

$$= -i\left\{\frac{(-1)^n \sin a\pi}{n+a} + \frac{(-1)^n \sin a\pi}{n-a}\right\} = \frac{2ni(-1)^{n+1}\sin a\pi}{n^2 - a^2}$$

ただし，$\sin n\pi = 0,\ \cos n\pi = (-1)^n$ を用いた．

7.

$$\int_{-\pi}^{\pi} e^{inx}\cos ax\, dx = \int_{-\pi}^{\pi} e^{inx}\frac{e^{iax} + e^{-iax}}{2}\, dx \ \text{だから}$$

$$与式 = \frac{1}{2}\int_{-\pi}^{\pi}\left\{e^{i(n+a)x} + e^{i(n-a)x}\right\} dx$$

第2章　フーリエ級数　　　181

$$= \frac{1}{2} \left\{ \left[\frac{e^{i(n+a)x}}{i(n+a)} \right]_{-\pi}^{\pi} + \left[\frac{e^{i(n-a)x}}{i(n-a)} \right]_{-\pi}^{\pi} \right\}$$

$$= \frac{1}{2} \left\{ \frac{e^{i(n+a)\pi} - e^{-i(n+a)\pi}}{i(n+a)} \right\} + \frac{1}{2} \left\{ \frac{e^{i(n-a)\pi} - e^{-i(n-a)\pi}}{i(n-a)} \right\}$$

ここで，指数法則および $e^{\pm in\pi} = \cos n\pi \pm i \sin n\pi = (-1)^n$ を用いると

$$右辺 = \frac{(-1)^n \left(e^{ia\pi} - e^{-ia\pi} \right) \left\{ (n-a) - (n+a) \right\}}{2i(n^2 - a^2)}$$

$$= \frac{2a(-1)^{n+1} \sin a\pi}{n^2 - a^2}$$

8.

$$\int_{-\pi}^{\pi} e^{imx} \overline{e^{inx}} \, dx = \int_{-\pi}^{\pi} e^{imx} e^{-inx} \, dx = \int_{-\pi}^{\pi} e^{i(m-n)x} \, dx \quad だから$$

$$右辺 = \begin{cases} \left[\dfrac{e^{i(m-n)x}}{i(m-n)} \right]_{-\pi}^{\pi} = 0 & (m \neq n) \\[3mm] \Big[x \Big]_{-\pi}^{\pi} = 2\pi & (m = n) \end{cases}$$

第2章　フーリエ級数

[問　　題]

1.

(1)　奇関数だから，$a_n = 0 \, (n = 0, 1, 2, \cdots)$ で

$$b_n = \frac{2}{\pi} \int_0^{\pi} x \sin nx \, dx = \frac{2}{\pi} \int_0^{\pi} x \left(-\frac{\cos nx}{n} \right)' \, dx$$

$$= \frac{2}{\pi} \left[x \left(-\frac{\cos nx}{n} \right) \right]_0^{\pi} - \frac{2}{\pi} \int_0^{\pi} \left(-\frac{\cos nx}{n} \right) \, dx$$

$$= -\frac{2}{n} \cos n\pi - \frac{2}{\pi} \left[-\frac{\sin nx}{n^2} \right]_0^{\pi} = \frac{2}{n} (-1)^{n+1}$$

$$\therefore \quad f(x) \sim 2 \sum_{n=1}^{\infty} \frac{(-1)^{n+1}}{n} \sin nx$$

(2) 偶関数だから，$b_n = 0 \, (n = 1, 2, \cdots)$ で

$$a_0 = \frac{2}{\pi} \int_0^{\pi} (\pi - x) \, dx = \frac{2}{\pi} \left[\pi x - \frac{x^2}{2} \right]_0^{\pi} = \pi$$

$$a_n = \frac{2}{\pi} \int_0^{\pi} (\pi - x) \cos nx \, dx = \frac{2}{\pi} \int_0^{\pi} (\pi - x) \left(\frac{\sin nx}{n} \right)' dx$$

$$= \frac{2}{\pi} \left[(\pi - x) \left(\frac{\sin nx}{n} \right) \right]_0^{\pi} - \frac{2}{\pi} \int_0^{\pi} (-1) \left(\frac{\sin nx}{n} \right) dx$$

$$= -\frac{2}{\pi} \left[\frac{\cos nx}{n^2} \right]_0^{\pi} = \frac{2}{\pi n^2} (1 - \cos n\pi) = \begin{cases} 4/(\pi n^2) & (n = 2k - 1) \\ 0 & (n = 2k \neq 0) \end{cases}$$

$$\therefore \quad f(x) \sim \frac{\pi}{2} + \frac{4}{\pi} \sum_{k=1}^{\infty} \frac{1}{(2k-1)^2} \cos(2k-1)x$$

(3)

$$a_0 = \frac{1}{\pi} \int_{-\pi}^{\pi} f(x) \, dx = \frac{1}{\pi} \int_0^{\pi} 1 \, dx = \frac{1}{\pi} \left[\, x \, \right]_0^{\pi} = 1$$

$$a_n = \frac{1}{\pi} \int_0^{\pi} 1 \cos nx \, dx = \frac{1}{\pi} \left[\frac{\sin nx}{n} \right]_0^{\pi} = 0 \qquad (n \neq 0)$$

$$b_n = \frac{1}{\pi} \int_0^{\pi} 1 \sin nx \, dx = \frac{1}{\pi} \left[-\frac{\cos nx}{n} \right]_0^{\pi} = \begin{cases} 2/(\pi n) & (n = 2k - 1) \\ 0 & (n = 2k) \end{cases}$$

$$\therefore \quad f(x) \sim \frac{1}{2} + \frac{2}{\pi} \sum_{k=1}^{\infty} \frac{\sin(2k-1)x}{2k-1}$$

(4)

$$a_0 = \frac{1}{\pi} \int_{-\pi}^{\pi} f(x) \, dx = \frac{1}{\pi} \int_0^{\pi} x \, dx = \frac{1}{\pi} \left[\frac{x^2}{2} \right]_0^{\pi} = \frac{\pi}{2}$$

$$a_n = \frac{1}{\pi} \int_0^{\pi} x \cos nx \, dx = \frac{1}{\pi} \int_0^{\pi} x \left(\frac{\sin nx}{n} \right)' dx$$

$$= \frac{1}{\pi} \left[x \, \frac{\sin nx}{n} \right]_0^\pi - \frac{1}{\pi} \int_0^\pi \frac{\sin nx}{n} \, dx = -\frac{1}{\pi} \left[-\frac{\cos nx}{n^2} \right]_0^\pi$$

$$= -\frac{1}{\pi n^2} \left(1 - \cos n\pi \right) = \begin{cases} -2/(\pi n^2) & (n = 2k - 1) \\ 0 & (n = 2k \neq 0) \end{cases}$$

$$b_n = \frac{1}{\pi} \int_0^\pi x \sin nx \, dx = \frac{1}{\pi} \int_0^\pi x \left(-\frac{\cos nx}{n} \right)' \, dx$$

$$= \frac{1}{\pi} \left[x \left(-\frac{\cos nx}{n} \right) \right]_0^\pi - \frac{1}{\pi} \int_0^\pi \left(-\frac{\cos nx}{n} \right) \, dx$$

$$= -\frac{\cos n\pi}{n} - \frac{1}{\pi} \left[-\frac{\sin nx}{n^2} \right]_0^\pi = \frac{(-1)^{n+1}}{n}$$

$$\therefore f(x) \sim \frac{\pi}{4} - \frac{2}{\pi} \sum_{k=1}^\infty \frac{\cos(2k-1)x}{(2k-1)^2} + \sum_{n=1}^\infty \frac{(-1)^{n+1}}{n} \sin nx$$

2.

(1)

$$a_0 = \frac{1}{\pi} \int_0^\pi x \, dx + \frac{1}{\pi} \int_{-\pi}^0 \pi \, dx = \frac{1}{\pi} \left[\frac{x^2}{2} \right]_0^\pi + \frac{1}{\pi} \left[\pi x \right]_{-\pi}^0 = \frac{3}{2} \pi$$

$$a_n = \frac{1}{\pi} \int_0^\pi x \cos nx \, dx + \frac{1}{\pi} \int_{-\pi}^0 \pi \cos nx \, dx$$

$$= \frac{1}{\pi} \left[x \, \frac{\sin nx}{n} \right]_0^\pi - \frac{1}{\pi} \int_0^\pi \frac{\sin nx}{n} \, dx + \frac{1}{\pi} \left[\pi \, \frac{\sin nx}{n} \right]_{-\pi}^0$$

$$= -\frac{1}{\pi} \left[-\frac{\cos nx}{n^2} \right]_0^\pi = -\frac{1}{\pi n^2} (1 - \cos n\pi) = \begin{cases} -2/(\pi n^2) & (n = 2k - 1) \\ 0 & (n = 2k \neq 0) \end{cases}$$

$$b_n = \frac{1}{\pi} \int_0^\pi x \sin nx \, dx + \frac{1}{\pi} \int_{-\pi}^0 \pi \sin nx \, dx$$

$$= \frac{1}{\pi} \left[x \left(-\frac{\cos nx}{n} \right) \right]_0^\pi - \frac{1}{\pi} \int_0^\pi \left(-\frac{\cos nx}{n} \right) \, dx + \frac{1}{\pi} \left[\pi \left(-\frac{\cos nx}{n} \right) \right]_{-\pi}^0$$

$$= \frac{-\cos n\pi}{n} - \frac{1}{\pi} \left[-\frac{\sin nx}{n^2} \right]_0^\pi + \frac{\cos(-n\pi) - 1}{n} = -\frac{1}{n}$$

$$\therefore \quad f(x) \sim \frac{3}{4}\pi - \frac{2}{\pi}\sum_{k=1}^{\infty}\frac{\cos(2k-1)x}{(2k-1)^2} - \sum_{n=1}^{\infty}\frac{\sin nx}{n}$$

$x = 0$ を代入すると

$$\frac{\pi}{2} = \frac{f(+0) + f(-0)}{2} = \frac{3}{4}\pi - \frac{2}{\pi}\sum_{k=1}^{\infty}\frac{1}{(2k-1)^2} - \sum_{n=1}^{\infty}\frac{\sin 0}{n}$$

$$\therefore \quad \frac{\pi^2}{8} = \sum_{k=1}^{\infty}\frac{1}{(2k-1)^2}$$

(2)

$$a_0 = \frac{1}{\pi}\int_0^{\pi} x^2\,dx = \frac{1}{\pi}\left[\frac{x^3}{3}\right]_0^{\pi} = \frac{\pi^2}{3}$$

$$a_n = \frac{1}{\pi}\int_0^{\pi} x^2\cos nx\,dx = \frac{1}{\pi}\left[x^2\frac{\sin nx}{n}\right]_0^{\pi} - \frac{1}{\pi}\int_0^{\pi} 2x\frac{\sin nx}{n}\,dx$$

$$= -\frac{1}{\pi}\left[2x\left(-\frac{\cos nx}{n^2}\right)\right]_0^{\pi} + \frac{1}{\pi}\int_0^{\pi} 2\left(-\frac{\cos nx}{n^2}\right)\,dx$$

$$= \frac{2}{n^2}\cos n\pi + \frac{2}{\pi}\left[-\frac{\sin nx}{n^3}\right]_0^{\pi} = \frac{2(-1)^n}{n^2} \qquad (n \neq 0)$$

$$b_n = \frac{1}{\pi}\int_0^{\pi} x^2\sin nx\,dx = \frac{1}{\pi}\left[x^2\left(-\frac{\cos nx}{n}\right)\right]_0^{\pi} - \frac{1}{\pi}\int_0^{\pi} 2x\left(-\frac{\cos nx}{n}\right)\,dx$$

$$= -\frac{\pi\cos n\pi}{n} - \frac{1}{\pi}\left[2x\left(-\frac{\sin nx}{n^2}\right)\right]_0^{\pi} + \frac{1}{\pi}\int_0^{\pi} 2\left(-\frac{\sin nx}{n^2}\right)\,dx$$

$$= -\frac{\pi\cos n\pi}{n} + \frac{2}{\pi}\left[\frac{\cos nx}{n^3}\right]_0^{\pi} = -\frac{\pi}{n}(-1)^n + \frac{2}{\pi n^3}(\cos n\pi - 1)$$

$$= \begin{cases} \frac{\pi}{n}(-1)^{n+1} - 4/(\pi n^3) & (n = 2k-1) \\ \frac{\pi}{n}(-1)^{n+1} & (n = 2k) \end{cases}$$

$$\therefore \quad f(x) \sim \frac{\pi^2}{6} + 2\sum_{n=1}^{\infty}\frac{(-1)^n}{n^2}\cos nx + \sum_{n=1}^{\infty} b_n\,\sin nx$$

$x = \pi$ を代入すると

$$\frac{\pi^2}{2} = \frac{f(\pi+0) + f(\pi-0)}{2} = \frac{\pi^2}{6} + 2\sum_{n=1}^{\infty} \frac{(-1)^n}{n^2} \cos n\pi = \frac{\pi^2}{6} + 2\sum_{n=1}^{\infty} \frac{1}{n^2}$$

$$\therefore \ \frac{\pi^2}{6} = \sum_{n=1}^{\infty} \frac{1}{n^2}$$

3.

(1) まずフーリエ余弦級数について

$$a_0 = \frac{2}{\pi} \int_0^{\pi/2} 1 \, dx = 1$$

$$a_n = \frac{2}{\pi} \int_0^{\pi/2} 1 \cos nx \, dx = \frac{2}{\pi} \left[\frac{\sin nx}{n} \right]_0^{\pi/2} = \begin{cases} \frac{2(-1)^{k-1}}{\pi(2k-1)} & (n = 2k-1) \\ 0 & (n = 2k \neq 0) \end{cases}$$

$$\therefore f(x) \sim \frac{1}{2} + \frac{2}{\pi} \sum_{k=1}^{\infty} \frac{(-1)^{k-1}}{2k-1} \cos(2k-1)x$$

次にフーリエ正弦級数について

$$b_n = \frac{2}{\pi} \int_0^{\pi/2} 1 \sin nx \, dx = \frac{2}{\pi} \left[-\frac{\cos nx}{n} \right]_0^{\pi/2} = \begin{cases} 2/(\pi n) & (n = 2k-1) \\ 4/(\pi n) & (n = 4k+2) \\ 0 & (n = 4k) \end{cases}$$

$$\therefore f(x) \sim \frac{2}{\pi} \left(\sin x + \sin 2x + \frac{\sin 3x}{3} + \frac{\sin 5x}{5} + \frac{\sin 6x}{3} + \cdots \right)$$

(2) まずフーリエ余弦級数について

$$a_0 = \frac{2}{\pi} \int_0^{\pi} (\pi - x) \, dx = \frac{2}{\pi} \left[\pi x - \frac{x^2}{2} \right]_0^{\pi} = \pi$$

$$a_n = \frac{2}{\pi} \int_0^{\pi} (\pi - x) \cos nx \, dx$$

$$= \frac{2}{\pi} \left[(\pi - x) \frac{\sin nx}{n} \right]_0^{\pi} - \frac{2}{\pi} \int_0^{\pi} (-1) \frac{\sin nx}{n} \, dx$$

$$= -\frac{2}{\pi} \left[\frac{\cos nx}{n^2} \right]_0^{\pi} = \frac{2}{\pi n^2} (1 - \cos n\pi) = \begin{cases} 4/(\pi n^2) & (n = 2k-1) \\ 0 & (n = 2k \neq 0) \end{cases}$$

$$\therefore f(x) \sim \frac{\pi}{2} + \frac{4}{\pi} \sum_{k=1}^{\infty} \frac{1}{(2k-1)^2} \cos(2k-1)x$$

次にフーリエ正弦級数について

$$b_n = \frac{2}{\pi} \int_0^{\pi} (\pi - x) \sin nx \, dx$$

$$= \frac{2}{\pi} \left[(\pi - x) \left(-\frac{\cos nx}{n} \right) \right]_0^{\pi} - \frac{2}{\pi} \int_0^{\pi} (-1) \left(-\frac{\cos nx}{n} \right) dx$$

$$= \frac{2\pi}{\pi n} - \frac{2}{\pi} \left[\frac{\sin nx}{n^2} \right]_0^{\pi} = \frac{2}{n}$$

$$\therefore f(x) \sim 2 \sum_{n=1}^{\infty} \frac{\sin nx}{n}$$

(3)　まずフーリエ余弦級数について

$$a_0 = \frac{2}{\pi} \int_0^{\pi} \cos x \, dx = \frac{2}{\pi} \left[\sin x \right]_0^{\pi} = 0$$

$$a_n = \frac{2}{\pi} \int_0^{\pi} \cos x \, \cos nx \, dx = \frac{2}{\pi} \int_0^{\pi} \frac{\cos(n+1)x + \cos(n-1)x}{2} \, dx$$

$$= \begin{cases} \dfrac{2}{\pi} \left[\dfrac{\sin 2x}{4} + \dfrac{x}{2} \right]_0^{\pi} = 1 & (n = 1) \\[3mm] \dfrac{2}{\pi} \left[\dfrac{\sin(n+1)x}{2(n+1)} + \dfrac{\sin(n-1)x}{2(n-1)} \right]_0^{\pi} = 0 & (n > 1) \end{cases}$$

$$\therefore f(x) \sim \cos x$$

次にフーリエ正弦級数について

$$b_n = \frac{2}{\pi} \int_0^{\pi} \cos x \, \sin nx \, dx = \frac{2}{\pi} \int_0^{\pi} \frac{\sin(n+1)x + \sin(n-1)x}{2} \, dx$$

$$= \begin{cases} \dfrac{2}{\pi} \left[-\dfrac{\cos 2x}{4} \right]_0^{\pi} = 0 & (n = 1) \\[3mm] \dfrac{2}{\pi} \left[-\dfrac{\cos(n+1)x}{2(n+1)} - \dfrac{\cos(n-1)x}{2(n-1)} \right]_0^{\pi} = \dfrac{2n\{1 + (-1)^n\}}{\pi(n^2-1)} & (n \neq 1) \end{cases}$$

$$= \begin{cases} 0 & (n = 2k - 1) \\ \dfrac{4n}{\pi(n^2 - 1)} & (n = 2k) \end{cases}$$

$$\therefore f(x) \sim \frac{8}{\pi} \sum_{k=1}^{\infty} \frac{k}{4k^2 - 1} \sin 2kx$$

4.

(1)　（$x = 0$ を除いて）奇関数だから，$a_n = 0 \,(n = 0, 1, 2, \cdots)$ で

$$b_n = \frac{2}{L} \int_0^L \sin \frac{n\pi x}{L}\, dx = \frac{2}{L} \left[\left(-\frac{L}{n\pi} \right) \cos \frac{n\pi x}{L} \right]_0^L$$

$$= \begin{cases} 4/(\pi n) & (n = 2k - 1) \\ 0 & (n = 2k) \end{cases}$$

$$\therefore f(x) \sim \frac{4}{\pi} \sum_{k=1}^{\infty} \frac{1}{2k - 1} \sin \frac{(2k - 1)\pi x}{L}$$

(2)　偶関数だから，$b_n = 0 \,(n = 1, 2, \cdots)$ で

$$a_0 = \frac{1}{L} \int_{-L}^{L} f(x)\, dx = \frac{2}{L} \int_0^a 1\, dx = \frac{2a}{L}$$

$$a_n = \frac{2}{L} \int_0^a \cos \frac{n\pi x}{L}\, dx = \frac{2}{L} \left[\frac{L}{n\pi} \sin \frac{n\pi x}{L} \right]_0^a = \frac{2}{n\pi} \sin \frac{n\pi a}{L}$$

$$\therefore f(x) \sim \frac{a}{L} + \frac{2}{\pi} \sum_{n=1}^{\infty} \frac{\sin(n\pi a/L)}{n} \cos \frac{n\pi x}{L}$$

5.

(1)　まずフーリエ余弦級数について

$$a_0 = \frac{2}{L} \int_0^L f(x)\, dx = \frac{2}{L} \int_0^L x(L - x)\, dx = \frac{2}{L} \left[\frac{Lx^2}{2} - \frac{x^3}{3} \right]_0^L = \frac{L^2}{3}$$

$$a_n = \frac{2}{L} \int_0^L x(L - x) \cos \frac{n\pi x}{L}\, dx = \frac{2}{L} \int_0^L x(L - x) \left(\frac{L}{n\pi} \sin \frac{n\pi x}{L} \right)'\, dx$$

$$= \frac{2}{L} \left[x(L-x) \left(\frac{L}{n\pi} \sin \frac{n\pi x}{L} \right) \right]_0^L - \frac{2}{L} \int_0^L (L-2x) \left(\frac{L}{n\pi} \sin \frac{n\pi x}{L} \right) dx$$

$$= -\frac{2}{L} \left[(L-2x) \left(\frac{L}{n\pi} \right)^2 \left(-\cos \frac{n\pi x}{L} \right) \right]_0^L - \frac{2}{L} \int_0^L 2 \left(\frac{L}{n\pi} \right)^2 \left(-\cos \frac{n\pi x}{L} \right) dx$$

$$= \frac{2L^2(-1-\cos n\pi)}{(n\pi)^2} + \frac{4L^2}{(n\pi)^3} \left[\sin \frac{n\pi x}{L} \right]_0^L = \begin{cases} 0 & (n = 2k-1) \\ -4L^2/(\pi n)^2 & (n = 2k \neq 0) \end{cases}$$

$$\therefore f(x) \sim \frac{L^2}{6} - \frac{4L^2}{\pi^2} \sum_{k=1}^{\infty} \frac{1}{(2k)^2} \cos \frac{2k\pi x}{L} = \frac{L^2}{6} - \frac{L^2}{\pi^2} \sum_{k=1}^{\infty} \frac{1}{k^2} \cos \frac{2k\pi x}{L}$$

次にフーリエ正弦級数について

$$b_n = \frac{2}{L} \int_0^L x(L-x) \sin \frac{n\pi x}{L} \, dx = \frac{2}{L} \int_0^L x(L-x) \left(-\frac{L}{n\pi} \cos \frac{n\pi x}{L} \right)' dx$$

$$= \frac{2}{L} \left[x(L-x) \left(-\frac{L}{n\pi} \cos \frac{n\pi x}{L} \right) \right]_0^L - \frac{2}{L} \int_0^L (L-2x) \left(-\frac{L}{n\pi} \cos \frac{n\pi x}{L} \right) dx$$

$$= -\frac{2}{L} \left[(L-2x) \left(\frac{L}{n\pi} \right)^2 \left(-\sin \frac{n\pi x}{L} \right) \right]_0^L - \frac{2}{L} \int_0^L 2 \left(\frac{L}{n\pi} \right)^2 \left(-\sin \frac{n\pi x}{L} \right) dx$$

$$= -\frac{4L^2}{(n\pi)^3} \left[\cos \frac{n\pi x}{L} \right]_0^L = \frac{4L^2(1-\cos n\pi)}{(n\pi)^3} = \begin{cases} 8L^2/(\pi n)^3 & (n = 2k-1) \\ 0 & (n = 2k) \end{cases}$$

$$\therefore f(x) \sim \frac{8L^2}{\pi^3} \sum_{k=1}^{\infty} \frac{1}{(2k-1)^3} \sin \frac{(2k-1)\pi x}{L}$$

(2)　まずフーリエ余弦級数について

$$a_0 = 2 \int_0^1 f(x) \, dx = 2 \int_0^1 e^x \, dx = 2 \left[e^x \right]_0^1 = 2(e-1)$$

$$a_n = 2 \int_0^1 e^x \cos n\pi x \, dx = 2 \int_0^1 e^x \left(\frac{1}{n\pi} \sin n\pi x \right)' dx$$

$$= 2 \left[e^x \left(\frac{1}{n\pi} \sin n\pi x \right) \right]_0^1 - 2 \int_0^1 e^x \left(\frac{1}{n\pi} \sin n\pi x \right) dx$$

$$= -2 \left[e^x \left(-\frac{1}{(n\pi)^2} \cos n\pi x \right) \right]_0^1 + 2 \int_0^1 e^x \left(-\frac{1}{(n\pi)^2} \cos n\pi x \right) dx$$

$$= \frac{2}{(n\pi)^2} \left(e \cos n\pi - 1 \right) - \frac{1}{(n\pi)^2} a_n$$

$$\therefore a_n = \frac{2}{(n\pi)^2 + 1} \left\{ e \, (-1)^n - 1 \right\}$$

$$\therefore f(x) \sim e - 1 + \sum_{n=1}^{\infty} \frac{2}{(n\pi)^2 + 1} \left\{ (-1)^n \, e - 1 \right\} \cos n\pi x$$

次にフーリエ正弦級数について

$$b_n = 2 \int_0^1 e^x \, \sin n\pi x \, dx = 2 \int_0^1 e^x \left(-\frac{1}{n\pi} \cos n\pi x \right)' dx$$

$$= 2 \left[e^x \left(-\frac{1}{n\pi} \cos n\pi x \right) \right]_0^1 - 2 \int_0^1 e^x \left(-\frac{1}{n\pi} \cos n\pi x \right) dx$$

$$= \frac{2}{n\pi} \left(1 - e \cos n\pi \right) - 2 \left[e^x \left(-\frac{1}{(n\pi)^2} \sin n\pi x \right) \right]_0^1$$

$$\qquad\qquad + 2 \int_0^1 e^x \left(-\frac{1}{(n\pi)^2} \sin n\pi x \right) dx$$

$$= \frac{2}{n\pi} \left\{ 1 - e \, (-1)^n \right\} - \frac{1}{(n\pi)^2} b_n$$

$$\therefore b_n = \frac{2n\pi}{(n\pi)^2 + 1} \left\{ 1 - e \, (-1)^n \right\}$$

$$\therefore f(x) \sim \sum_{n=1}^{\infty} \frac{2n\pi}{(n\pi)^2 + 1} \left\{ 1 - (-1)^n \, e \right\} \sin n\pi x$$

6.

(1)

$$c_0 = \frac{1}{2\pi} \int_{-\pi}^{\pi} f(x) \, dx = \frac{1}{2\pi} \int_0^{\pi} 1 \, dx = \frac{1}{2}$$

$$c_n = \frac{1}{2\pi} \int_{-\pi}^{\pi} f(x) \, e^{-inx} \, dx = \frac{1}{2\pi} \int_0^{\pi} e^{-inx} \, dx = \frac{1}{2\pi} \left[\frac{e^{-inx}}{-in} \right]_0^{\pi}$$

$$= \frac{i}{2\pi n}\left(e^{-in\pi} - 1\right) = \frac{i}{2\pi n}\left(\cos n\pi - 1\right) = \begin{cases} -i/(\pi n) & (n = 2k - 1) \\ 0 & (n = 2k \neq 0) \end{cases}$$

ただし，オイラーの公式より得られる $e^{-in\pi} = \cos n\pi = (-1)^n$ を用いた.

$$\therefore\ f(x) \sim \frac{1}{2} - \frac{i}{\pi}\sum_{k=1}^{\infty}\frac{1}{2k-1}\left\{e^{i(2k-1)x} - e^{-i(2k-1)x}\right\}$$

その実数形は

$$f(x) \sim \frac{1}{2} + \frac{2}{\pi}\sum_{k=1}^{\infty}\frac{1}{2k-1}\ \sin(2k-1)x$$

(2)

$$c_0 = \frac{1}{2\pi}\int_{-\pi}^{\pi} f(x)\,dx = \frac{1}{2\pi}\int_{0}^{\pi} 1\,dx + \frac{1}{2\pi}\int_{-\pi}^{0}(-1)\,dx = 0$$

$$c_n = \frac{1}{2\pi}\int_{-\pi}^{\pi} f(x)\,e^{-inx}\,dx = \frac{1}{2\pi}\int_{0}^{\pi} e^{-inx}\,dx - \frac{1}{2\pi}\int_{-\pi}^{0} e^{-inx}\,dx$$

$$= \frac{1}{2\pi}\left[\frac{e^{-inx}}{-in}\right]_{0}^{\pi} - \frac{1}{2\pi}\left[\frac{e^{-inx}}{-in}\right]_{-\pi}^{0}$$

$$= \frac{i}{2\pi n}\left(e^{-in\pi} - 1\right) - \frac{i}{2\pi n}\left(1 - e^{in\pi}\right) = -\frac{i}{\pi n}\left(1 - \cos n\pi\right)$$

$$= \begin{cases} -2i/(\pi n) & (n = 2k - 1) \\ 0 & (n = 2k \neq 0) \end{cases}$$

ただし，オイラーの公式より得られる $e^{\pm in\pi} = \cos n\pi = (-1)^n$ を用いた.

$$\therefore\ f(x) \sim -\frac{2i}{\pi}\sum_{k=1}^{\infty}\frac{1}{2k-1}\left\{e^{i(2k-1)x} - e^{-i(2k-1)x}\right\}$$

その実数形は

$$f(x) \sim \frac{4}{\pi}\sum_{k=1}^{\infty}\frac{1}{2k-1}\ \sin(2k-1)x$$

第 2 章　フーリエ級数　　191

(3)
$$c_0 = \frac{1}{2\pi} \int_{-\pi}^{\pi} f(x)\, dx = \frac{1}{2\pi} \int_{-\pi}^{\pi} x\, dx = 0$$

$$c_n = \frac{1}{2\pi} \int_{-\pi}^{\pi} x\, e^{-inx}\, dx = \frac{1}{2\pi} \left[x\, \frac{e^{-inx}}{-in} \right]_{-\pi}^{\pi} - \frac{1}{2\pi} \int_{-\pi}^{\pi} \frac{e^{-inx}}{-in}\, dx$$

$$= \frac{i}{2\pi n} \left(\pi\, e^{-in\pi} + \pi\, e^{in\pi} \right) - \frac{1}{2\pi} \left[\frac{e^{-inx}}{(-in)^2} \right]_{-\pi}^{\pi}$$

$$= \frac{i}{n}\, \cos n\pi + \frac{1}{2\pi n^2} \left(e^{-in\pi} - e^{in\pi} \right) = \frac{i(-1)^n}{n}$$

ただし，オイラーの公式より得られる $e^{\pm in\pi} = \cos n\pi = (-1)^n$ を用いた．

$$\therefore\ f(x) \sim \sum_{n=-\infty, \neq 0}^{\infty} \frac{i(-1)^n}{n}\, e^{inx} = i \sum_{k=1}^{\infty} \frac{(-1)^n}{n} \left\{ e^{inx} - e^{-inx} \right\}$$

その実数形は

$$f(x) \sim 2 \sum_{n=1}^{\infty} \frac{(-1)^{n+1}}{n}\, \sin nx$$

(4)
$$\sin^3 x = \left(\frac{e^{ix} - e^{-ix}}{2i} \right)^3 = \frac{e^{i3x} - 3e^{ix} + 3e^{-ix} - e^{-3ix}}{-8i}$$

となり，その実数形は

$$\sin^3 x = -\left(\sin 3x - 3\sin x \right)/4$$

7.　まずフーリエ余弦級数について，問題5(1)で $L = \pi$ とおくと

$$f(x) = \frac{\pi^2}{6} - 4 \sum_{k=1}^{\infty} \frac{1}{(2k)^2}\, \cos 2kx = \frac{\pi^2}{6} - \sum_{k=1}^{\infty} \frac{1}{k^2}\, \cos 2kx$$

ここで，$-\pi < x < 0$ に対しては $f(x) = f(-x)$ とし，$f(x)$ を区間 $(-\pi, \pi]$ 上の偶関数となるように拡張した．パーセバルの等式を用いると

$$\frac{2}{\pi} \int_0^\pi \{x(\pi - x)\}^2 \, dx = \frac{1}{2} \left(\frac{\pi^2}{3}\right)^2 + \sum_{k=1}^\infty \left(-\frac{1}{k^2}\right)^2 \quad \text{より}$$

$$\frac{\pi^4}{15} = \frac{\pi^4}{18} + \sum_{k=1}^\infty \frac{1}{k^4} \qquad \therefore \ \frac{\pi^4}{90} = \sum_{k=1}^\infty \frac{1}{k^4}$$

次にフーリエ正弦級数について，やはり問題5(1)で $L = \pi$ とおいて

$$f(x) = \frac{8}{\pi} \sum_{k=1}^\infty \frac{1}{(2k-1)^3} \sin(2k-1)x$$

ここで，$-\pi < x < 0$ に対しては $f(x) = -f(-x)$ とし，$f(x)$ を区間 $(-\pi, \pi]$ 上の奇関数となるように拡張した．パーセバルの等式を用いると

$$\frac{2}{\pi} \int_0^\pi \{x(\pi - x)\}^2 \, dx = \sum_{k=1}^\infty \left\{\frac{8}{\pi} \frac{1}{(2k-1)^3}\right\}^2 \quad \text{より}$$

$$\frac{\pi^4}{15} = \frac{64}{\pi^2} \sum_{k=1}^\infty \frac{1}{(2k-1)^6} \qquad \therefore \ \frac{\pi^6}{960} = \sum_{k=1}^\infty \frac{1}{(2k-1)^6}$$

8.

(1)　$f(x)$ は偶関数だから $b_n = 0 \, (n = 1, 2, \cdots)$ で

$$a_0 = \frac{2}{\pi} \int_0^\pi f(x) \, dx = \frac{2}{\pi} \int_0^\pi x^2 \, dx = \frac{2}{\pi} \left[\frac{x^3}{3}\right]_0^\pi = \frac{2}{3} \pi^2$$

$$a_n = \frac{2}{\pi} \int_0^\pi x^2 \cos nx \, dx = \frac{2}{\pi} \left[x^2 \frac{\sin nx}{n}\right]_0^\pi - \frac{2}{\pi} \int_0^\pi 2x \frac{\sin nx}{n} \, dx$$

$$= -\frac{2}{\pi} \left[2x \left(-\frac{\cos nx}{n^2}\right)\right]_0^\pi + \frac{2}{\pi} \int_0^\pi 2 \left(-\frac{\cos nx}{n^2}\right) \, dx$$

$$= \frac{4 \cos n\pi}{n^2} + \frac{2}{\pi} \left[2 \left(-\frac{\sin nx}{n^3}\right)\right]_0^\pi = \frac{4(-1)^n}{n^2} \qquad (n \neq 0)$$

$$\therefore \ x^2 = \frac{\pi^2}{3} + 4 \sum_{n=1}^\infty \frac{(-1)^n}{n^2} \cos nx$$

第 2 章　フーリエ級数　　　**193**

ここで，パーセバルの等式を用いると

$$\frac{1}{\pi} \int_{-\pi}^{\pi} \left(x^2\right)^2 dx = \frac{1}{2} \left(\frac{2}{3}\pi^2\right)^2 + \sum_{n=1}^{\infty} \left\{\frac{4(-1)^n}{n^2}\right\}^2$$

$$\therefore \ \frac{\pi^4}{90} = \sum_{n=1}^{\infty} \frac{1}{n^4}$$

(2)　(1) のフーリエ級数展開に項別微分を行うと

$$2\,x = 4 \sum_{n=1}^{\infty} \frac{(-1)^{n+1}}{n} \sin nx \quad \text{つまり} \quad x = 2 \sum_{n=1}^{\infty} \frac{(-1)^{n+1}}{n} \sin nx$$

が得られる．また，(1) のフーリエ級数展開に項別積分を行うと

$$\int_0^x t^2 \, dt = \int_0^x \frac{\pi^2}{3} \, dt + 4 \sum_{n=1}^{\infty} \frac{(-1)^n}{n^2} \int_0^x \cos nt \, dt$$

$$\text{つまり} \quad \frac{x^3}{3} = \frac{\pi^2}{3} \, x + 4 \sum_{n=1}^{\infty} \frac{(-1)^n}{n^3} \sin nx$$

ここで，x のフーリエ級数展開を代入すれば

$$\frac{x^3}{3} = \frac{2}{3}\pi^2 \sum_{n=1}^{\infty} \frac{(-1)^{n+1}}{n} \sin nx + 4 \sum_{n=1}^{\infty} \frac{(-1)^n}{n^3} \sin nx$$

$$= \frac{2}{3} \sum_{n=1}^{\infty} (-1)^{n+1} \left(\frac{\pi^2}{n} - \frac{6}{n^3}\right) \sin nx$$

という関数 $x^3/3$ のフーリエ級数展開が得られた．

9.

(1)　定理 2.6.1 の式 (2.62) に例題 4 のフーリエ正弦級数解を代入すると

$$C_n = \frac{2}{L} \int_0^L f(x) \sin \frac{n\pi x}{L} \, dx = \begin{cases} (-1)^{(n-1)/2} \, \dfrac{4L}{\pi^2 n^2} & (n = 2k - 1) \\ 0 & (n = 2k) \end{cases}$$

なので

$$u(t, x) = \sum_{k=1}^{\infty} \frac{4(-1)^{k-1} L}{\pi^2 (2k-1)^2} \exp\left[-\left\{\frac{(2k-1)\pi c}{L}\right\}^2 t\right] \sin \frac{(2k-1)\pi x}{L}$$

(2) 定理 2.6.1 の式 (2.62) に問題 5(1) のフーリエ正弦級数解を代入すると

$$C_n = \frac{2}{L} \int_0^L f(x) \sin \frac{n\pi x}{L} \, dx = \begin{cases} 8L^2/(\pi n)^3 & (n = 2k-1) \\ 0 & (n = 2k) \end{cases}$$

なので

$$u(t,x) = \sum_{k=1}^{\infty} \frac{8L^2}{\pi^3 (2k-1)^3} \exp\left[-\left\{\frac{(2k-1)\pi c}{L}\right\}^2 t\right] \sin \frac{(2k-1)\pi x}{L}$$

10. $u(t,x) = T(t)\,X(x)$（変数分離）の形の解で恒等的に 0 ではないものを求める. $u(t,x)$ を偏微分方程式に代入して $u(t,x)$ と c^2 で両辺を割ると

$$\frac{T'(t)}{c^2 \, T(t)} = \frac{X''(x)}{X(x)}$$

この左辺は変数 x に無関係な関数で，右辺は変数 t に無関係な関数であるから，両辺とも変数 t と x に無関係な定数でなければならない．その定数を $-k$ とおくと

$$\frac{T'(t)}{c^2 \, T(t)} = \frac{X''(x)}{X(x)} = -k$$

となるので，2 つの常微分方程式

$$X''(x) + k \, X(x) = 0, \qquad T'(t) + c^2 \, k \, T(t) = 0$$

が得られる．そして，境界条件を用いると $X'(0) = X'(L) = 0$ となり，これと $X''(x) + k \, X(x) = 0$ より $k \geq 0$ が得られる．そこで，$r = \sqrt{k}$ とおくと A, B を任意定数として一般解

$$X(x) = A \cos rx + B \sin rx$$

を得る．そして，このとき

$$X'(x) = r \, (-A \sin rx + B \cos rx)$$

なので，境界条件 $X'(0) = 0$ より $r = 0$ または $B = 0$ である．

(i) $r = 0$ のときは，$X(x) \equiv A$（A は定数）となる．つまり定数解である．

(ii) $r \neq 0$ のときは，$B = 0$ であるので $X(x) = A\cos rx$ となる．だから $X'(L) = 0$ より $\sin rL = 0$ である．

(i), (ii) より $rL = n\pi$（$n = 0, 1, 2, \cdots$）となり，求める解 $X(x)$ は（定数 A は省いて）

$$X(x) = \cos\frac{n\pi x}{L} \quad (n = 0, 1, 2, \cdots)$$

となる．この右辺を $X_n(x)$ と表そう．また，各 n について $k = r^2 = (n\pi/L)^2$ に対応する常微分方程式

$$T'(t) + c^2\left(\frac{n\pi}{L}\right)^2 T(t) = 0$$

を解いて，C_n を任意定数として一般解

$$T(t) = T_n(t) = \exp\left\{-\left(\frac{n\pi c}{L}\right)^2 t\right\}$$

が得られる．以上より，与えられた偏微分方程式を満たす変数分離解として，各 n について

$$u_n(t, x) = T_n(t)\,X_n(x) = C_n \exp\left\{-\left(\frac{n\pi c}{L}\right)^2 t\right\}\cos\frac{n\pi x}{L}$$

を得る．これらの解の 1 次結合をとり

$$u(t, x) = \sum_{n=0}^{\infty} C_n \exp\left\{-\left(\frac{n\pi c}{L}\right)^2 t\right\}\cos\frac{n\pi x}{L}$$

が得られる．最後に，考慮外であった初期条件より

$$u(0, x) = \sum_{n=0}^{\infty} C_n \cos\frac{n\pi x}{L} = g(x)$$

が得られる．これより，右辺の関数 $g(x)$ のフーリエ余弦係数

196　　　　　　　　　　問題・練習問題解答

$$a_n = \frac{2}{L} \int_0^L g(x) \cos \frac{n\pi x}{L} \, dx \quad (n = 0, 1, 2, \cdots)$$

を用いて，$C_0 = a_0/2, C_1 = a_1, C_2 = a_2 \cdots$ と定数の列 $\{C_n\}$ を決めると，結果が得られる．

［練習問題］

2.1

(1)　フーリエ級数　(2)　フーリエ係数　(3)　$\dfrac{1}{\pi} \displaystyle\int_{-\pi}^{\pi} f(x) \cos nx \, dx$

(4)　$\dfrac{1}{\pi} \displaystyle\int_{-\pi}^{\pi} f(x) \sin nx \, dx$　(5)　偶　(6) 2　(7)　偶　(8) 2　(9)　奇　(10)　0

(11)　偶　(12)　$\dfrac{2}{\pi} \displaystyle\int_{0}^{\pi} f(x) \cos nx \, dx$　(13)　奇　(14) 0　(15) 奇　(16) 0

(17)　偶　(18)　2　(19)　奇　(20)　$\dfrac{2}{\pi} \displaystyle\int_{0}^{\pi} f(x) \sin nx \, dx$

2.2

(1) $\cos ny$　(2) $\sin ny$　(3) e^{ix}　(4) e^{-ix}　(5) $\cos x$　(6) $\sin x$　(7) $\cos nx$

(8) $\sin nx$　(9) $\dfrac{a_0}{2}$　(10) $\dfrac{a_n - ib_n}{2}$　(11) $\dfrac{a_n + ib_n}{2}$　(12) 複素フーリエ

(13) 複素フーリエ　(14) $\dfrac{1}{2}$　(15) $\dfrac{i}{2}$　(16) $\cos ny$　(17) $\sin ny$　(18) e^{-iny}

2.3

(1)　（練習問題 2.10 の解答の前半を参照されたい．）偶関数だから，$b_n = 0 \, (n = 1, 2, \cdots)$ で

$$a_0 = \frac{2}{\pi} \int_0^{\pi} \sin x \, dx = \frac{2}{\pi} \Big[-\cos x \Big]_0^{\pi} = \frac{4}{\pi}$$

$$a_1 = \frac{2}{\pi} \int_0^{\pi} \sin x \cos x \, dx = \frac{1}{\pi} \int_0^{\pi} \sin 2x \, dx = \frac{1}{\pi} \Big[-\frac{\cos 2x}{2} \Big]_0^{\pi} = 0$$

$$a_n = \frac{2}{\pi} \int_0^{\pi} \sin x \cos nx \, dx = \frac{1}{\pi} \int_0^{\pi} \{\sin(n+1)x - \sin(n-1)x\} \, dx$$

第2章　フーリエ級数　　**197**

$$= \begin{cases} \dfrac{1}{\pi}\left\{\dfrac{1-(-1)^{n+1}}{n+1}+\dfrac{(-1)^{n-1}-1}{n-1}\right\}=-\dfrac{4}{\pi(n^2-1)} & (n=2k\neq0)\\[2mm] 0 & (n=2k-1) \end{cases}$$

$$\therefore\ f(x)\sim\frac{2}{\pi}-\frac{4}{\pi}\sum_{k=1}^{\infty}\frac{1}{4k^2-1}\,\cos2kx$$

(2)　奇関数だから，$a_n=0\,(n=0,1,2,\cdots)$ で

$$b_n=\frac{2}{\pi}\int_0^{\pi}\cos x\,\sin nx\,dx=\frac{1}{\pi}\int_0^{\pi}\{\sin(n+1)x+\sin(n-1)x\}\,dx$$

$$= \begin{cases} \dfrac{1}{\pi}\left\{\dfrac{1-(-1)^{n+1}}{n+1}-\dfrac{(-1)^{n-1}-1}{n-1}\right\}=\dfrac{4n}{\pi(n^2-1)} & (n=2k\neq0)\\[2mm] 0 & (n=2k-1) \end{cases}$$

$$\therefore\ f(x)\sim\frac{8}{\pi}\sum_{k=1}^{\infty}\frac{k}{4k^2-1}\,\sin2kx$$

2.4

(1)　まずフーリエ余弦級数について

$$a_0=\frac{2}{\pi}\int_0^{\pi}x^2\,dx=\frac{2}{\pi}\left[\frac{x^3}{3}\right]_0^{\pi}=\frac{2}{3}\,\pi^2$$

$$a_n=\frac{2}{\pi}\int_0^{\pi}x^2\cos nx\,dx=\frac{2}{\pi}\left[x^2\,\frac{\sin nx}{n}\right]_0^{\pi}-\frac{2}{\pi}\int_0^{\pi}2x\,\frac{\sin nx}{n}\,dx$$

$$=-\frac{2}{\pi}\left[2x\left(-\frac{\cos nx}{n^2}\right)\right]_0^{\pi}+\frac{2}{\pi}\int_0^{\pi}2\left(-\frac{\cos nx}{n^2}\right)\,dx$$

$$=\frac{4\cos n\pi}{n^2}+\frac{2}{\pi}\left[2\left(-\frac{\sin nx}{n^3}\right)\right]_0^{\pi}=\frac{4(-1)^n}{n^2}\qquad(n\neq0)$$

$$\therefore f(x)\sim\frac{\pi^2}{3}+4\sum_{n=1}^{\infty}\frac{(-1)^n}{n^2}\,\cos nx$$

次にフーリエ正弦級数について

$$b_n=\frac{2}{\pi}\int_0^{\pi}x^2\sin nxdx=\frac{2}{\pi}\left[x^2\left(-\frac{\cos nx}{n}\right)\right]_0^{\pi}-\frac{2}{\pi}\int_0^{\pi}2x\left(-\frac{\cos nx}{n}\right)dx$$

$$= -\frac{2\pi}{n}\cos n\pi - \frac{2}{\pi}\left[2x\left(-\frac{\sin nx}{n^2}\right)\right]_0^\pi + \frac{2}{\pi}\int_0^\pi 2\left(-\frac{\sin nx}{n^2}\right)dx$$

$$= \frac{2\pi}{n}(-1)^{n+1} + \frac{4}{\pi}\left[\frac{\cos nx}{n^3}\right]_0^\pi = \frac{2\pi}{n}(-1)^{n+1} - \frac{4}{\pi n^3}\left\{1-(-1)^n\right\}$$

$$\therefore\ f(x) \sim \sum_{n=1}^\infty \left[\frac{2\pi}{n}(-1)^{n+1} - \frac{4}{\pi n^3}\left\{1-(-1)^n\right\}\right]\sin nx$$

(2) まずフーリエ余弦級数について

$$a_0 = \frac{2}{\pi}\int_0^\pi (\pi-x)^2\,dx = \frac{2}{\pi}\left[-\frac{(\pi-x)^3}{3}\right]_0^\pi = \frac{2}{3}\pi^2$$

$$a_n = \frac{2}{\pi}\int_0^\pi (\pi-x)^2\cos nx\,dx$$

$$= \frac{2}{\pi}\left[(\pi-x)^2\frac{\sin nx}{n}\right]_0^\pi - \frac{2}{\pi}\int_0^\pi \left\{-2(\pi-x)\right\}\frac{\sin nx}{n}\,dx$$

$$= -\frac{2}{\pi}\left[\left\{-2(\pi-x)\right\}\left(-\frac{\cos nx}{n^2}\right)\right]_0^\pi + \frac{2}{\pi}\int_0^\pi 2\left(-\frac{\cos nx}{n^2}\right)dx$$

$$= \frac{4}{n^2} + \frac{4}{\pi}\left[-\frac{\sin nx}{n^3}\right]_0^\pi = \frac{4}{n^2}\quad (n \neq 0)$$

$$\therefore f(x) \sim \frac{\pi^2}{3} + 4\sum_{n=1}^\infty \frac{1}{n^2}\cos nx$$

次にフーリエ正弦級数について

$$b_n = \frac{2}{\pi}\int_0^\pi (\pi-x)^2\sin nx\,dx$$

$$= \frac{2}{\pi}\left[(\pi-x)^2\left(-\frac{\cos nx}{n}\right)\right]_0^\pi - \frac{2}{\pi}\int_0^\pi \left\{-2(\pi-x)\right\}\left(-\frac{\cos nx}{n}\right)dx$$

$$= \frac{2\pi}{n} - \frac{2}{\pi}\left[\left\{-2(\pi-x)\right\}\left(-\frac{\sin nx}{n^2}\right)\right]_0^\pi + \frac{2}{\pi}\int_0^\pi 2\left(-\frac{\sin nx}{n^2}\right)dx$$

$$= \frac{2\pi}{n} + \frac{2}{\pi}\left[2\left(\frac{\cos nx}{n^3}\right)\right]_0^\pi = \frac{2\pi}{n} - \frac{4}{\pi n^3}\left\{1-(-1)^n\right\}$$

$$\therefore f(x) \sim \sum_{n=1}^\infty \left[\frac{2\pi}{n} - \frac{4}{\pi n^3}\left\{1-(-1)^n\right\}\right]\sin nx$$

第2章 フーリエ級数　　**199**

2.5

(1) 偶関数だから，$b_n = 0 \, (n = 1, 2, \cdots)$ で

$$a_0 = \frac{1}{L} \int_{-L}^{L} f(x) \, dx = \frac{2}{L} \int_0^L x \, dx = \frac{2}{L} \left[\frac{x^2}{2} \right]_0^L = L$$

$$a_n = \frac{2}{L} \int_0^L x \cos \frac{n\pi x}{L} \, dx = \frac{2}{L} \left[x \frac{L}{n\pi} \sin \frac{n\pi x}{L} \right]_0^L - \frac{2}{L} \int_0^L \frac{L}{n\pi} \sin \frac{n\pi x}{L} \, dx$$

$$= -\frac{2}{L} \left[-\left(\frac{L}{n\pi} \right)^2 \cos \frac{n\pi x}{L} \right]_0^L = \frac{2L}{(n\pi)^2} (\cos n\pi - 1)$$

$$= \begin{cases} -4L/(\pi n)^2 & (n = 2k - 1) \\ 0 & (n = 2k \neq 0) \end{cases}$$

$$\therefore \ f(x) \sim \frac{L}{2} - \frac{4L}{\pi^2} \sum_{k=1}^{\infty} \frac{1}{(2k-1)^2} \cos \frac{(2k-1)\pi x}{L}$$

(2) 偶関数だから，$b_n = 0 \, (n = 1, 2, \cdots)$ で

$$a_0 = \frac{2}{L} \int_0^L x^2 \, dx = \frac{2}{L} \left[\frac{x^3}{3} \right]_0^L = \frac{2L^2}{3}$$

$$a_n = \frac{2}{L} \int_0^L x^2 \cos \frac{n\pi x}{L} \, dx$$

$$= \frac{2}{L} \left[x^2 \left(\frac{L}{n\pi} \sin \frac{n\pi x}{L} \right) \right]_0^L - \frac{2}{L} \int_0^L 2x \left(\frac{L}{n\pi} \sin \frac{n\pi x}{L} \right) \, dx$$

$$= -\frac{2}{L} \left[2x \left(-\frac{L^2}{n^2\pi^2} \cos \frac{n\pi x}{L} \right) \right]_0^L + \frac{2}{L} \int_0^L 2 \left(-\frac{L^2}{n^2\pi^2} \cos \frac{n\pi x}{L} \right) \, dx$$

$$= \frac{4L^2}{\pi^2 n^2} \cos n\pi + \frac{2}{L} \left[2 \left(-\frac{L^3}{n^3\pi^3} \sin \frac{n\pi x}{L} \right) \right]_0^L = \frac{4L^2(-1)^n}{\pi^2 n^2}$$

$$\therefore \ f(x) = \frac{L^2}{3} + \frac{4L^2}{\pi^2} \sum_{n=1}^{\infty} \frac{(-1)^n}{n^2} \cos \frac{n\pi x}{L}$$

(3)

$$a_0 = \frac{1}{L}\int_0^L x\,dx = \frac{1}{L}\left[\frac{x^2}{2}\right]_0^L = \frac{L}{2}$$

$$a_n = \frac{1}{L}\int_0^L x\cos\frac{n\pi x}{L}dx = \frac{1}{L}\left[x\left(\frac{L}{n\pi}\sin\frac{n\pi x}{L}\right)\right]_0^L - \frac{1}{L}\int_0^L\left(\frac{L}{n\pi}\sin\frac{n\pi x}{L}\right)dx$$

$$= -\frac{1}{L}\left[-\left(\frac{L}{\pi n}\right)^2\cos\frac{n\pi x}{L}\right]_0^L = \frac{L}{(n\pi)^2}\left(\cos n\pi - 1\right)$$

$$= \begin{cases} -2L/(\pi n)^2 & (n = 2k-1) \\ 0 & (n = 2k \neq 0) \end{cases}$$

$$b_n = \frac{1}{L}\int_0^L x\sin\frac{n\pi x}{L}\,dx$$

$$= \frac{1}{L}\left[x\left(-\frac{L}{n\pi}\cos\frac{n\pi x}{L}\right)\right]_0^L - \frac{1}{L}\int_0^L\left(-\frac{L}{n\pi}\cos\frac{n\pi x}{L}\right)dx$$

$$= -\frac{L}{\pi n}\cos n\pi + \frac{1}{L}\left[\left(\frac{L}{n\pi}\right)^2\sin\frac{n\pi x}{L}\right]_0^L = \frac{L}{\pi n}(-1)^{n+1}$$

$$\therefore f(x) \sim \frac{L}{4} - \frac{2L}{\pi^2}\sum_{k=1}^{\infty}\frac{1}{(2k-1)^2}\cos\frac{(2k-1)\pi x}{L} + \frac{L}{\pi}\sum_{n=1}^{\infty}\frac{(-1)^{n+1}}{n}\sin\frac{n\pi x}{L}$$

(4)

$$a_0 = \frac{1}{L}\int_0^L\cos\frac{\pi x}{L}\,dx = \frac{1}{L}\left[\frac{L}{\pi}\sin\frac{\pi x}{L}\right]_0^L = 0$$

$$a_1 = \frac{1}{L}\int_0^L\cos^2\frac{\pi x}{L}\,dx = \frac{1}{2L}\int_0^L\left(\cos\frac{2\pi x}{L} + 1\right)dx = \frac{1}{2}$$

$$a_n = \frac{1}{L}\int_0^L\cos\frac{\pi x}{L}\cos\frac{n\pi x}{L}\,dx$$

$$= \frac{1}{2L}\int_0^L\left\{\cos\frac{(n+1)\pi x}{L} + \cos\frac{(n-1)\pi x}{L}\right\}dx = 0 \quad (n > 1)$$

$$b_1 = \frac{1}{L}\int_0^L\cos\frac{\pi x}{L}\sin\frac{\pi x}{L}\,dx = \frac{1}{2L}\int_0^L\sin\frac{2\pi x}{L}\,dx = 0$$

第 2 章　フーリエ級数　　　　　**201**

$$b_n = \frac{1}{L} \int_0^L \cos \frac{\pi x}{L} \sin \frac{n\pi x}{L} \, dx$$

$$= \frac{1}{2L} \int_0^L \left\{ \sin \frac{(n+1)\pi x}{L} + \sin \frac{(n-1)\pi x}{L} \right\} dx$$

$$= \frac{1}{2\pi} \left[\frac{1}{n+1} \left\{ 1 - \cos(n+1)\pi \right\} + \frac{1}{n-1} \left\{ 1 - \cos(n-1)\pi \right\} \right]$$

$$= \begin{cases} 0 & (n = 2k-1) \\ 2n/\left\{ \pi(n^2-1) \right\} & (n = 2k) \end{cases}$$

$$\therefore \ f(x) \sim \frac{1}{2} \cos \frac{\pi x}{L} + \frac{4}{\pi} \sum_{k=1}^{\infty} \frac{k}{4k^2-1} \sin \frac{2k\pi x}{L}$$

2.6

(1)

$$c_n = \frac{1}{2\pi} \int_{-\pi}^{\pi} e^{\lambda x} \, e^{-inx} \, dx = \frac{1}{2\pi(\lambda - in)} \left\{ e^{(\lambda - in)\pi} - e^{-(\lambda - in)\pi} \right\}$$

$$= \frac{1}{2\pi} \frac{\lambda + in}{\lambda^2 + n^2} \left(e^{\lambda\pi} e^{-in\pi} - e^{-\lambda\pi} e^{in\pi} \right) = \frac{1}{2\pi} \frac{\lambda + in}{\lambda^2 + n^2} (-1)^n \left(e^{\lambda\pi} - e^{-\lambda\pi} \right)$$

ただし，オイラーの公式より得られる $e^{\pm in\pi} = \cos n\pi = (-1)^n$ を用いた.

$$\therefore \ f(x) \sim \frac{e^{\lambda\pi} - e^{-\lambda\pi}}{2\pi} \sum_{n=-\infty}^{\infty} \frac{(\lambda + in)(-1)^n}{\lambda^2 + n^2} \, e^{inx}$$

また，オイラーの公式により n 項と $-n$ 項をまとめると

$$(\lambda + in) \, e^{inx} + (\lambda - in) \, e^{-inx} = 2 \left(\lambda \cos nx - n \sin nx \right)$$

よって，実フーリエ級数は

$$f(x) \sim \frac{e^{\lambda\pi} - e^{-\lambda\pi}}{2\pi} \sum_{n=1}^{\infty} \frac{2(-1)^n}{\lambda^2 + n^2} \left(\lambda \cos nx - n \sin nx \right) + \frac{e^{\lambda\pi} - e^{-\lambda\pi}}{2\lambda\pi}$$

(2)

$$c_0 = \frac{1}{2\pi} \int_{-\pi}^{\pi} |\sin x| \, dx = \frac{2}{2\pi} \int_0^{\pi} \sin x \, dx = \frac{2}{\pi}$$

オイラーの公式を用い，偶関数と奇関数の和の積分であることに注意して

$$c_{\pm 1} = \frac{1}{2\pi} \int_{-\pi}^{\pi} |\sin x|\, e^{\mp ix}\, dx = \frac{2}{2\pi} \int_{0}^{\pi} \sin x\, \cos x\, dx = \frac{1}{2\pi} \int_{0}^{\pi} \sin 2x\, dx = 0$$

$$c_n = \frac{1}{2\pi} \int_{-\pi}^{\pi} |\sin x|\, e^{-inx}\, dx = \frac{2}{2\pi} \int_{0}^{\pi} \sin x\, \cos nx\, dx \qquad (n \neq 0, \pm 1)$$

$$= \frac{1}{2\pi} \int_{0}^{\pi} \left\{ \sin(n+1)x - \sin(n-1)x \right\}\, dx$$

$$= \frac{1}{2\pi} \left[-\frac{\cos(n+1)x}{n+1} + \frac{\cos(n-1)x}{n-1} \right]_{0}^{\pi}$$

$$= \frac{1}{2\pi} \left\{ \frac{1 - \cos(n+1)\pi}{n+1} - \frac{1 - \cos(n-1)\pi}{n-1} \right\} = \begin{cases} 0 & (n = 2k-1) \\ \dfrac{-2}{\pi(n^2-1)} & (n = 2k) \end{cases}$$

よって，複素および実フーリエ級数はそれぞれ

$$f(x) \sim \frac{2}{\pi} - \frac{2}{\pi} \sum_{k=1}^{\infty} \frac{1}{4k^2-1} \left(e^{i2kx} + e^{-i2kx} \right) = \frac{2}{\pi} - \frac{4}{\pi} \sum_{k=1}^{\infty} \frac{1}{4k^2-1} \cos 2kx$$

(3)

$$c_0 = \frac{1}{2\pi} \int_{-\pi}^{\pi} f(x)\, dx = \frac{2}{2\pi} \int_{0}^{\pi} x\, dx = \frac{1}{\pi} \left[\frac{x^2}{2} \right]_{0}^{\pi} = \frac{\pi}{2}$$

オイラーの公式を用い，偶関数と奇関数の和の積分であることに注意して

$$c_n = \frac{1}{2\pi} \int_{-\pi}^{\pi} |x|\, e^{-inx}\, dx = \frac{2}{2\pi} \int_{0}^{\pi} x\, \cos nx\, dx$$

$$= \frac{2}{2\pi} \left[x\, \frac{\sin nx}{n} \right]_{0}^{\pi} - \frac{2}{2\pi} \int_{0}^{\pi} \frac{\sin nx}{n}\, dx = -\frac{1}{\pi} \left[-\frac{\cos nx}{n^2} \right]_{0}^{\pi}$$

$$= \frac{1}{\pi n^2} \left\{ (-1)^n - 1 \right\} = \begin{cases} -\dfrac{2}{\pi n^2} & (n = 2k-1) \\ 0 & (n = 2k \neq 0) \end{cases}$$

$$\therefore\ f(x) \sim \frac{\pi}{2} + \frac{1}{\pi} \sum_{n=1}^{\infty} \frac{1}{n^2} \left\{ (-1)^n - 1 \right\} \left(e^{inx} + e^{-inx} \right)$$

$$= \frac{\pi}{2} - \frac{2}{\pi} \sum_{k=1}^{\infty} \frac{1}{(2k-1)^2} \left(e^{i(2k-1)x} + e^{-i(2k-1)x} \right)$$

その実数形は

$$f(x) \sim \frac{\pi}{2} - \frac{4}{\pi} \sum_{k=1}^{\infty} \frac{1}{(2k-1)^2} \cos(2k-1)x$$

(4)

$$\cos^4 x = \left(\frac{e^{ix} + e^{-ix}}{2} \right)^4 = \frac{1}{16} \left(e^{i4x} + 4e^{i2x} + 6 + 4e^{-i2x} + e^{-i4x} \right)$$

となるので，これを実数形に直せば

$$\cos^4 x = \frac{1}{8} \left(\cos 4x + 4 \cos 2x + 3 \right)$$

2.7

(1)

$$c_n = \frac{1}{2\pi} \int_{-\pi}^{\pi} \frac{e^x + e^{-x}}{2} e^{-inx} dx = \frac{1}{4\pi} \left\{ \left[\frac{e^{(1-in)x}}{1-in} \right]_{-\pi}^{\pi} - \left[\frac{e^{-(1+in)x}}{1+in} \right]_{-\pi}^{\pi} \right\}$$

$$= \frac{1}{4\pi} \left(\frac{e^{\pi} e^{-in\pi} - e^{-\pi} e^{in\pi}}{1-in} - \frac{e^{-\pi} e^{-in\pi} - e^{\pi} e^{in\pi}}{1+in} \right) = \frac{(e^{\pi} - e^{-\pi})(-1)^n}{2\pi(n^2+1)}$$

ただし，オイラーの公式より得られる $e^{\pm in\pi} = \cos n\pi = (-1)^n$ を用いた.

$$\therefore \ f(x) \sim \sum_{n=-\infty}^{\infty} \frac{(e^{\pi} - e^{-\pi})(-1)^n}{2\pi(n^2+1)} e^{inx} = \frac{e^{\pi} - e^{-\pi}}{\pi} \left\{ \frac{1}{2} + \sum_{n=1}^{\infty} \frac{(-1)^n}{n^2+1} \right.$$

$$\left. \times \frac{e^{inx} + e^{-inx}}{2} \right\} = \frac{e^{\pi} - e^{-\pi}}{\pi} \left\{ \frac{1}{2} + \sum_{n=1}^{\infty} \frac{(-1)^n}{n^2+1} \cos nx \right\}$$

(2) (1) のフーリエ級数に $x = \pi$ を代入して

$$f(\pi) = \frac{e^{\pi} - e^{-\pi}}{\pi} \left\{ \frac{1}{2} + \sum_{n=1}^{\infty} \frac{(-1)^n}{n^2+1} \cos n\pi \right\}$$

一方，$f(\pi) = (e^{\pi} + e^{-\pi})/2$ なので

$$\sum_{n=1}^{\infty} \frac{1}{n^2+1} = \frac{1}{2}\left\{\frac{(e^{\pi}+e^{-\pi})\pi}{e^{\pi}-e^{-\pi}} - 1\right\}$$

そして，(1) のフーリエ級数に $x = 0$ を代入して

$$f(0) = \frac{e^{\pi}-e^{-\pi}}{\pi}\left\{\frac{1}{2} + \sum_{n=1}^{\infty}\frac{(-1)^n}{n^2+1}\cos 0\right\}$$

他方，$f(0) = 1$ なので

$$\sum_{n=1}^{\infty}\frac{(-1)^{n+1}}{n^2+1} = \frac{1}{2}\left(1 - \frac{2\pi}{e^{\pi}-e^{-\pi}}\right)$$

2.8

$$\overline{c_n} = \overline{\frac{1}{2\pi}\int_{-\pi}^{\pi}f(x)\,e^{-inx}\,dx} = \frac{1}{2\pi}\int_{-\pi}^{\pi}f(x)\,\overline{e^{-inx}}\,dx$$

$$= \frac{1}{2\pi}\int_{-\pi}^{\pi}f(x)\,e^{inx}\,dx = \frac{1}{2\pi}\int_{-\pi}^{\pi}f(x)\,e^{-i(-n)x}\,dx = c_{-n}$$

2.9　周期 2π の場合について示す．

$$\overline{c_n} = \overline{\frac{1}{2\pi}\int_{-\pi}^{\pi}f(x)\,e^{-inx}\,dx} = \frac{1}{2\pi}\int_{-\pi}^{\pi}f(x)\,e^{inx}\,dx$$

ここで，$x = -t$ とおくと，偶関数であれば

$$\overline{c_n} = \frac{1}{2\pi}\int_{\pi}^{-\pi}f(-t)\,e^{-int}\,(-1)\,dt = \frac{1}{2\pi}\int_{-\pi}^{\pi}f(t)\,e^{-int}\,dt = c_n$$

が成り立つので，c_n は実数となる．同様に，奇関数であれば

$$\overline{c_n} = \frac{1}{2\pi}\int_{\pi}^{-\pi}f(-t)\,e^{-int}\,(-1)\,dt = -\frac{1}{2\pi}\int_{-\pi}^{\pi}f(t)\,e^{-int}\,dt = -c_n$$

が成り立つので，c_n は純虚数となる．

第 2 章　フーリエ級数　　　**205**

2.10

$$a_0 = \frac{2}{\pi} \int_0^\pi \sin x dx = \frac{2}{\pi} \left[-\cos x \right]_0^\pi = \frac{4}{\pi}$$

$$a_1 = \frac{2}{\pi} \int_0^\pi \sin x \cos x dx = \frac{1}{\pi} \int_0^\pi \sin 2x dx = \frac{1}{\pi} \left[-\frac{\cos 2x}{2} \right]_0^\pi = 0$$

$$a_n = \frac{2}{\pi} \int_0^\pi \sin x \, \cos nx \, dx = \frac{1}{\pi} \int_0^\pi \{\sin(n+1)x - \sin(n-1)x\} \, dx$$

$$= \frac{1}{\pi} \left[-\frac{\cos(n+1)x}{n+1} \right]_0^\pi - \frac{1}{\pi} \left[-\frac{\cos(n-1)x}{n-1} \right]_0^\pi$$

$$= \frac{1}{\pi} \left\{ \frac{1 - \cos(n+1)\pi}{n+1} - \frac{1 - \cos(n-1)\pi}{n-1} \right\} = \begin{cases} 0 & (n = 2k-1) \\ -\dfrac{4}{\pi(n^2-1)} & (n = 2k) \end{cases}$$

となるので，フーリエ余弦級数は

$$f(x) = \frac{2}{\pi} - \frac{4}{\pi} \sum_{k=1}^\infty \frac{1}{(2k-1)(2k+1)} \cos 2kx$$

である．ここで，パーセバルの等式を用いると

$$\frac{1}{\pi} \int_{-\pi}^\pi \sin^2 x \, dx = \frac{1}{2} \left(\frac{4}{\pi} \right)^2 + \left(\frac{4}{\pi} \right)^2 \sum_{k=1}^\infty \frac{1}{(2k-1)^2(2k+1)^2}$$

$$\therefore \frac{\pi^2 - 8}{16} = \sum_{k=1}^\infty \frac{1}{(2k-1)^2(2k+1)^2} = \sum_{k=1}^\infty \frac{1}{(4k^2-1)^2}$$

2.11　例題 1(1) より

$$f(x) = \frac{4}{\pi} \sum_{n=1}^\infty \frac{\sin(2n-1)x}{2n-1}$$

が成り立っている．0 から x まで両辺を（右辺は項別）積分して

$$\int_0^x f(t) \, dt = \frac{4}{\pi} \sum_{n=1}^\infty \int_0^x \frac{\sin(2n-1)t}{2n-1} \, dt = \frac{4}{\pi} \sum_{n=1}^\infty \left[-\frac{\cos(2n-1)t}{(2n-1)^2} \right]_0^x$$

$$= \frac{4}{\pi} \sum_{n=1}^{\infty} \frac{1}{(2n-1)^2} - \frac{4}{\pi} \sum_{n=1}^{\infty} \frac{\cos(2n-1)x}{(2n-1)^2} = \frac{4}{\pi} \cdot \frac{\pi^2}{8} - \frac{4}{\pi} \sum_{n=1}^{\infty} \frac{\cos(2n-1)x}{(2n-1)^2}$$

となる．ただし，上記例題 1 の注 1 の等式を用いた．また

$$\int_0^x f(t)\,dt = \begin{cases} x & (x \geq 0) \\ -x & (x < 0) \end{cases}$$

であるので，結局

$$|x| = \frac{\pi}{2} - \frac{4}{\pi} \sum_{n=1}^{\infty} \frac{\cos(2n-1)x}{(2n-1)^2}$$

という $|x|$ のフーリエ級数展開が得られる．

2.12 練習問題 2.7 より，$f(x)$ のフーリエ級数は

$$f(x) = \frac{e^x + e^{-x}}{2} = \frac{e^\pi - e^{-\pi}}{\pi} \left\{ \frac{1}{2} + \sum_{n=1}^{\infty} \frac{(-1)^n}{n^2+1} \cos nx \right\}$$

であるが，両辺を微分する（右辺は項別微分する）と

$$f'(x) = \frac{e^x - e^{-x}}{2} = \frac{e^\pi - e^{-\pi}}{\pi} \sum_{n=1}^{\infty} \frac{(-1)^{n+1}n}{n^2+1} \sin nx$$

となり，$f'(x) = g(x)$ のフーリエ級数が得られる．

2.13

(1) $u(t,x) = T(t)\,X(x)$（変数分離）の形の解で恒等的に 0 ではないものを求める．$u(t,x)$ を偏微分方程式に代入して $u(t,x)$ と c^2 で両辺を割ると

$$\frac{T''(t)}{c^2\,T(t)} = \frac{X''(x)}{X(x)}$$

この左辺は変数 x に無関係な関数で，右辺は変数 t に無関係な関数であるから，両辺とも変数 t と x に無関係な定数でなければならない．その定数を $-k$ とおくと

$$\frac{T''(t)}{c^2\,T(t)} = \frac{X''(x)}{X(x)} = -k$$

第2章 フーリエ級数　　　**207**

となるので，2つの常微分方程式

$$X''(x) + k\,X(x) = 0, \quad T''(t) + c^2\,k\,T(t) = 0$$

が得られる．そして，境界条件を用いると $X(0) = X(L) = 0$ となり，これと $X''(x) + k\,X(x) = 0$ より $k > 0$ が得られる．そこで，$r = \sqrt{k}$ とおくと A, B を任意定数として一般解

$$X(x) = A \cos rx + B \sin rx$$

を得る．そして，再び境界条件 $X(0) = 0$ より $A = 0$ であり

$$X(x) = B \sin rx$$

となる．また，境界条件 $X(L) = 0$ より $\sin rL = 0$ であり，$rL = n\pi$ $(n = 1, 2, \cdots)$ となる．よって，求める解 $X(x)$ は

$$X(x) = \sin \frac{n\pi x}{L} \quad (n = 1, 2, \cdots)$$

となる．この右辺を $X_n(x)$ と表そう．また，各 n について $k = r^2 = (n\pi/L)^2$ に対応する常微分方程式

$$T''(t) + c^2 \left(\frac{n\pi}{L}\right)^2 T(t) = 0$$

を解いて，C_n, D_n を任意定数として一般解

$$T(t) = T_n(t) = C_n \cos \frac{n\pi ct}{L} + D_n \sin \frac{n\pi ct}{L}$$

が得られる．以上より，与えられた偏微分方程式を満たす変数分離解として，各 n について

$$u_n(t, x) = T_n(t)\,X_n(x) = \left(C_n \cos \frac{n\pi ct}{L} + D_n \sin \frac{n\pi ct}{L}\right) \sin \frac{n\pi x}{L}$$

を得る．これらの解の1次結合をとり

$$u(t, x) = \sum_{n=1}^{\infty} \left(C_n \cos \frac{n\pi ct}{L} + D_n \sin \frac{n\pi ct}{L}\right) \sin \frac{n\pi x}{L}$$

208　　　　　　　　　問題・練習問題解答

が得られる．最後に，考慮外であった最初の初期条件より

$$u(0, x) = f(x) = \sum_{n=1}^{\infty} u_n(0, x) = \sum_{n=1}^{\infty} C_n \sin \frac{n\pi x}{L}$$

が得られる．よって，定数 $\{C_n\}$ を $f(x)$ のフーリエ正弦係数を用いて

$$C_n = \frac{2}{L} \int_0^L f(x) \sin \frac{n\pi x}{L} \, dx \quad (n = 1, 2, \cdots)$$

で定める．そして，第 2 の初期条件より

$$g(x) = \frac{\partial u}{\partial t}(0, x) = \sum_{n=1}^{\infty} \frac{\partial u_n}{\partial t}(0, x) = \sum_{n=1}^{\infty} \left(\frac{n\pi c}{L} \right) D_n \sin \frac{n\pi x}{L}$$

となる．よって，定数 $\{D_n\}$ を $g(x)$ のフーリエ正弦係数を用いて

$$D_n = \frac{2}{n\pi c} \int_0^L g(x) \sin \frac{n\pi x}{L} \, dx \quad (n = 1, 2, \cdots)$$

で定めればよい．

(2)　(a)　$D_n = 0$ で，$\{C_n\}$ は例題 4 のフーリエ正弦係数より

$$C_n = \frac{2}{L} \int_0^L f(x) \sin \frac{n\pi x}{L} \, dx = \begin{cases} (-1)^{(n-1)/2} \dfrac{4L}{\pi^2 n^2} & (n = 2k - 1) \\ 0 & (n = 2k) \end{cases}$$

(b)　$C_n = 0$ で，$\{D_n\}$ は $n \neq 1$ に対し

$$D_n = \frac{2}{n\pi c} \int_0^L \sin \frac{\pi x}{L} \sin \frac{n\pi x}{L} \, dx$$

$$= \frac{1}{n\pi c} \int_0^L \left(\cos \frac{(n-1)\pi x}{L} - \cos \frac{(n+1)\pi x}{L} \right) dx$$

$$= \frac{1}{n\pi c} \left[\left(\frac{L}{(n-1)\pi} \right) \sin \frac{(n-1)\pi x}{L} - \left(\frac{L}{(n+1)\pi} \right) \sin \frac{(n+1)\pi x}{L} \right]_0^L$$

$$= 0$$

そして

$$D_1 = \frac{2}{\pi c} \int_0^L \sin\frac{\pi x}{L} \sin\frac{\pi x}{L}\,dx = \frac{1}{\pi c} \int_0^L \left(1 - \cos\frac{2\pi x}{L}\right)dx$$

$$= \frac{1}{\pi c}\left[x - \left(\frac{L}{2\pi}\right)\sin\frac{2\pi x}{L}\right]_0^L = \frac{L}{\pi c}$$

よって，この場合は

$$u(t,x) = \frac{L}{\pi c}\sin\frac{\pi ct}{L}\sin\frac{\pi x}{L}$$

となり，初期条件

$$u(0,x) = 0, \qquad u_t(0,x) = \sin\frac{\pi x}{L}$$

を確かに満たす.

第3章　フーリエ変換

[問　題]

1.

(1)

$$F(\omega) = \int_a^b e^{-i\omega x}\,dx = \left[\frac{e^{-i\omega x}}{-i\omega}\right]_a^b = \frac{i}{\omega}\left(e^{-ib\omega} - e^{-ia\omega}\right)$$

(2)　オイラーの公式による等式

$$\sin ax\,e^{-i\omega x} = \sin ax\,\cos\omega x - i\,\sin ax\,\sin\omega x$$

において，右辺第1項は奇関数で第2項は偶関数なので

$$F(\omega) = \int_{-\pi/a}^{\pi/a}\sin ax\,e^{-i\omega x}\,dx = -2i\int_0^{\pi/a}\sin ax\,\sin\omega x\,dx$$

$$= -i\int_0^{\pi/a}\left\{\cos(a-\omega)x - \cos(a+\omega)x\right\}dx$$

$$= -\frac{i}{a-\omega}\sin(\pi - \pi\omega/a) + \frac{i}{a+\omega}\sin(\pi + \pi\omega/a) = -\frac{2ia}{a^2 - \omega^2}\sin(\pi\omega/a)$$

2.

(1)

$$F(\omega) = \int_0^\infty e^{-ax} e^{-i\omega x} \, dx = \left[\frac{e^{-(a+i\omega)x}}{-(a+i\omega)} \right]_0^\infty = \frac{1}{a+i\omega}$$

(2)

$$F(\omega) = \int_0^\infty x \, e^{-ax} e^{-i\omega x} \, dx = \int_0^\infty x \, e^{-(a+i\omega)x} \, dx$$

$$= \left[x \frac{e^{-(a+i\omega)x}}{-(a+i\omega)} \right]_0^\infty - \int_0^\infty \frac{e^{-(a+i\omega)x}}{-(a+i\omega)} \, dx$$

$$= -\left[\frac{e^{-(a+i\omega)x}}{(a+i\omega)^2} \right]_0^\infty = \frac{1}{(a+i\omega)^2}$$

(3), (4) $g_\pm(x) = e^{-ax} e^{\pm ibx} U(x)$ とおくと

$$G_\pm(\omega) = \mathcal{F}\left[g_\pm(x) \right](\omega) = \int_0^\infty e^{-(a \mp ib + i\omega)x} \, dx = \frac{1}{a \mp ib + i\omega}$$

である．そして

$$g_+(x) + g_-(x) = 2 \, e^{-ax} \cos bx \, U(x), \quad g_+(x) - g_-(x) = 2i \, e^{-ax} \sin bx \, U(x)$$

であるので

$$\mathcal{F}\left[e^{-ax} \cos bx \, U(x) \right] = \frac{1}{2} \left(\frac{1}{a - ib + i\omega} + \frac{1}{a + ib + i\omega} \right) = \frac{a + i\omega}{(a+i\omega)^2 + b^2}$$

$$\mathcal{F}\left[e^{-ax} \sin bx \, U(x) \right] = \frac{1}{2i} \left(\frac{1}{a - ib + i\omega} - \frac{1}{a + ib + i\omega} \right) = \frac{b}{(a+i\omega)^2 + b^2}$$

3.

$$\overline{F(\omega)} = \overline{\int_{-\infty}^\infty f(x) \, e^{-i\omega x} \, dx} = \int_{-\infty}^\infty \overline{f(x)} \, e^{i\omega x} \, dx$$

$$= \int_{-\infty}^\infty \overline{f(x)} \, e^{-i(-\omega)x} \, dx = \mathcal{F}\left[\overline{f(x)} \right](-\omega)$$

したがって，$\overline{f(x)} = f(x)$ のとき，次の等式を得る．

$$\overline{F(\omega)} = \mathcal{F}\left[f(x) \right](-\omega) = F(-\omega)$$

第3章　フーリエ変換　　　**211**

4.

(1)

$$C(\omega) = \int_0^1 x \, \cos \omega x \, dx = \left[x \frac{\sin \omega x}{\omega} \right]_0^1 - \int_0^1 \frac{\sin \omega x}{\omega} \, dx$$

$$= \frac{\sin \omega}{\omega} - \left[-\frac{\cos \omega x}{\omega^2} \right]_0^1 = \frac{\omega \, \sin \omega + \cos \omega - 1}{\omega^2}$$

$$S(\omega) = \int_0^1 x \, \sin \omega x \, dx = \left[x \left(-\frac{\cos \omega x}{\omega} \right) \right]_0^1 - \int_0^1 \left(-\frac{\cos \omega x}{\omega} \right) \, dx$$

$$= -\frac{\cos \omega}{\omega} - \left[-\frac{\sin \omega x}{\omega^2} \right]_0^1 = \frac{\sin \omega - \omega \, \cos \omega}{\omega^2}$$

(2)

$$C(\omega) = \int_0^\pi \sin x \, \cos \omega x \, dx = \frac{1}{2} \int_0^\pi \left\{ \sin(1 + \omega)x + \sin(1 - \omega)x \right\} dx$$

$$= \frac{1}{2} \left[-\frac{\cos(1 + \omega)x}{1 + \omega} - \frac{\cos(1 - \omega)x}{1 - \omega} \right]_0^\pi = \frac{1 + \cos \pi \omega}{1 - \omega^2}$$

$$S(\omega) = \int_0^\pi \sin x \, \sin \omega x \, dx = \frac{1}{2} \int_0^\pi \left\{ \cos(1 - \omega)x - \cos(1 + \omega)x \right\} dx$$

$$= \frac{1}{2} \left[\frac{\sin(1 - \omega)x}{1 - \omega} - \frac{\sin(1 + \omega)x}{1 + \omega} \right]_0^\pi = \frac{\sin \pi \omega}{1 - \omega^2}$$

5.

(1)　例題 2 で $a = 1$ とすると

$$\int_0^\infty e^{-x} \, \cos \omega x \, dx = \frac{1}{1 + \omega^2}$$

ここで，フーリエ余弦変換の逆変換を行うと

$$\frac{2}{\pi} \int_0^\infty \frac{\cos \omega x}{1 + \omega^2} \, d\omega = e^{-x}$$

(2)　(1) と同様に

$$\int_0^\infty e^{-x} \, \sin \omega x \, dx = \frac{\omega}{1 + \omega^2}$$

ここで，フーリエ正弦変換の逆変換を行うと

$$\frac{2}{\pi} \int_0^\infty \frac{\omega \sin \omega x}{1 + \omega^2}\, d\omega = e^{-x}$$

6.

(1)　式 (3.30)（基本的性質 F）と式 (3.36)（基本的性質 K）より

$$\mathcal{F}\left[\frac{1}{2\pi}\mathcal{F}[f(x)] * \mathcal{F}[g(x)]\right] = \frac{\mathcal{F}[\mathcal{F}[f(x)]]\, \mathcal{F}[\mathcal{F}[g(x)]]}{2\pi} = 2\pi f(-x)\, g(-x)$$

他方，再び式 (3.30)（基本的性質 F）より

$$\mathcal{F}[\mathcal{F}[f(x)\, g(x)]] = 2\pi\, f(-x)\, g(-x)$$

となるので，定理 3.1.1（フーリエの反転公式）より等式が得られる．

7.

(1)　式 (3.36) より 右辺 $= \mathcal{F}^{-1}[F(\omega)\, G(\omega)] = \mathcal{F}^{-1}[\mathcal{F}[f*g]] = f*g =$ 左辺

(2)　(1) において $x = 0$ とおけばよい．

(3)　$\overline{g(y)} = h(-y)$ とおくと

$$H(\omega) = \mathcal{F}[h(x)](\omega) = \mathcal{F}\left[\overline{g(-x)}\right](\omega) = \overline{G(\omega)}$$

となる．ただし，最後の等式は式 (3.31)（基本的性質 G（共役性））と同様に得られる．この等式と (2) より

$$\int_{-\infty}^{\infty} f(y)\, \overline{g(y)}\, dy = \int_{-\infty}^{\infty} f(y)\, h(-y)\, dy = \frac{1}{2\pi} \int_{-\infty}^{\infty} F(\omega)\, H(\omega)\, d\omega$$
$$= \frac{1}{2\pi} \int_{-\infty}^{\infty} F(\omega)\, \overline{G(\omega)}\, d\omega$$

8.

$$R_{fg}(\tau) = \left(f(x) * \overline{g(-x)}\right)(\tau)$$

が成り立つので，式 (3.36)（基本的性質 K）と問題 7(3) の最初の等式（の最後の等号）より

$$\mathcal{F}[R_{fg}(x)] = \mathcal{F}[f(x)] \cdot \mathcal{F}\left[\overline{g(-x)}\right] = F(\omega)\, \overline{G(\omega)}$$

第3章　フーリエ変換　　　**213**

を得る．そして，$g(x) = f(x)$ とおけば定理 3.6.2 が得られる．

　9.

　(1)　$u(t, x) = T(t) X(x)$（変数分離）の形の解で恒等的に 0 ではないものを求める．$u(t, x)$ を偏微分方程式に代入して $u(t, x)$ と k で両辺を割ると

$$\frac{T'(t)}{k\,T(t)} = \frac{X''(x)}{X(x)}$$

この左辺は変数 x に無関係な関数で，右辺は変数 t に無関係な関数であるから，両辺とも変数 t と x に無関係な定数でなければならない．その定数を $-\lambda$ とおくと

$$\frac{T'(t)}{k\,T(t)} = \frac{X''(x)}{X(x)} = -\lambda$$

となるので，2 つの常微分方程式

$$X''(x) + \lambda\,X(x) = 0, \quad T'(t) + k\,\lambda\,T(t) = 0$$

を得る．定数 λ が $\lambda > 0, \lambda = 0, \lambda < 0$ のそれぞれの場合に $X(x)$ の常微分方程式を解くと

$\quad$ (a)　$X(x) = A \cos\sqrt{\lambda}\,x + B \sin\sqrt{\lambda}\,x \qquad (\lambda > 0)$

$\quad$ (b)　$X(x) = A + B\,x \qquad\qquad\qquad\quad (\lambda = 0)$

$\quad$ (c)　$X(x) = A\,e^{\sqrt{-\lambda}\,x} + B\,e^{-\sqrt{-\lambda}\,x} \qquad (\lambda < 0)$

が得られる（A, B は任意定数）．このうち，有界（で $X(0) = 0$）であるのは (a) の $\lambda > 0$ の場合だけである．そこで，$r = \sqrt{\lambda}$ と書き，境界条件 $X(0) = 0$ を考慮すると

$$X(x) = B_r \sin rx$$

となる．ここで，B_r は r に依存する任意定数である．

　さらに，$T(t)$ の微分方程式を解くと

$$T(t) = C_r\,e^{-kr^2 t}$$

となる．ここで，C_r は r に依存する任意定数である．よって，$r > 0$ に対応する変数分離解

$$u_r(t, x) = T(t) X(x) = D_r e^{-kr^2 t} \sin rx$$

は（初期条件を除いて）偏微分方程式を満たす（$D_r = B_r C_r$）．そして，その重ね合わせ

$$u(t, x) = \int_0^\infty u_r(t, x) \, dr = \int_0^\infty D_r e^{-kr^2 t} \sin rx \, dr$$

も（初期条件を除いて）偏微分方程式を満たす．最後に，初期条件より

$$u(0, x) = f(x) = \int_0^\infty D_r \sin rx \, dr$$

ここで，$f(x)$ を $(-\infty, \infty)$ 上に奇関数として拡張すると，式 (3.23), (3.24) より

$$D_r = \frac{2}{\pi} \int_0^\infty f(y) \sin ry \, dy$$

したがって，解は次の形になる．

$$u(t, x) = \frac{2}{\pi} \int_0^\infty dr \int_0^\infty f(y) e^{-kr^2 t} \sin rx \sin ry \, dy$$

(2) 三角関数の積を和に直す公式と積分の順序交換により

$$u(t, x) = \frac{1}{\pi} \int_0^\infty f(y) dy \left[\int_0^\infty e^{-kr^2 t} \{\cos r(x - y) - \cos r(x + y)\} \, dr \right] dy$$

を得る．そして

$$\int_0^\infty e^{-ktr^2} \cos r(x - y) \, dr = \frac{1}{2} \int_{-\infty}^\infty e^{-ktr^2} \cos r(x - y) \, dr$$

$$= \frac{1}{2} \int_{-\infty}^\infty e^{-ktr^2} e^{ir(x-y)} \, dr = \frac{1}{2} \mathcal{F}\left[e^{-ktx^2} \right] (x - y) = \frac{\sqrt{\pi}}{2\sqrt{kt}} e^{-\frac{(x-y)^2}{4kt}}$$

第3章 フーリエ変換 **215**

となる. ただし, オイラーの公式と練習問題3.6を用いた. 同様に

$$\int_0^\infty e^{-ktr^2}\cos r(x+y)\,dr = \frac{\sqrt{\pi}}{2\sqrt{kt}}\,e^{-\frac{(x+y)^2}{4kt}}$$

であるので, 式 (3.89) を得る.

(3) まず

$$I(r) \equiv \int_0^\infty f(y)\sin ry\,dy = \int_0^\infty ye^{-y}\sin ry\,dy = \int_0^\infty y\sin ry\left(-e^{-y}\right)'dy$$

$$= \left[-y\sin ry\,e^{-y}\right]_0^\infty + \int_0^\infty (\sin ry + r\,y\cos ry)\,e^{-y}\,dy$$

$$= \left[(\sin ry + ry\cos ry)\left(-e^{-y}\right)\right]_0^\infty + \int_0^\infty \left(2r\cos ry - r^2 y\sin ry\right)e^{-y}dy$$

$$= 2r\int_0^\infty \cos ry\,e^{-y}\,dy - r^2\int_0^\infty y\,e^{-y}\sin ry\,dy = \frac{2r}{1+r^2} - r^2\,I(r)$$

となる. ここで, 例題2のフーリエ余弦変換を用いた. したがって

$$I(r) = \frac{2r}{(1+r^2)^2}$$

であるので, 式 (3.88) より次を得る.

$$u(t,x) = \frac{2}{\pi}\int_0^\infty e^{-kr^2 t}\sin rx\,I(r)\,dr = \int_0^\infty \frac{4r\,e^{-kr^2 t}\sin rx}{\pi(1+r^2)^2}\,dr$$

[練習問題]

3.1

(1) 複素フーリエ (2) $\dfrac{\pi}{L}$ (3) 0 (4) $e^{-i\omega y}$ (5) $e^{i\omega x}$ (6) $f(x)$

(7) $\cos\omega(x-y)$

3.2

(1) $\dfrac{\pi}{W}$ (2) $e^{i\omega x}$ (3) $e^{-i\omega y}$ (4) 複素フーリエ級数 (5) $\dfrac{\pi}{W}$ (6) $-\dfrac{n\pi}{W}$

(7) $\dfrac{\pi}{W}$ (8) $-\dfrac{n\pi}{W}$ (9) $\cos(x-x_n)\omega$ (10) 偶 (11) 奇 (12) $\dfrac{\sin(x-x_n)\omega}{x-x_n}$

3.3

(1)
$$F(\omega) = \int_{-1}^{0} (-1)\, e^{-i\omega x}\, dx + \int_{0}^{1} e^{-i\omega x}\, dx$$

$$= \left[\frac{-e^{-i\omega x}}{-i\omega}\right]_{-1}^{0} + \left[\frac{e^{-i\omega x}}{-i\omega}\right]_{0}^{1} = \frac{1 - e^{i\omega}}{i\omega} + \frac{1 - e^{-i\omega}}{i\omega} = \frac{2i(\cos\omega - 1)}{\omega}$$

(2)　オイラーの公式を用い，偶関数と奇関数の和の積分であることに注意して

$$F(\omega) = \int_{-1}^{1} (1 - x^2)\, e^{-i\omega x}\, dx = 2 \int_{0}^{1} (1 - x^2)\, \cos\omega x\, dx$$

$$= 2\left[(1 - x^2)\frac{\sin\omega x}{\omega}\right]_{0}^{1} - 2\int_{0}^{1} (-2x)\frac{\sin\omega x}{\omega}\, dx$$

$$= 4\left[x\left(-\frac{\cos\omega x}{\omega^2}\right)\right]_{0}^{1} - 4\int_{0}^{1}\left(-\frac{\cos\omega x}{\omega^2}\right)dx$$

$$= -\frac{4\cos\omega}{\omega^2} - 4\left[\left(-\frac{\sin\omega x}{\omega^3}\right)\right]_{0}^{1} = \frac{4(\sin\omega - \omega\,\cos\omega)}{\omega^3}$$

(3)　オイラーの公式を用い，偶関数と奇関数の和の積分であることに注意して

$$F(\omega) = \int_{-\pi/2}^{\pi/2} \cos x\, e^{-i\omega x}\, dx = 2\int_{0}^{\pi/2} \cos x\, \cos\omega x\, dx$$

$$= \int_{0}^{\pi/2} \left\{\cos(1 + \omega)x + \cos(1 - \omega)x\right\} dx$$

$$= \frac{1}{1 + \omega}\sin\left(\frac{(1 + \omega)\pi}{2}\right) + \frac{1}{1 - \omega}\sin\left(\frac{(1 - \omega)\pi}{2}\right) = \frac{2\cos(\pi\omega/2)}{1 - \omega^2}$$

3.4

(1)
$$C(\omega) = \int_{0}^{1} (1 - x)\, \cos\omega x\, dx = \left[(1 - x)\frac{\sin\omega x}{\omega}\right]_{0}^{1} - \int_{0}^{1} (-1)\frac{\sin\omega x}{\omega}\, dx$$

第 3 章　フーリエ変換

$$= -\left[\frac{\cos \omega x}{\omega^2}\right]_0^1 = \frac{1 - \cos \omega}{\omega^2} = \frac{2 \sin^2(\omega/2)}{\omega^2}$$

$$S(\omega) = \int_0^1 (1 - x) \sin \omega x \, dx = \left[(1 - x)\left(-\frac{\cos \omega x}{\omega}\right)\right]_0^1$$

$$-\int_0^1 (-1)\left(-\frac{\cos \omega x}{\omega}\right) dx = \frac{1}{\omega} - \left[\frac{\sin \omega x}{\omega^2}\right]_0^1 = \frac{\omega - \sin \omega}{\omega^2}$$

(2)　三角関数を（オイラーの公式により）指数関数で表し，部分積分すればよい．ここでは，ラプラス変換を用いると

$$C(\omega) = \int_0^\infty e^{-x} x \cos \omega x \, dx = -\frac{d}{ds}\left.\mathcal{L}[\cos \omega x]\right|_{s=1} = \frac{1 - \omega^2}{(1 + \omega^2)^2}$$

$$S(\omega) = \int_0^\infty e^{-x} x \sin \omega x \, dx = -\frac{d}{ds}\left.\mathcal{L}[\sin \omega x]\right|_{s=1} = \frac{2\omega}{(1 + \omega^2)^2}$$

(3)　三角関数の積を和に直し，ラプラス変換を用いると

$$C(\omega) = \int_0^\infty e^{-x} \cos x \cos \omega x \, dx$$

$$= \frac{1}{2}\int_0^\infty e^{-x}\left\{\cos(1 + \omega)x + \cos(1 - \omega)x\right\} dx$$

$$= \frac{1}{2}\left\{\left.\mathcal{L}[\cos(1 + \omega)x]\right|_{s=1} + \left.\mathcal{L}[\cos(1 - \omega)x]\right|_{s=1}\right\}$$

$$= \frac{1}{2}\left\{\frac{1}{1 + (1 + \omega)^2} + \frac{1}{1 + (1 - \omega)^2}\right\} = \frac{\omega^2 + 2}{\omega^4 + 4}$$

$$S(\omega) = \int_0^\infty e^{-x} \cos x \sin \omega x \, dx$$

$$= \frac{1}{2}\int_0^\infty e^{-x}\left\{\sin(\omega + 1)x + \sin(\omega - 1)x\right\} dx$$

$$= \frac{1}{2}\left\{\left.\mathcal{L}[\sin(\omega + 1)x]\right|_{s=1} + \left.\mathcal{L}[\sin(\omega - 1)x]\right|_{s=1}\right\}$$

$$= \frac{1}{2}\left\{\frac{\omega + 1}{1 + (\omega + 1)^2} + \frac{\omega - 1}{1 + (\omega - 1)^2}\right\} = \frac{\omega^3}{\omega^4 + 4}$$

218　　　　　　　　問題・練習問題解答

3.5

(1)　オイラーの公式を用い，偶関数と奇関数の和の積分であることに注意して

$$\mathcal{F}[f(x)] = \int_{-a}^{a} \left(1 - \frac{|x|}{a}\right) e^{-i\omega x}\, dx = 2\int_{0}^{a} \left(1 - \frac{x}{a}\right)\cos\omega x\, dx$$

$$= 2\left[\left(1 - \frac{x}{a}\right)\frac{\sin\omega x}{\omega}\right]_{0}^{a} - 2\int_{0}^{a}\left(-\frac{1}{a}\right)\frac{\sin\omega x}{a\omega}\, dx = 2\left[-\frac{\cos\omega x}{a\omega^2}\right]_{0}^{a}$$

$$= \frac{2(1-\cos a\omega)}{a\omega^2} = \frac{4\sin^2(a\omega/2)}{a\omega^2} = \frac{\sin^2(a\omega/2)}{a(\omega/2)^2}$$

$$C(\omega) = \int_{0}^{a}\left(1 - \frac{x}{a}\right)\cos\omega x\, dx = \frac{1}{2}\mathcal{F}[f(x)] = \frac{2\sin^2(a\omega/2)}{a\omega^2}$$

(2)　フーリエ余弦変換の逆変換を行うと

$$\frac{2}{\pi}\int_{0}^{\infty} C(\omega)\cos\omega x\, d\omega = f(x)$$

(3)　(2) で $x = 0$, $a = 2$ とおけばよい.

3.6

$$F(\omega) = \int_{-\infty}^{\infty} e^{-i\omega x}\, e^{-ax^2}\, dx$$

の両辺を ω で微分して

$$\frac{d}{d\omega}F(\omega) = \frac{d}{d\omega}\int_{-\infty}^{\infty} e^{-i\omega x}\, e^{-ax^2}\, dx = \int_{-\infty}^{\infty}\frac{d}{d\omega}\left(e^{-i\omega x}\, e^{-ax^2}\right)dx$$

$$= \int_{-\infty}^{\infty}(-ix)\, e^{-i\omega x}\, e^{-ax^2}\, dx = \int_{-\infty}^{\infty}\frac{i}{2a}\left(\frac{d}{dx}\, e^{-ax^2}\right)e^{-i\omega x}\, dx$$

ここで部分積分を用いると

$$\frac{d}{d\omega}F(\omega) = \frac{i}{2a}\left\{\left[e^{-ax^2}\, e^{-i\omega x}\right]_{-\infty}^{\infty} - \int_{-\infty}^{\infty}\left(\frac{d}{dx}\, e^{-i\omega x}\right)e^{-ax^2}\, dx\right\}$$

となるが

$$\lim_{x\to\pm\infty} e^{-ax^2}\, e^{-i\omega x} = 0$$

であるから

$$\frac{d}{d\omega}\,F(\omega) = -\frac{\omega}{2a}\int_{-\infty}^{\infty} e^{-ax^2}\,e^{-i\omega x}\,dx$$

つまり，常微分方程式

$$\frac{d}{d\omega}\,F(\omega) = -\frac{\omega}{2a}\,F(\omega)$$

を得る．よって

$$F(\omega) = C\,e^{-\frac{\omega^2}{4a}}$$

となる（C は任意定数）．ここで，両辺に $\omega = 0$ を代入すると

$$C = F(0) = \int_{-\infty}^{\infty} e^{-ax^2}\,dx = \sqrt{\frac{\pi}{a}}$$

である．よって，次を得る．

$$\mathcal{F}\left[e^{-ax^2}\right] = F(\omega) = \sqrt{\frac{\pi}{a}}\,e^{-\frac{\omega^2}{4a}}$$

3.7

(1)　オイラーの公式を用いると

$$\frac{1}{2\pi}\int_{-L}^{L} F(\omega)\,e^{i\omega x}\cos a\omega\,d\omega$$
$$= \frac{1}{4\pi}\left\{\int_{-L}^{L} F(\omega)\,e^{i\omega(x+a)}\,d\omega + \int_{-L}^{L} F(\omega)\,e^{i\omega(x-a)}\,d\omega\right\}$$

ここで $L \to \infty$ とすると，フーリエの反転公式（定理3.1.1）より結果を得る．

(2)　やはりオイラーの公式により

$$\frac{1}{2\pi}\int_{-L}^{L}\frac{F(\omega)}{\omega}\sin a\omega\,e^{i\omega x}\,d\omega = \frac{1}{4\pi}\int_{-L}^{L} F(\omega)\,\frac{e^{i\omega(x+a)} - e^{i\omega(x-a)}}{i\omega}\,d\omega$$

$$= \frac{1}{4\pi}\int_{-L}^{L} F(\omega)\left(\int_{x-a}^{x+a} e^{i\omega y}\,dy\right)d\omega = \frac{1}{2}\int_{x-a}^{x+a}\left\{\frac{1}{2\pi}\int_{-L}^{L} F(\omega)e^{i\omega y}\,d\omega\right\}dy$$

ここで $L \to \infty$ とすると，フーリエの反転公式（定理3.1.1）より結果を得る．

3.8

(1)

$$g(\omega) = \begin{cases} 1 & (0 \leq \omega \leq 1) \\ 0 & (\omega > 1) \end{cases}$$

とおくと，正弦変換の逆変換の公式より，$x \neq 0$ に対して

$$f(x) = \frac{2}{\pi} \int_0^\infty g(\omega) \sin \omega x \, d\omega = \frac{2}{\pi} \int_0^1 \sin \omega x \, d\omega = \frac{2(1 - \cos x)}{\pi x}$$

(2) $g(\omega) = e^{-\omega}$ とおくと，余弦変換の逆変換の公式とラプラス変換より，$x \neq 0$ に対して

$$f(x) = \frac{2}{\pi} \int_0^\infty g(\omega) \cos \omega x \, d\omega = \frac{2}{\pi} \int_0^\infty e^{-\omega} \cos \omega x \, d\omega$$

$$= \frac{2}{\pi} \mathcal{L}[\cos xt]\Big|_{s=1} = \frac{2}{\pi} \frac{1}{1 + x^2}$$

を得る．（あるいは，部分積分を 2 回用いても同じ値が得られる．）

3.9

(1) 関数

$$p_\alpha(x) = \begin{cases} 1 & (|x| \leq \alpha/2) \\ 0 & (|x| > \alpha/2) \end{cases}$$

を定義すれば，3.1 節の例題 1(1) と同様にして

$$\mathcal{F}[p_\alpha(x)](\omega) = \frac{2 \sin(\alpha \omega / 2)}{\omega}$$

となる．式 (3.30)（基本的性質 F（対称性））と $p_\alpha(\omega)$ が偶関数であることより

$$\mathcal{F}\left[\frac{2 \sin(\alpha x / 2)}{x}\right](\omega) = 2\pi \, p_\alpha(-\omega) = 2\pi \, p_\alpha(\omega)$$

$$\therefore \; \mathcal{F}\left[\frac{\sin(\alpha x / 2)}{\pi x}\right](\omega) = p_\alpha(\omega)$$

第 3 章　フーリエ変換　　　**221**

ここで $\alpha = 2a$ とおけば

$$\mathcal{F}\left[\frac{\sin ax}{\pi x}\right](\omega) = p_{2a}(\omega) = \begin{cases} 1 & (|x| \le a) \\ 0 & (|x| > a) \end{cases}$$

(2)　式 (3.36)（基本的性質 K（たたみこみのフーリエ変換））より

$$\mathcal{F}[f * g](\omega) = \mathcal{F}[f](\omega)\mathcal{F}[g](\omega) = \mathcal{F}[f](\omega) \cdot p_{2a}(\omega) = \mathcal{F}[f](\omega)$$

を得る．ただし，$a > W$ と $f(x)$ が帯域幅 W で帯域制限されているという仮定を最後の等式で用いた．さらに，両辺のフーリエ逆変換 $\mathcal{F}^{-1}$ をとればよい．

3.10　オイラーの公式を用い，$f(x), g(x)$ が偶関数であることに注意すると

$$\mathcal{F}[f(x)] = 2\int_0^a x\cos\omega x\, dx = 2\left[x\frac{\sin\omega x}{\omega}\right]_0^a - 2\int_0^a \frac{\sin\omega x}{\omega}\, dx$$

$$= \frac{2a\sin\omega a}{\omega} - 2\left[-\frac{\cos\omega x}{\omega^2}\right]_0^a = \frac{2(a\omega\sin a\omega + \cos a\omega - 1)}{\omega^2}$$

$$\mathcal{F}[g(x)] = 2\int_0^\infty e^{-bx}\cos\omega x\, dx = \frac{2b}{b^2 + \omega^2} \quad \text{（練習問題 3.8(2) と同様に）}$$

となるので，次を得る．

$$\mathcal{F}[f * g](\omega) = \mathcal{F}[f](\omega)\mathcal{F}[g](\omega) = \frac{a\omega\sin a\omega + \cos a\omega - 1}{\omega^2} \cdot \frac{4b}{b^2 + \omega^2}$$

3.11　問題 6 より

$$\mathcal{F}[f(x)] * \mathcal{F}[g(x)](\omega) = 2\pi\mathcal{F}[f(x)g(x)](\omega) = 2\pi\int_{-a}^a \left\{1 - \left(\frac{x}{a}\right)^2\right\}e^{-i\omega x}dx$$

となる．そして，$\{1 - (x/a)^2\}$ が偶関数であるので，次を得る．

$$\mathcal{F}[f] * \mathcal{F}[g](\omega) = 4\pi\int_0^a \left\{1 - \left(\frac{x}{a}\right)^2\right\}\cos\omega x\, dx$$

$$= 4\pi \left\{ \left[\frac{\sin \omega x}{\omega} \right]_0^a - \frac{1}{a^2} \left[x^2 \frac{\sin \omega x}{\omega} \right]_0^a + \frac{1}{a^2} \int_0^a 2x \frac{\sin \omega x}{\omega} \, dx \right\}$$

$$= 4\pi \left\{ \frac{\sin a\omega}{\omega} - \frac{\sin a\omega}{\omega} + \frac{1}{a^2} \left[2x \left(-\frac{\cos \omega x}{\omega^2} \right) \right]_0^a + \frac{1}{a^2} \int_0^a 2\frac{\cos \omega x}{\omega^2} \, dx \right\}$$

$$= 4\pi \left\{ -\frac{2\cos a\omega}{a\omega^2} + \frac{1}{a^2} \left[\frac{2\sin \omega x}{\omega^3} \right]_0^a \right\} = -\frac{8\pi}{a^2} \left(\frac{a\cos a\omega}{\omega^2} - \frac{\sin a\omega}{\omega^3} \right)$$

3.12 与えられた偏微分方程式において, $(t$ をパラメータとし) 変数 x の関数としてフーリエ変換すると

$$\frac{\partial^2}{\partial t^2} \mathcal{F}[u](t, \omega) = c^2 \, \mathcal{F}\left[\frac{\partial^2 u}{\partial x^2} \right](t, \omega)$$

ここで

$$\mathcal{F}[u](t, \omega) = U(t, \omega)$$

とおく. 上記の等式に式 (3.29) (基本的性質 E (微分)) を用いると, t に関する微分方程式

$$\frac{d^2}{dt^2} U(t, \omega) = -c^2 \omega^2 \, U(t, \omega)$$

を得る (このとき ω はパラメータと考える). これを解くと

$$U(t, \omega) = A \cos c\omega t + B \sin c\omega t$$

となる. また, 初期条件をフーリエ変換すると

$$\mathcal{F}[u](0, \omega) = \mathcal{F}[f](\omega) \equiv F(\omega), \quad \mathcal{F}\left[\frac{\partial}{\partial t} u \right](0, \omega) = \mathcal{F}[g](\omega) \equiv G(\omega)$$

であるから

$$U(0, \omega) = A = F(\omega), \quad \frac{\partial}{\partial t} U(0, \omega) = Bc\omega = G(\omega)$$

となり, 次を得る.

$$U(t, \omega) = F(\omega) \cos c\omega t + \frac{G(\omega)}{c\omega} \sin c\omega t$$

第4章　離散フーリエ変換　　　**223**

ここでフーリエの反転公式（定理 3.1.1）を適用すると

$$u(t,x) = \frac{1}{2\pi} \lim_{L\to\infty} \int_{-L}^{L} U(t,\omega)\, e^{i\omega x}\, d\omega$$

$$= \frac{1}{2\pi} \lim_{L\to\infty} \int_{-L}^{L} \left\{ F(\omega) \cos c\omega t + \frac{G(\omega)}{c\omega} \sin c\omega t \right\} e^{i\omega x}\, d\omega$$

となる．ここで，練習問題 3.7 を用いるとダランベールの解が得られる．

第4章　離散フーリエ変換

[問　　題]

1. 第 1，第 2 の $\boldsymbol{f}$ について，それぞれ

$$M_4\, \boldsymbol{F} = \frac{1}{4}\, M_4\, \overline{M_4}\, \boldsymbol{f} = \frac{1}{4}\begin{bmatrix} 1 & 1 & 1 & 1 \\ 1 & i & -1 & -i \\ 1 & -1 & 1 & -1 \\ 1 & -i & -1 & i \end{bmatrix}\begin{bmatrix} 2 \\ 1-i \\ 0 \\ 1+i \end{bmatrix} = \begin{bmatrix} 1 \\ 1 \\ 0 \\ 0 \end{bmatrix},$$

$$M_4\, \boldsymbol{F} = \frac{1}{4}\, M_4\, \overline{M_4}\, \boldsymbol{f} = \frac{1}{4}\begin{bmatrix} 1 & 1 & 1 & 1 \\ 1 & i & -1 & -i \\ 1 & -1 & 1 & -1 \\ 1 & -i & -1 & i \end{bmatrix}\begin{bmatrix} 2 \\ -1+i \\ 0 \\ -1-i \end{bmatrix} = \begin{bmatrix} 0 \\ 0 \\ 1 \\ 1 \end{bmatrix}$$

2.

(1)　$\omega_6 = e^{i2\pi/6} = (1+\sqrt{3}i)/2$ であり

$$M_6 = \begin{bmatrix} 1 & 1 & 1 & 1 & 1 & 1 \\ 1 & \frac{1+\sqrt{3}i}{2} & \frac{-1+\sqrt{3}i}{2} & -1 & \frac{-1-\sqrt{3}i}{2} & \frac{1-\sqrt{3}i}{2} \\ 1 & \frac{-1+\sqrt{3}i}{2} & \frac{-1-\sqrt{3}i}{2} & 1 & \frac{-1+\sqrt{3}i}{2} & \frac{-1-\sqrt{3}i}{2} \\ 1 & -1 & 1 & -1 & 1 & -1 \\ 1 & \frac{-1-\sqrt{3}i}{2} & \frac{-1+\sqrt{3}i}{2} & 1 & \frac{-1-\sqrt{3}i}{2} & \frac{-1+\sqrt{3}i}{2} \\ 1 & \frac{1-\sqrt{3}i}{2} & \frac{-1-\sqrt{3}i}{2} & -1 & \frac{-1+\sqrt{3}i}{2} & \frac{1+\sqrt{3}i}{2} \end{bmatrix}$$

(2)

$$\boldsymbol{F} = \frac{1}{6}\,\overline{M_6}\,\boldsymbol{f} = \frac{1}{6}\left[\,2,\ \omega_6^2,\ \omega_6,\ -2,\ \omega_6^5,\ \omega_6^4\,\right]^T$$

となり，次を得る．

$$M_6\,\boldsymbol{F} = \left[\,0,\ 0,\ 0,\ 1,\ 0,\ 1\,\right]^T = \boldsymbol{f}$$

3.

(1)　$\omega_8 = e^{i2\pi/8} = (1+i)/\sqrt{2}$ であり

$$M_8 = \begin{bmatrix} 1 & 1 & 1 & 1 & 1 & 1 & 1 & 1 \\ 1 & \frac{1+i}{\sqrt{2}} & i & \frac{-1+i}{\sqrt{2}} & -1 & \frac{-1-i}{\sqrt{2}} & -i & \frac{1-i}{\sqrt{2}} \\ 1 & i & -1 & -i & 1 & i & -1 & -i \\ 1 & \frac{-1+i}{\sqrt{2}} & -i & \frac{1+i}{\sqrt{2}} & -1 & \frac{1-i}{\sqrt{2}} & i & \frac{-1-i}{\sqrt{2}} \\ 1 & -1 & 1 & -1 & 1 & -1 & 1 & -1 \\ 1 & \frac{-1-i}{\sqrt{2}} & i & \frac{1-i}{\sqrt{2}} & -1 & \frac{1+i}{\sqrt{2}} & -i & \frac{-1+i}{\sqrt{2}} \\ 1 & -i & -1 & i & 1 & -i & -1 & i \\ 1 & \frac{1-i}{\sqrt{2}} & -i & \frac{-1-i}{\sqrt{2}} & -1 & \frac{-1+i}{\sqrt{2}} & i & \frac{1+i}{\sqrt{2}} \end{bmatrix}$$

(2)

$$\boldsymbol{F} = \frac{1}{8}\left[\,2,\ -1+\omega_8^3,\ 1-i,\ -1+\omega_8,\ 0,\ -1+\omega_8^7,\ 1+i,\ -1+\omega_8^5\,\right]^T$$

となり，次を得る．

$$M_8\,\boldsymbol{F} = \left[\,0,\ 0,\ 0,\ 0,\ 1,\ 1,\ 0,\ 0\,\right]^T = \boldsymbol{f}$$

4.　(1), (2)

$$W_N{}^K = e^{(-i2\pi/N)K} = e^{(-i2\pi/N)(N/2)} = e^{-i\pi} = -1$$

$$W_N{}^2 = e^{(-i2\pi/N)2} = e^{-i2\pi/(N/2)} = e^{-i2\pi/K} = W_K$$

5.　f_ℓ の添字 ℓ の 2 進表示，ビット反転，$\boldsymbol{f}_{a_1 a_2 a_3 a_4}$ はそれぞれ次のようになる．

$$\ell = 10\ \to\ 1010 \to 0101 \to \boldsymbol{f}_{ghgh}\ ;\ \ell = 11\ \to\ 1011 \to 1101 \to \boldsymbol{f}_{hhgh}$$

第 4 章　離散フーリエ変換　　　**225**

[練習問題]

4.1

(1) e^{ikt}　(2) e^{-ikt}　(3) $\dfrac{2\pi}{N}$　(4) ℓ　(5) $\dfrac{1}{N}$　(6) N　(7) N　(8) $\dfrac{1}{N}$

(9) N　(10) N　(11) 1　(12) 0　(13) 1　(14) 1　(15) 1　(16) N

(17) 1　(18) 0　(19) f_ℓ

4.2

$$
F_k = \frac{1}{N} \sum_{\ell=0}^{N-1} f\left(\frac{2\pi\ell}{N}\right) e^{-i2\pi k\ell/N}
$$

$$
= \frac{1}{N} \sum_{\ell=0}^{N-1} \left(\sum_{m=-\infty}^{\infty} c_m e^{i2\pi\ell m/N} \right) e^{-i2\pi k\ell/N}
$$

$$
= \sum_{-N/2<m<N/2} c_m \left(\frac{1}{N} \sum_{\ell=0}^{N-1} e^{i2\pi(m-k)\ell/N} \right) = \sum_{-N/2<m<N/2} c_m \delta_{mk} = c_k
$$

4.3　$c_k = 0\ (|k| \geq N/2)$ かつ $c_k = F_k\ (|k| < N/2)$ だから

$$
f(t) = \sum_{-N/2<k<N/2} F_k e^{ikt} = \sum_{-N/2<k<N/2} \left(\frac{1}{N} \sum_{\ell=0}^{N-1} f_\ell e^{-i2\pi k\ell/N} \right) e^{ikt}
$$

$$
= \sum_{\ell=0}^{N-1} f_\ell \left(\frac{1}{N} \sum_{-N/2<k<N/2} e^{ik(t-2\pi\ell/N)} \right) = \sum_{\ell=0}^{N-1} f_\ell \phi_N(t - t_\ell)
$$

4.4　f_ℓ の ℓ の 2 進表示，ビット反転，$\boldsymbol{f}_{a_1 a_2 a_3 a_4}$ はそれぞれ次のようになる．

$\ell = 13 \to 1101 \to 1011 \to \boldsymbol{f}_{hghh}$; $\ell = 14 \to 1110 \to 0111 \to \boldsymbol{f}_{ghhh}$

4.5　$N = 4 = 2^2$，$W_4 = e^{-i2\pi/4} = -i$ であるが，省スペースのため W_4 を単に W と表す．さて，$\boldsymbol{f} = [f_0, f_1, f_2, f_3]^T = \left[\boldsymbol{f}_g{}^T, \boldsymbol{f}_h{}^T\right]^T$ について

$$
\boldsymbol{F} = \frac{1}{4} \begin{bmatrix} \overline{M_2} & D_2\overline{M_2} \\ \overline{M_2} & -D_2\overline{M_2} \end{bmatrix} \begin{bmatrix} \boldsymbol{f}_g \\ \boldsymbol{f}_h \end{bmatrix} = \frac{1}{4} \begin{bmatrix} I & D_2 \\ I & -D_2 \end{bmatrix} \begin{bmatrix} \overline{M_2}\,\boldsymbol{f}_g \\ \overline{M_2}\,\boldsymbol{f}_h \end{bmatrix}
$$

が得られる．ただし，$D_2 = \mathrm{Diag}\,(1, W_4) = \mathrm{Diag}\,(1, W)$ である．ここで

$$
\overline{M_2}\,\boldsymbol{f}_g = \left[\begin{array}{cc} \overline{M_1} & D_1\overline{M_1} \\ \overline{M_1} & -D_1\overline{M_1} \end{array}\right]\left[\begin{array}{c} \boldsymbol{f}_{gg} \\ \boldsymbol{f}_{gh} \end{array}\right] = \left[\begin{array}{cc} 1 & 1 \\ 1 & -1 \end{array}\right]\left[\begin{array}{c} \boldsymbol{f}_{gg} \\ \boldsymbol{f}_{gh} \end{array}\right]
$$

$$
\overline{M_2}\,\boldsymbol{f}_h = \left[\begin{array}{cc} \overline{M_1} & D_1\overline{M_1} \\ \overline{M_1} & -D_1\overline{M_1} \end{array}\right]\left[\begin{array}{c} \boldsymbol{f}_{hg} \\ \boldsymbol{f}_{hh} \end{array}\right] = \left[\begin{array}{cc} 1 & 1 \\ 1 & -1 \end{array}\right]\left[\begin{array}{c} \boldsymbol{f}_{hg} \\ \boldsymbol{f}_{hh} \end{array}\right]
$$

である．したがって，最後の 2 式を最初の式に代入して

$$
\boldsymbol{F} = \frac{1}{4}\left[\begin{array}{cc|cc} 1 & 0 & 1 & 0 \\ 0 & 1 & 0 & W \\ \hline 1 & 0 & -1 & 0 \\ 0 & 1 & 0 & -W \end{array}\right]\left[\begin{array}{c} \boldsymbol{f}_{gg}+\boldsymbol{f}_{gh} \\ \boldsymbol{f}_{gg}-\boldsymbol{f}_{gh} \\ \boldsymbol{f}_{hg}+\boldsymbol{f}_{hh} \\ \boldsymbol{f}_{hg}-\boldsymbol{f}_{hh} \end{array}\right]
$$

$$
= \frac{1}{4}\left[\begin{array}{c} \boldsymbol{f}_{gg}+\boldsymbol{f}_{gh}+\boldsymbol{f}_{hg}+\boldsymbol{f}_{hh} \\ \boldsymbol{f}_{gg}-\boldsymbol{f}_{gh}+W\boldsymbol{f}_{hg}-W\boldsymbol{f}_{hh} \\ \boldsymbol{f}_{gg}+\boldsymbol{f}_{gh}-\boldsymbol{f}_{hg}-\boldsymbol{f}_{hh} \\ \boldsymbol{f}_{gg}-\boldsymbol{f}_{gh}-W\boldsymbol{f}_{hg}+W\boldsymbol{f}_{hh} \end{array}\right]
$$

ここで，$\left[\boldsymbol{f}_{gg}, \boldsymbol{f}_{gh}, \boldsymbol{f}_{hg}, \boldsymbol{f}_{hh}\right] = [f_0, f_2, f_1, f_3]$ に注意すれば

$$
\boldsymbol{F} = \frac{1}{4}\left[\begin{array}{cccc} 1 & 1 & 1 & 1 \\ 1 & W & -1 & -W \\ 1 & -1 & 1 & -1 \\ 1 & -W & -1 & W \end{array}\right]\left[\begin{array}{c} f_0 \\ f_1 \\ f_2 \\ f_3 \end{array}\right] = \frac{1}{4}\left[\begin{array}{cccc} 1 & 1 & 1 & 1 \\ 1 & -i & -1 & i \\ 1 & -1 & 1 & -1 \\ 1 & i & -1 & -i \end{array}\right]\left[\begin{array}{c} f_0 \\ f_1 \\ f_2 \\ f_3 \end{array}\right] = \frac{1}{4}\overline{M_4}\,\boldsymbol{f}
$$

となり，確かに一致する．

第5章　ラプラス変換　　　　**227**

第5章　ラプラス変換

［問　　題］

1.

(1) $\dfrac{4}{s^3} - \dfrac{3}{s^2} + \dfrac{1}{s}$　　(2) $\dfrac{24}{s^5} + \dfrac{12}{s^4} + \dfrac{2}{s^3}$　　(3) $\dfrac{1}{s-1} + \dfrac{1}{s+2}$

(4) $\dfrac{1}{s-4} + \dfrac{2}{s} + \dfrac{1}{s+4}$　　(5) $\dfrac{2}{s^2+4} - \dfrac{s}{s^2+2}$　　(6) $\dfrac{1}{2s} - \dfrac{s}{2(s^2+4)}$

(7) $\dfrac{s}{2(s^2+1)} + \dfrac{\sqrt{3}}{2(s^2+1)}$　　(8) $\dfrac{2}{s^2+4} + \dfrac{1}{s} + \dfrac{s}{s^2+4}$

2.

(1) $\dfrac{6}{(s-2)^4} - \dfrac{2}{(s-2)^3}$　　(2) $\dfrac{s+3}{(s+3)^2+1}$　　(3) $-\left(\dfrac{2}{s^2+4}\right)' = \dfrac{4s}{(s^2+4)^2}$

(4) $\mathcal{L}[\,2t\sin^2 t\,] = \mathcal{L}[\,t - t\cos 2t\,] = \dfrac{1}{s^2} + \left(\dfrac{s}{s^2+4}\right)' = \dfrac{1}{s^2} - \dfrac{s^2-4}{(s^2+4)^2}$

(5) $\dfrac{1}{s+1} + \dfrac{s+1}{(s+1)^2+4}$　　(6) $\dfrac{\sqrt{2}}{(s-1)^2+1} + \dfrac{\sqrt{2}(s-1)}{(s-1)^2+1}$

3.

(1) $\dfrac{1}{s}\left\{\mathcal{L}[\,(t^2+t)\,e^{-t}\,]\right\} = \dfrac{2}{s(s+1)^3} + \dfrac{1}{s(s+1)^2}$

(2) $\dfrac{1}{s}\mathcal{L}[\,t\cos^2 t\,] = \dfrac{1}{s}\mathcal{L}\left[\dfrac{t}{2} + \dfrac{t\cos 2t}{2}\right] = \dfrac{1}{s}\left\{\dfrac{1}{2s^2} - \left(\dfrac{s}{2(s^2+4)}\right)'\right\}$

$\qquad = \dfrac{1}{2s^3} + \dfrac{s^2-4}{2s(s^2+4)^2}$

4.

(1) $\dfrac{1}{2}\,e^{t/2} + \dfrac{t}{9}\,e^{-2t/3}$　　(2) $\dfrac{1}{6}\,e^t + \dfrac{5}{6}\,e^{-5t}$　　(3) $4\,e^{-2t} - 3\,e^{-3t}$

(4) $\sin t - \dfrac{1}{\sqrt{3}}\,\sin\sqrt{3}t$　　(5) $2\,e^{2t} - 3t\,e^{2t} - e^t$　　(6) $\dfrac{1}{2}\,e^t + \dfrac{1}{2}\,e^{-t} + 1$

(7) $3\,e^t - 3\,\cos\sqrt{2}t + \sqrt{2}\,\sin\sqrt{2}t$　　(8) $e^{-t}\cos 2t - e^{-t}\sin 2t$

(9) $e^{2t}\cos 2t + e^{2t}\sin 2t$

5.

(1) $F(s) = 1/(s+3)^2$ とおくと $\mathcal{L}^{-1}[F(s)] = t\,e^{-3t}$ なので

$$\mathcal{L}^{-1}\left[\frac{1}{s(s+3)^2}\right] = \int_0^t u\,e^{-3u}\,du = -\frac{t}{3}e^{-3t} - \frac{1}{9}e^{-3t} + \frac{1}{9}$$

(2) $F(s) = 1/(s^2-1)$ とおくと $\mathcal{L}^{-1}[F(s)] = \sinh t$ (練習問題 5.5 を参照) なので

$$\mathcal{L}^{-1}\left[\frac{1}{s(s^2-1)}\right] = \int_0^t \sinh u\,du = \cosh t - \cosh 0 = \frac{1}{2}\left(e^t + e^{-t}\right) - 1$$

(3) $4s/(2s^2+4)^2 = -\left\{1/(2s^2+4)\right\}'$ なので

$$\mathcal{L}^{-1}\left[\frac{4s}{(2s^2+4)^2}\right] = -(-t)\mathcal{L}^{-1}\left[\frac{1}{2s^2+4}\right] = \frac{\sqrt{2}}{4}t\sin\sqrt{2}t$$

6.

(1) 両辺のラプラス変換をとると $(sY-1) - 2Y = 1/(s-1)$ であるので

$$Y = \frac{1}{s-2} + \frac{1}{(s-2)(s-1)} = \frac{2}{s-2} - \frac{1}{s-1} \qquad となり$$

$$y = \mathcal{L}^{-1}[Y] = \mathcal{L}^{-1}\left[\frac{2}{s-2} - \frac{1}{s-1}\right] = 2\,e^{2t} - e^t$$

(2) 両辺のラプラス変換をとると $(sY-3) + 2Y = 1/(s+2)$ であるので

$$Y = \frac{3}{s+2} + \frac{1}{(s+2)^2} \qquad となり$$

$$y = \mathcal{L}^{-1}[Y] = \mathcal{L}^{-1}\left[\frac{3}{s+2} + \frac{1}{(s+2)^2}\right] = 3\,e^{-2t} + t\,e^{-2t}$$

(3) 両辺のラプラス変換をとると $(s^2Y - s - 2) - 2(sY-1) - 3Y = 0$ であるので

$$Y = \frac{s}{(s-3)(s+1)} = \frac{1}{4(s+1)} + \frac{3}{4(s-3)} \qquad となり$$

$$y = \mathcal{L}^{-1}[Y] = \mathcal{L}^{-1}\left[\frac{1}{4(s+1)} + \frac{3}{4(s-3)}\right] = \frac{1}{4}e^{-t} + \frac{3}{4}e^{3t}$$

第 5 章　ラプラス変換　　　　**229**

(4)　両辺のラプラス変換をとると $(s^2Y - 2s - 1) + (sY - 2) - 2Y = 0$ であるので

$$Y = \frac{2s+3}{(s-1)(s+2)} = \frac{5}{3(s-1)} + \frac{1}{3(s+2)} \qquad \text{となり}$$

$$y = \mathcal{L}^{-1}[Y] = \mathcal{L}^{-1}\left[\frac{5}{3(s-1)} + \frac{1}{3(s+2)}\right] = \frac{5}{3}e^t + \frac{1}{3}e^{-2t}$$

7.

(1)　両辺のラプラス変換をとると，連立方程式

$$(sY_1 - 1) - 3Y_2 = 0\,, \qquad (sY_2 - 3) - 3Y_1 = 0$$

が得られるので，これを解いて

$$Y_1 = \frac{2}{s-3} - \frac{1}{s+3}\,, \qquad Y_2 = \frac{2}{s-3} + \frac{1}{s+3} \qquad \text{となり}$$

$$y_1 = \mathcal{L}^{-1}[Y_1] = 2e^{3t} - e^{-3t}\,, \qquad y_2 = \mathcal{L}^{-1}[Y_2] = 2e^{3t} + e^{-3t}$$

(2)　両辺のラプラス変換をとると，連立方程式

$$sY_1 - \frac{5}{2}Y_1 + \frac{1}{2}Y_2 = 0\,, \qquad sY_2 - 2 + \frac{1}{2}Y_1 - \frac{5}{2}Y_2 = 0$$

が得られるので，これを解いて

$$Y_1 = \frac{1}{s-2} - \frac{1}{s-3}\,, \qquad Y_2 = \frac{1}{s-2} + \frac{1}{s-3} \qquad \text{となり}$$

$$y_1 = \mathcal{L}^{-1}[Y_1] = e^{2t} - e^{3t}\,, \qquad y_2 = \mathcal{L}^{-1}[Y_2] = e^{2t} + e^{3t}$$

8.　公式 (5.30) を用いると

(1) 与式 $= \mathcal{L}[\sin t * \sin t] = \mathcal{L}[\sin t]\,\mathcal{L}[\sin t] = \dfrac{1}{s^2+1} \cdot \dfrac{1}{s^2+1} = \dfrac{1}{(s^2+1)^2}$

(2) 与式 $= \mathcal{L}\left[e^t * \cos 2t\right] = \mathcal{L}\left[e^t\right]\mathcal{L}[\cos 2t] = \dfrac{1}{s-1} \cdot \dfrac{s}{s^2+4}$

9.

(1) 公式 (5.32) を用いると

$$\mathcal{L}^{-1}\left[\frac{1}{(s^2+a^2)(s-b)}\right] = \mathcal{L}^{-1}\left[\frac{1}{(s^2+a^2)}\right] * \mathcal{L}^{-1}\left[\frac{1}{(s-b)}\right]$$

$$= \frac{1}{a}\int_0^t e^{b(t-\tau)}\sin a\tau\,d\tau = \frac{e^{bt}}{a}\int_0^t e^{-b\tau}\sin a\tau\,d\tau$$

ここで, 右辺の積分を I とおくと

$$I = \left[e^{-b\tau}\left(-\frac{\cos a\tau}{a}\right)\right]_0^t - \int_0^t\left(-b\,e^{-b\tau}\right)\left(-\frac{\cos a\tau}{a}\right)d\tau$$

$$= \frac{1-e^{-bt}\cos at}{a} - \left[\left(-b\,e^{-b\tau}\right)\left(-\frac{\sin a\tau}{a^2}\right)\right]_0^t$$

$$+ \int_0^t (-b)^2\,e^{-b\tau}\left(-\frac{\sin a\tau}{a^2}\right)d\tau$$

$$= \frac{1-e^{-bt}\cos at}{a} - \frac{b\,e^{-bt}\sin at}{a^2} - \frac{b^2}{a^2}I$$

したがって

$$I = \frac{1}{a^2+b^2}\left(a - a\,e^{-bt}\cos at - b\,e^{-bt}\sin at\right) \qquad となり$$

$$与式 = \frac{1}{a^2+b^2}\left(e^{bt} - \cos at - \frac{b}{a}\sin at\right)$$

(2) やはり公式 (5.32) を用いると

$$\mathcal{L}^{-1}\left[\frac{1}{(s^2+a^2)^2}\right] = \left(\mathcal{L}^{-1}\left[\frac{1}{s^2+a^2}\right]\right) * \left(\mathcal{L}^{-1}\left[\frac{1}{s^2+a^2}\right]\right)$$

$$= \left(\frac{1}{a}\sin at\right) * \left(\frac{1}{a}\sin at\right) = \frac{1}{a^2}\int_0^t \sin a(t-\tau)\sin a\tau\,d\tau$$

$$= \frac{1}{2a^2}\int_0^t \left\{\cos a(t-2\tau) - \cos at\right\}d\tau$$

$$= \frac{1}{2a^2}\left[-\frac{\sin(at-2a\tau)}{2a} - \tau\cos at\right]_{\tau=0}^t = \frac{1}{2a^2}\left(\frac{\sin at}{a} - t\cos at\right)$$

第5章 ラプラス変換　　**231**

［練習問題］

5.1 (1) ラプラス変換　(2) 0　(3) 0　(4) 1　(5) 0　(6) 0　(7) 0　(8) 0

5.2

(1) $-(s-a)t$　(2) $s-a$　(3) $e^{-st}f(t)$　(4) $(-s)e^{-st}f(t)$　(5) s

(6) $sF(s)-f(+0)$　(7) s　(8) s　(9) $\dfrac{1}{s}$　(10) t　(11) $tf(t)$

5.3

(1) $s-2$　(2) -1　(3) -1　(4) 4　(5) -1　(6) -1　(7) 4

(8) $e^{t}\cos 2t - \dfrac{1}{2}e^{t}\sin 2t$

5.4

(1) $\dfrac{2}{s^3} - \dfrac{4}{s^2} + \dfrac{2}{s} + \dfrac{1}{s-2} + \dfrac{1}{s+2}$　(2) $\dfrac{1}{(s-1)^2} + \dfrac{2}{(s-2)^3} + \dfrac{6}{(s-3)^4}$

(3) $\dfrac{24}{s^5} + \dfrac{4}{(s+1)^3} + \dfrac{1}{s+2}$　(4) $\dfrac{s-4}{(s-4)^2+9} + \dfrac{2s}{s^2+9} + \dfrac{s+4}{(s+4)^2+9}$

(5) $-\left(\dfrac{1}{s^2+1}\right)' - \left(\dfrac{s}{s^2+1}\right)' + \dfrac{3}{s^2+1} + \dfrac{3s}{s^2+1} = \dfrac{2s}{(s^2+1)^2} + \dfrac{s^2-1}{(s^2+1)^2}$

$+ \dfrac{3}{s^2+1} + \dfrac{3s}{s^2+1}$　(6) $\dfrac{2}{s(s+1)^3}$　(7) $\dfrac{1}{s}\left\{-\left(\dfrac{2}{s^2+4}\right)' + \dfrac{2}{s^2+4}\right\}$

$= \dfrac{4}{(s^2+4)^2} + \dfrac{2}{s(s^2+4)}$　(8) $\dfrac{s}{(s+1)(s^2+4)}$　(9) $\dfrac{2}{s^3(s^2+1)}$

5.5

(1) $\mathcal{L}[\sinh \omega t] = \mathcal{L}\left[\dfrac{1}{2}\left(e^{\omega t} - e^{-\omega t}\right)\right] = \dfrac{1}{2(s-\omega)} - \dfrac{1}{2(s+\omega)} = \dfrac{\omega}{s^2-\omega^2}$

(2) $\mathcal{L}[\cosh \omega t] = \mathcal{L}\left[\dfrac{1}{2}\left(e^{\omega t} + e^{-\omega t}\right)\right] = \dfrac{1}{2(s-\omega)} + \dfrac{1}{2(s+\omega)} = \dfrac{s}{s^2-\omega^2}$

5.6

(1)
$$F(s) = \frac{s}{(s-3)(s+2)} = \frac{3}{5(s-3)} + \frac{2}{5(s+2)} \qquad \text{なので}$$

$$\mathcal{L}^{-1}[F(s)] = \frac{3}{5}e^{3t} + \frac{2}{5}e^{-2t}$$

(2)

$$F(s) = \frac{1}{(s-2)(2s+3)} = \frac{1}{7(s-2)} - \frac{2}{7(2s+3)} \qquad \text{なので}$$

$$\mathcal{L}^{-1}\left[\,F(s)\,\right] = \frac{1}{7}\,e^{2t} - \frac{1}{7}\,e^{-3t/2}$$

(3)

$$F(s) = \frac{s+4}{s^2+4s+8} = \frac{s+2}{(s+2)^2+4} + \frac{2}{(s+2)^2+4} \qquad \text{なので}$$

$$\mathcal{L}^{-1}\left[\,F(s)\,\right] = e^{-2t}\,(\cos 2t + \sin 2t)$$

(4)

$$F(s) = \frac{2}{s(s+1)(s+2)} = \frac{1}{s} - \frac{2}{s+1} + \frac{1}{s+2} \qquad \text{なので}$$

$$\mathcal{L}^{-1}\left[\,F(s)\,\right] = 1 - 2\,e^{-t} + e^{-2t}$$

(5)

$$F(s) = \frac{1}{(s^2+1)(s^2+2)} = \frac{1}{s^2+1} - \frac{1}{s^2+2} \qquad \text{なので}$$

$$\mathcal{L}^{-1}\left[\,F(s)\,\right] = \sin t - \frac{1}{\sqrt{2}}\,\sin\sqrt{2}t$$

(6)

$$F(s) = \frac{4s}{(s^2+2)^2} = -\left(\frac{2}{s^2+2}\right)' \qquad \text{なので}$$

$$\mathcal{L}^{-1}\left[\,F(s)\,\right] = t\,\mathcal{L}^{-1}\left[\frac{2}{s^2+2}\right] = \sqrt{2}\,t\,\sin\sqrt{2}t$$

(7)

$$F(s) = \frac{1}{s}\cdot\frac{1}{(s+1)^2} \quad \text{で} \quad \mathcal{L}^{-1}\left[\frac{1}{(s+1)^2}\right] = t\,e^{-t} \quad \text{なので}$$

$$\mathcal{L}^{-1}\left[\,F(s)\,\right] = \int_0^t e^{-\tau}\,\tau\,d\tau = -t\,e^{-t} - e^{-t} + 1$$

(8) 像の微分則 (5.9) により

$$\mathcal{L}^{-1}\left[\,F'(s)\,\right] = (-t)\,f(t)$$

第 5 章　ラプラス変換　　　　**233**

であるので

$$-t\,f(t) = \mathcal{L}^{-1}\left[\left\{\log\left(\frac{s+1}{s}\right)\right\}'\right] = \mathcal{L}^{-1}\left[\frac{1}{s+1} - \frac{1}{s}\right]$$

$$= e^{-t} - 1$$

$$\therefore\ f(t) = \frac{1 - e^{-t}}{t}$$

(9)　(8) と同様に

$$-t\,f(t) = \mathcal{L}^{-1}\left[\left\{\log\left(\frac{s^2+4}{s^2}\right)\right\}'\right] = \mathcal{L}^{-1}\left[\frac{2s}{s^2+4} - \frac{2}{s}\right]$$

$$= 2\cos 2t - 2$$

$$\therefore\ f(t) = \frac{2(1 - \cos 2t)}{t}$$

5.7

(1)　両辺のラプラス変換をとると $(s^2 Y - s) - 6(sY - 1) + 9Y = 0$ であるので

$$Y = \frac{s-6}{(s-3)^2} = \frac{1}{s-3} - \frac{3}{(s-3)^2} \qquad \text{となり}$$

$$y = \mathcal{L}^{-1}\left[Y\right] = \mathcal{L}^{-1}\left[\frac{1}{s-3} - \frac{3}{(s-3)^2}\right] = e^{3t} - 3t\,e^{3t}$$

(2)　両辺のラプラス変換をとると $(s^2 Y - 1) - 4sY + 4Y = 1/(s-2)$ であるので

$$Y = \frac{1}{(s-2)^2} + \frac{1}{(s-2)^3} \qquad \text{となり}$$

$$y = \mathcal{L}^{-1}\left[Y\right] = \mathcal{L}^{-1}\left[\frac{1}{(s-2)^2} + \frac{1}{(s-2)^3}\right] = t\,e^{2t} + \frac{t^2}{2}\,e^{2t}$$

(3)　両辺のラプラス変換をとると $(s^2 Y - s - 2) - 2(sY - 1) + 2Y = 0$ であるので

$$Y = \frac{s}{s^2 - 2s + 2} = \frac{s-1}{(s-1)^2 + 1} + \frac{1}{(s-1)^2 + 1} \qquad \text{となり}$$

$$y = \mathcal{L}^{-1}[Y] = \mathcal{L}^{-1}\left[\frac{s-1}{(s-1)^2+1} + \frac{1}{(s-1)^2+1}\right] = e^t \cos t + e^t \sin t$$

(4)　両辺のラプラス変換をとると $(s^2Y-s+1)+2(sY-1)+Y = 1/(s+1)^2$ であるので

$$Y = \frac{1}{s+1} + \frac{1}{(s+1)^4} \qquad \text{となり}$$

$$y = \mathcal{L}^{-1}[Y] = \mathcal{L}^{-1}\left[\frac{1}{s+1} + \frac{1}{(s+1)^4}\right] = e^{-t} + \frac{t^3}{6}e^{-t}$$

(5)　両辺のラプラス変換をとると $(s^2Y-s) + 4(sY-1) + 5Y = 0$ であるので

$$Y = \frac{s+4}{s^2+4s+5} = \frac{s+2}{(s+2)^2+1} + \frac{2}{(s+2)^2+1} \qquad \text{となり}$$

$$y = \mathcal{L}^{-1}[Y] = e^{-2t}\cos t + 2e^{-2t}\sin t$$

(6)　両辺のラプラス変換をとると $(s^2Y-s-1)+(sY-1)-2Y = 3/(s-1)$ であるので

$$Y = \frac{s+2}{(s-1)(s+2)} + \frac{3}{(s-1)^2(s+2)} \qquad \text{となり}$$

$$y = \mathcal{L}^{-1}[Y] = \mathcal{L}^{-1}\left[\frac{2}{3(s-1)} + \frac{1}{(s-1)^2} + \frac{1}{3(s+2)}\right] = \frac{2}{3}e^t + te^t + \frac{1}{3}e^{-2t}$$

(7)　両辺のラプラス変換をとると $s^2Y - 2sY = s/(s^2+1)$ であるので

$$Y = \frac{1}{(s-2)(s^2+1)} = \frac{1}{5(s-2)} - \frac{s+2}{5(s^2+1)} \qquad \text{となり}$$

$$y = \mathcal{L}^{-1}[Y] = \frac{1}{5}e^{2t} - \frac{1}{5}\cos t - \frac{2}{5}\sin t$$

(8)　両辺のラプラス変換をとると $(s^2Y-s-2)-(sY-1)-2Y = 1/(s-1)$ であるので

$$Y = \frac{s+1}{(s+1)(s-2)} + \frac{1}{(s-1)(s+1)(s-2)} \qquad \text{となり}$$

第 5 章　ラプラス変換　　**235**

$$y = \mathcal{L}^{-1}[Y] = \mathcal{L}^{-1}\left[\frac{4}{3(s-2)} - \frac{1}{2(s-1)} + \frac{1}{6(s+1)}\right] = \frac{4}{3}e^{2t} - \frac{1}{2}e^t + \frac{1}{6}e^{-t}$$

5.8

(1)　両辺のラプラス変換をとると，連立方程式

$$sY_1 - 1 - 2Y_1 + 2Y_2 = 0, \qquad sY_2 - 2 + Y_1 - 3Y_2 = 0$$

が得られるので，これを解いて

$$Y_1 = -\frac{1}{s-4} + \frac{2}{s-1}, \qquad Y_2 = \frac{1}{s-4} + \frac{1}{s-1} \qquad \text{となり}$$

$$y_1 = \mathcal{L}^{-1}[Y_1] = -e^{4t} + 2e^t, \qquad y_2 = \mathcal{L}^{-1}[Y_2] = e^{4t} + e^t$$

(2)　両辺のラプラス変換をとると，連立方程式

$$sY_1 + 1 - Y_1 - 4Y_2 = 0, \qquad sY_2 - 2 - 2Y_1 - 3Y_2 = 0$$

が得られるので，これを解いて

$$Y_1 = \frac{1}{s-5} - \frac{2}{s+1}, \qquad Y_2 = \frac{1}{s-5} + \frac{1}{s+1} \qquad \text{となり}$$

$$y_1 = \mathcal{L}^{-1}[Y_1] = e^{5t} - 2e^{-t}, \qquad y_2 = \mathcal{L}^{-1}[Y_2] = e^{5t} + e^{-t}$$

(3)　両辺のラプラス変換をとると，連立方程式

$$(sY_1 - 2) - Y_2 = \frac{1}{s^2}, \qquad (sY_2 - 3) + Y_1 = \frac{1}{s^2}$$

が得られるので，これを解いて

$$Y_1 = \frac{s}{s^2+1} + \frac{2}{s^2+1} + \frac{1}{s} + \frac{1}{s^2}, \; Y_2 = \frac{2s}{s^2+1} - \frac{1}{s^2+1} + \frac{1}{s} - \frac{1}{s^2} \text{ となり}$$

$$y_1 = \mathcal{L}^{-1}[Y_1] = \cos t + 2\sin t + 1 + t,$$

$$y_2 = \mathcal{L}^{-1}[Y_2] = 2\cos t - \sin t + 1 - t$$

236　　　　　　　　問題・練習問題解答

(4)　両辺のラプラス変換をとると，連立方程式

$$sY_1 + sY_2 - Y_1 = \frac{1}{s}, \qquad 2sY_1 - sY_2 - 2Y_2 = \frac{2}{s} - \frac{4}{s^2}$$

が得られるので，これを解いて

$$Y_1 = \frac{1}{s(s+1)} = \frac{1}{s} - \frac{1}{s+1}, \; Y_2 = \frac{2}{s^2(s+1)} = \frac{2}{s+1} - \frac{2}{s} + \frac{2}{s^2} \; \text{となり}$$

$$y_1 = \mathcal{L}^{-1}[\,Y_1\,] = 1 - e^{-t}, \quad y_2 = \mathcal{L}^{-1}[\,Y_2\,] = 2e^{-t} - 2 + 2t$$

5.9

(1)　両辺のラプラス変換をとると

$$Y(s) = \frac{2}{s^2+4} + \frac{4s}{s^2+4}Y(s) \qquad \text{より}$$

$$Y(s) = \frac{s^2+4}{(s-2)^2} \cdot \frac{2}{s^2+4} = \frac{2}{(s-2)^2} \qquad \text{なので}$$

$$y(t) = \mathcal{L}^{-1}[\,Y(s)\,] = 2t\,e^{2t}$$

(2)　両辺のラプラス変換をとると

$$Y(s) - \frac{1}{s^2}Y(s) = \frac{2s}{s^2+1} + \frac{2}{s^2+1} \qquad \text{より}$$

$$Y(s) = \frac{2s^2}{(s-1)(s^2+1)} = \frac{1}{s-1} + \frac{s}{s^2+1} + \frac{1}{s^2+1} \qquad \text{なので}$$

$$y(t) = \mathcal{L}^{-1}[\,Y(s)\,] = e^t + \cos t + \sin t$$

(3)　両辺のラプラス変換をとると

$$sY(s) - \frac{2}{s-1}Y(s) = \frac{6}{s} \qquad \text{より}$$

$$Y(s) = \frac{6(s-1)}{s(s-2)(s+1)} = \frac{1}{s-2} - \frac{4}{s+1} + \frac{3}{s} \qquad \text{なので}$$

$$y(t) = \mathcal{L}^{-1}[\,Y(s)\,] = e^{2t} - 4e^{-t} + 3$$

第 5 章　ラプラス変換　　　　237

(4)　両辺のラプラス変換をとると

$$s\,Y(s) + Y(s) + \frac{1}{s-1}\,Y(s) = \frac{a}{s} \qquad より$$

$$Y(s) = \frac{s-1}{s^3}\,a = \left(\frac{1}{s^2} - \frac{1}{s^3}\right) a \qquad なので$$

$$y(t) = \mathcal{L}^{-1}\left[\,Y(s)\,\right] = \left(t - \frac{t^2}{2}\right) a$$

5.10

(1)
$$h(t) = \int_0^t e^{-(t-\tau)}\,\tau^2\,d\tau = e^{-t}\left\{\left[e^\tau\,\tau^2\right]_0^t - 2\int_0^t e^\tau\,\tau\,d\tau\right\}$$

$$= e^{-t}\left\{e^t\,t^2 - 2\left[e^\tau\,\tau\right]_0^t + 2\int_0^t e^\tau\,d\tau\right\} = -2\,e^{-t} + t^2 - 2\,t + 2$$

(2)　$\mathcal{L}\left[e^{-t}\right] = 1/(s+1)$, $\mathcal{L}\left[t^2\right] = 2/s^3$ であるから

$$\mathcal{L}\left[\,h(t)\,\right] = \mathcal{L}\left[\,f * g\,\right] = \mathcal{L}\left[\,f(t)\,\right]\mathcal{L}\left[\,g(t)\,\right] = \frac{1}{s+1}\cdot\frac{2}{s^3} = \frac{2}{(s+1)s^3}$$

5.11

(1)
$$\Gamma(1) = \int_0^\infty e^{-t}\,dt = \left[\,-e^{-t}\,\right]_0^\infty = e^0 - \lim_{t\to\infty} e^{-t} = 1$$

(2)
$$\Gamma(x+1) = \int_0^\infty e^{-t}t^x dt = \left[\left(-e^{-t}\right)t^x\right]_0^\infty + x\int_0^\infty e^{-t}t^{x-1}dt = x\,\Gamma(x)$$

(3)　(2) を繰り返し用いて
$$\Gamma(n+1) = n\,\Gamma(n) = n(n-1)\Gamma(n-1) = \cdots = n(n-1)\cdots 1\cdot\Gamma(1) = n!$$

(4)
$$\Gamma\left(\frac{1}{2}\right) = \int_0^\infty e^{-t}\,t^{\frac{1}{2}-1}\,dt = \sqrt{2}\int_0^\infty e^{-u^2/2}\,du$$

ただし，変数変換 $u = \sqrt{2t}$ を用いた．さらに，式 (3.84) を使うと (4) が得られる．

(5)
$$\mathcal{L}\left[t^{p-1}\right](s) = \int_0^\infty e^{-st}\, t^{p-1}\, dt$$

ここで，変数変換 $st = u$ を行うと

$$右辺 = \int_0^\infty e^{-u} \left(\frac{u}{s}\right)^{p-1} \frac{du}{s} = \frac{1}{s^p} \int_0^\infty e^{-u}\, u^{p-1}\, du = \frac{\Gamma(p)}{s^p}$$

5.12

(1)
$$f_p * f_q(t) = \int_0^t \tau^{p-1}\, (t-\tau)^{q-1}\, d\tau$$

ここで，変数変換 $u = \tau/t$ を行うと

$$右辺 = t^{p-1}\, t^{q-1} \int_0^1 u^{p-1}\, (1-u)^{q-1}\, t\, du = t^{p+q-1}\, B(p,q)$$

(2) (1) より

$$\mathcal{L}\left[f_p * f_q\right](s) = \int_0^\infty e^{-st}\, t^{p+q-1} B(p,q)\, dt = \mathcal{L}\left[t^{p+q-1}\right](s)\, B(p,q)$$

他方，$\mathcal{L}\left[f_p * f_q\right](s) = \mathcal{L}\left[f_p\right](s)\, \mathcal{L}\left[f_q\right](s)$ （等式 (5.30)）なので

$$\mathcal{L}\left[t^{p+q-1}\right](s)\, B(p,q) = \mathcal{L}\left[f_p\right](s)\, \mathcal{L}\left[f_q\right](s)$$

$s = 1$ を代入すると，練習問題 5.11(5) より

$$\Gamma(p+q)\, B(p,q) = \Gamma(p)\, \Gamma(q)$$

あ と が き

　フーリエ解析に関しては多くの良書が出版されており，たとえば以下の文献を参照してさらに理解を深めていただきたい．

[1]　新井仁之「フーリエ解析学」朝倉書店 (2003)
[2]　大石進一「フーリエ解析」岩波書店 (1989)
[3]　金谷健一「これなら分かる応用数学教室」共立出版 (2003)
[4]　小暮陽三「なっとくする フーリエ変換」講談社 (1999)
[5]　H.P. スウ著，佐藤平八訳「フーリエ解析」森北出版 (1979)
[6]　田代嘉宏「ラプラス変換とフーリエ解析要論」森北出版 (1977)
[7]　長瀬道弘，齋藤誠慈「フーリエ解析へのアプローチ」裳華房 (1997)
[8]　中村周「フーリエ解析」朝倉書店 (2003)
[9]　畑上到「工学基礎 フーリエ解析とその応用」数理工学社 (2004)
[10]　樋口禎一，八高隆雄「フーリエ級数とラプラス変換の基礎・基本」牧野書店 (2000)
[11]　船越満明「キーポイント フーリエ解析」岩波書店 (1997)
[12]　マイベルク，ファヘンアウア著，及川正行訳「フーリエ解析」サイエンス社 (1998)
[13]　松下泰雄「フーリエ解析」培風館 (2001)
[14]　矢野健太郎，石原繁「応用解析」培風館 (1996)
[15]　山本稔「微分方程式とフーリエ解析」学術図書 (1985)
[16]　山本稔編「解析学要論 (I)」裳華房 (1989)
[17]　山本稔編「解析学要論 (II)」裳華房 (1989)

　本書の執筆にあたり，上記の書物を参考にさせていただきましたが，とくに離散フーリエ変換，離散コサイン変換に関しては，金谷氏の著書における方法が初学者にも理解しやすいように思われたので多くを負っています．これらの著者の方々に深く感謝の意を表したいと思います．

索　引

〈ア 行〉

1 次結合 · 16
一様収束 · · · · · · · · · · · · · · · · · · · 169
ウィーナー・ヒンチンの定理 · · · · 92
エイリアシング · · · · · · · · · · · · · · · 95
エネルギースペクトル · · · · · · · · · · 92
FFT · · · · · · · · · · · · · · · · · · 120, 126
オイラーの公式 · · · · · · · · · · · 11, 165

〈カ 行〉

角周波数 · · · · · · · · · · · · · · · · · · · 164
各点収束 · · · · · · · · · · · · · · · · · · · 169
重ね合わせ · · · · · · · · · · · · · · · · · · 16
重ね合わせの原理 · · · · · · · · · · 49, 52
奇関数 · 7
ギブスの現象 · · · · · · · · · · · · · · · · · 26
偶関数 · 7
区分的に滑らか · · · · · · · · · · · · · · · 17
区分的に連続 · · · · · · · · · · · · · · · · · 17
原始 N 乗根 · · · · · · · · · · · · · · · · 114
広義積分 · 13
合成関数 · 5
合成積 · · · · · · · · · · · · · · · · · 75, 152
高速フーリエ変換 · · · · · · · · 120, 126
項別積分 · · · · · · · · · · · · · 18, 42, 170
項別微分 · 41
固有関数 · 48
固有値 · 48

〈サ 行〉

最良近似 · 39
最良近似問題 · · · · · · · · · · · · · · · · · 39
三角関数 · 2
サンプリング関数 · · · · · · · · · · 67, 82
サンプリング定理 · · · 80, 83, 95, 103,
　　　133
自己相関関数 · · · · · · · · · · · · · · · · · 92
実フーリエ級数 · · · · · · · · · · · · · · · 37
周　期 · 3
周期関数 · 3
周期的デルタ関数 · · · · · · · · · · · · · 94
収束領域 · · · · · · · · · · · · · · · · · · · 137
周波数 · 164
周波数番号 · · · · · · · · · · · · · · · · · 111
振動数 · 164
積分定数 · 4
積を和・差に直す公式 · · · · · · · · · · · 3
絶対可積分 · · · · · · · · · · · · · · · · · · 62
相互相関関数 · · · · · · · · · · · · · · · · · 92

〈タ 行〉

帯域制限 · · · · · · · · · · · · · 80, 95, 133
帯域幅 · 80
たたみこみ · · · · · · · · · · · · · · 75, 152
ダランベールの解 · · · · · · · · · · · · · 107
単位インパルス · · · · · · · · · · · · · · · 86
単位関数 · · · · · · · · · · · · · · · · · · · 150

置換積分法 · 6	フーリエ正弦変換 · · · · · · · · · · · · · 69
ディリクレ核 · · · · · · · · · · · · · · · · · ·165	フーリエ積分公式 · · · · · · · · · · · · · 63
ディリクレ境界条件 · · · · · · · · · ·54, 59	フーリエ積分表示 · · · · · · · · · · · · · 63
データ番号 ·111	フーリエの積分定理 · · · · · · · · ·64, 66
デルタ関数 ·86	フーリエの反転公式 · · · · · · · · · · · 64
導関数 · 4	フーリエ変換 · · · · · · · · · · · · · ·64, 164

〈ナ 行〉

ナイキスト周波数 · · · · · · · · · · ·84, 95	フーリエ余弦級数 · · · · · · · · · · ·27, 30
熱伝導方程式 · · · · · · · · · · · · · · · · · ·49	フーリエ余弦展開 · · · · · · · · · · · · · 27
熱方程式 · · · · · · · · · · 49, 52, 97, 100	フーリエ余弦変換 · · · · · · · · · · · · · 69
ノイマン境界条件 · · · · · · · · · · · · · · 54	平均収束 ·45

〈ハ 行〉

パーセバルの等式 · · · · · · · 41, 78, 90	平均2乗誤差 · · · · · · · · · · · · · · · · · · 39
波動方程式 · · · · · · · · · · · · · · · · 59, 107	平均2乗収束 · · · · · · · · · · · · · · · · · · 45
パワースペクトル · · · · · · · · · · · · · · 92	ベータ関数 · · · · · · · · · · · · · · · · · · ·162
半角の公式 · 3	ベッセルの不等式 · · · · · · · · · · · · · 40
ビット反転 · · · · · · · · · · · · · · 122, 123	ヘビサイド関数 · · · · · · · · 68, 78, 150
複素フーリエ級数 · · · · · · · · · · · · · · 37	変数分離法 · · · · · · · · · · · · · · · · · 49, 50
複素フーリエ係数 · · · · · · · · · · · · · · 37	補間関数 · · · · · · · · · · · · · · · · · 81, 134
不定積分 · 4	
部分積分法 · 6	

〈マ 行〉

部分分数展開 · · · · · · · · · · · · · · · · ·144	間引き · · · · · · · · · · · · · · · · · · 120, 122
部分分数展開法 · · · · · · · · · · · · · · ·143	未定係数法 · · · · · · · · · · · · · · · · · · ·144
フーリエ逆変換 · · · · · · · · · · · · · · · ·64	

〈ラ 行〉

フーリエ級数 · · · · · · · · · · · · · · 19, 29	ラプラス逆変換 · · · · · · · · · · · · · · 143
フーリエ行列 · · · · · · · · · · · · · · · · ·115	ラプラス逆変換公式 · · · · · · · · · · · 156
フーリエ係数 · · · · · · · · · · · · · · · · · ·20	ラプラス変換 · · · · · · · · · · · · · · · · ·136
フーリエ正弦級数 · · · · · · · · · · ·28, 30	離散コサイン変換 · · · · · · · · · · · · · 129
フーリエ正弦展開 · · · · · · · · · · · · · · 28	離散サイン変換 · · · · · · · · · · · · · · · 130
	離散フーリエ逆変換 · · ·111, 112, 116
	離散フーリエ変換 · · · · ·110, 112, 116
	リーマン・ルベーグの定理 · · · · · · ·40

Memorandum

Memorandum

Memorandum

Memorandum

〈著者紹介〉

谷川　明夫（たにかわ　あきお）

1982 年　ワシントン大学（セントルイス）博士課程修了
専門分野　応用数学
現　　在　大和大学理工学部教授
　　　　　Ph.D. (Dr. Science)

フーリエ解析入門〔第2版〕 Introduction to Fourier Analysis 2nd edition	著　者　谷川　明夫　ⓒ 2019 発行者　南條　光章 発行所　共立出版株式会社
2007 年 3 月 25 日　初版 1 刷発行 2019 年 9 月 30 日　初版 8 刷発行 2019 年 12 月 25 日　第 2 版 1 刷発行 2023 年 2 月 20 日　第 2 版 4 刷発行	〒 112-0006 東京都文京区小日向 4 丁目 6 番 19 号 電話 03-3947-2511 振替 00110-2-57035 URL www.kyoritsu-pub.co.jp

一般社団法人
自然科学書協会
会員

検印廃止
NDC 413.66
ISBN 978-4-320-11388-6

印　刷　啓文堂
製　本　協栄製本

Printed in Japan

JCOPY ＜出版者著作権管理機構委託出版物＞
本書の無断複製は著作権法上での例外を除き禁じられています．複製される場合は，そのつど事前に，
出版者著作権管理機構（ＴＥＬ：03-5244-5088，ＦＡＸ：03-5244-5089，e-mail：info@jcopy.or.jp）の
許諾を得てください．

◆ 色彩効果の図解と本文の簡潔な解説により数学の諸概念を一目瞭然化！

ドイツ Deutscher Taschenbuch Verlag 社の『dtv-Atlas事典シリーズ』は，見開き2ページで1つのテーマが完結するように構成されている。右ページに本文の簡潔で分り易い解説を記載し，かつ左ページにそのテーマの中心的な話題を図像化して表現し，本文と図解の相乗効果で理解をより深められるように工夫されている。これは，他の類書には見られない『dtv-Atlas 事典シリーズ』に共通する最大の特徴と言える。本書は，このシリーズの『dtv-Atlas Mathematik』と『dtv-Atlas Schulmathematik』の日本語翻訳版である。

カラー図解 数学事典

Fritz Reinhardt・Heinrich Soeder [著]
Gerd Falk [図作]
浪川幸彦・成木勇夫・長岡昇勇・林　芳樹 [訳]

数学の最も重要な分野の諸概念を網羅的に収録し，その概観を分り易く提供。数学を理解するためには，繰り返し熟考し，計算し，図を書く必要があるが，本書のカラー図解ページはその助けとなる。

【主要目次】　まえがき／記号の索引／序章／数理論理学／集合論／関係と構造／数系の構成／代数学／数論／幾何学／解析幾何学／位相空間論／代数的位相幾何学／グラフ理論／実解析学の基礎／微分法／積分法／関数解析学／微分方程式論／微分幾何学／複素関数論／組合せ論／確率論と統計学／線形計画法／参考文献／索引／著者紹介／訳者あとがき／訳者紹介

■菊判・ソフト上製本・508頁・定価6,050円(税込)■

カラー図解 学校数学事典

Fritz Reinhardt [著]
Carsten Reinhardt・Ingo Reinhardt [図作]
長岡昇勇・長岡由美子 [訳]

『カラー図解 数学事典』の姉妹編として，日本の中学・高校・大学初年級に相当するドイツ・ギムナジウム第5学年から13学年で学ぶ学校数学の基礎概念を1冊に編纂。定義は青で印刷し，定理や重要な結果は緑色で網掛けし，幾何学では彩色がより効果を上げている。

【主要目次】　まえがき／記号一覧／図表頁凡例／短縮形一覧／学校数学の単元分野／集合論の表現／数集合／方程式と不等式／対応と関数／極限値概念／微分計算と積分計算／平面幾何学／空間幾何学／解析幾何学とベクトル計算／推測統計学／論理学／公式集／参考文献／索引／著者紹介／訳者あとがき／訳者紹介

■菊判・ソフト上製本・296頁・定価4,400円(税込)■

www.kyoritsu-pub.co.jp　　共立出版　　(価格は変更される場合がございます)